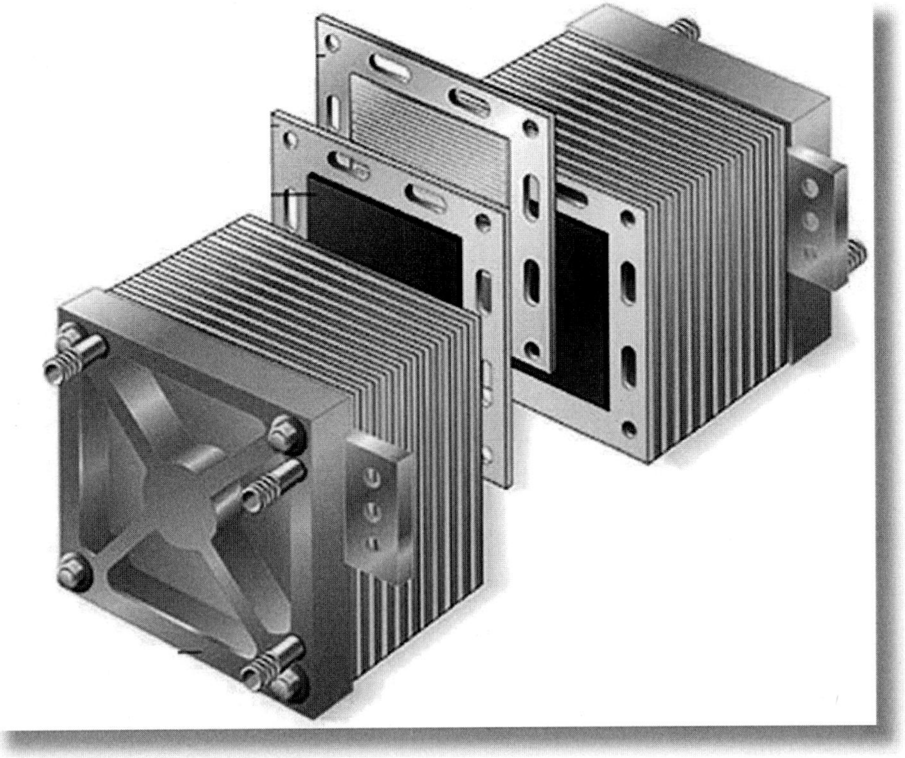

박진남, 송락현, 김선희, 최종호 지음

연료전지 개론

한티미디어

저자

박진남, 경일대학교 신재생에너지학과
송락현, 한국에너지기술연구원
김선회, 상지대학교 신에너지-자원공학과
최종호, 경일대학교 신재생에너지학과

연료전지 개론

발행일 2015년 5월 28일 초판 1쇄
2017년 2월 15일 초판 2쇄
저 자 박진남, 송락현, 김선회, 최종호
펴낸이 김준호
펴낸곳 한티미디어 | **주 소** 서울시 마포구 연남로 1길 67 1층
등 록 제15-571호 2006년 5월 15일
전 화 02)332-7993~4 | **팩 스** 02)332-7995
마케팅 박재인 최상욱 김원국 | **관 리** 김지영
편 집 이소영 박새롬 안현희 | **표 지** 박새롬
ISBN 978-89-6421-231-8(93570)
정 가 20,000원

이 책에 대한 의견이나 잘못된 내용에 대한 수정정보는 한티미디어 홈페이지나 이메일로 알려주십시오.
독자님의 의견을 충분히 반영하도록 늘 노력하겠습니다.
홈페이지 www.hanteemedia.co.kr | 이메일 hantee@empal.com

본 연구는 2014년도 산업통상자원부 재원으로 한국에너지기술평가원(KETEP)의 지원을 받아 수행한 연구과제입니다.(NO.20134030100210)

PREFACE

근세기에 들어 과학기술의 발달에 따라, 과거와는 비교도 할 수 없을 정도의 속도로 문명이 발달하고 있으며, 불과 수십 년 전과 비교하여 상상하기도 힘들 정도의 변화가 일어나고 있다. 이러한 급격한 문명의 발전은 막대한 에너지와 자원의 소모를 동반하며, 그 결과 근래에 들어 전 세계적으로 에너지와 자원의 고갈에 대한 우려가 증대되고 있다.

현재 가장 비중이 큰 에너지원은 화석연료인 석유와 석탄이며, 이의 매장량은 한계가 있다. 석유의 생산량은 이미 정점을 넘어서고 있으며, 석탄의 가채량 또한 몇 백 년밖에 남지 않았다. 현재의 추세대로 진행된다면 백년 이내에 석유의 고갈에 따라 인류 문명은 어려움을 겪게 될 것이다. 이에 대한 해결책으로서 지속가능한 신재생에너지원에 대한 관심이 고조되고 있으며, 그 중 신에너지인 연료전지는 높은 에너지 효율을 가지므로 발전용 및 자동차와 같은 수송용 에너지원으로서의 중요성이 부각되고 있다.

본 교재에서는 전기 및 연료전지의 역사, 연료전지와 관련된 물리화학 및 전기화학의 이론, 그리고 최근 많은 관심을 받고 있는 고분자 전해질 연료전지, 고체산화물 연료전지, 탄산용융염 연료전지에 대한 개괄적인 소개를 하고자 한다.

대부분의 연료전지 교재가 대학원 수준의 어려운 내용을 다루고 있는 것에 반해, 본 교재에서는 학부생들이 이해할 수 있도록 너무 어려운 내용은 배제하고 가능한 한 상세한 설명을 하고자 노력하였다. 연료전지에 대한 개론만을 이해하고자 한다면 1장을 읽어보면 될 것이며, 보다 자세히 알고 싶다면 적어도 1장과 2장 그리고 3장 정도까지는 학습하여야 할 것이다. 3장, 4장, 5장은 각각의 연료전지 종류에 대한 독립적인 내용을 다루었으므로 필요할 때마다 참고해도 좋을 것이다.

PREFACE

물리화학 및 전기화학의 지식이 부족한 독자들이 연료전지에 대해 이해하기 쉽도록 저술하고자 노력하였으나, 여전히 미진한 부분이 있을 것으로 생각된다. 이 부분에 대해서는 양해를 구하며, 이 책을 통해 연료전지에 대한 독자 여러분의 관심과 이해가 깊어지기를 기대한다.

마지막으로 출판을 도와주신 한티미디어 출판사와 이 책이 출간되기까지 많은 도움을 주신 분들께 감사를 드립니다.

2015년 봄 박진남

CONTENTS

PART 3 고분자 전해질 연료전지

PART 4 고체산화물 연료전지

CHAPTER 1

연료전지 개론

1. 전기의 역사
2. 연료전지의 역사
3. 연료전지의 원리
4. 연료전지의 종류
5. 연료전지의 용도

1 전기의 역사

이 세상의 모든 물질은 원자로 구성되어 있으며, 원자는 (+)전하를 띠는 양성자, 전하를 띠지 않는 중성자, (-)전하를 띠는 전자로 구성되어 있다. 정상적인 상태의 원자는 양성자와 전자의 개수가 동일하므로, (+)전하와 (-)전하가 서로 상쇄되어 전하를 띠지 않게 된다. 주변 상황에 의하여 양성자와 전자의 균형이 깨어지면, 물질은 (+) 또는 (-)의 전하를 띠게 되며, 이 경우에는 전하가 이동하지 않고 주변에 전기장을 형성하게 된다.

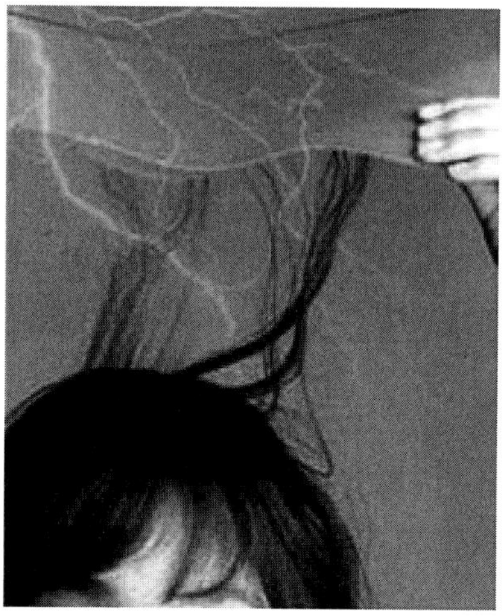

| 그림 1-1 | 마찰에 의한 정전기

| 그림 1-2 | 구름으로부터 땅으로 전하가 이동하는 번개

대표적인 예로는 플라스틱 책받침을 나일론 천으로 문지르면 책받침으로 전자가 이동하여 (-)전하를 띠게 된다. 〈그림 1-1〉에 보이듯이 전하를 띤 책받침을 머리에 가까이 가져가면, 정전기 유도 현상에 의해 머리카락이 책받침 쪽으로 달라붙는 것을 볼 수 있다. 이와 같은 전기를 마찰전기라 하며, 이는 전하가 이동하지 않고 고정되어 있으므로 정전기라고 부른다. 자연적인 전기 현상으로는 (-)전하를 띤 구름의 전자가 상대적으로 (+)전하를 띠는 땅으로 일시에 방출되는 것이 있는데, 이것이 〈그림 1-2〉에 보이는 번개이다. 일반적으로는 공기가 절연체이므로 구름에서 땅으로의 전하이동이 일어나지 않지만, 구름과 땅 사이의 전위차가 충분히 커지거나 공기 중의 습도의 증가에 의해 공기의 절연성이 약해지게 되면 순간적으로 공기의 절연이 깨어지면서 대량의 전하가 이동하게 된다. 이 방전 과정에서 빛과 소리가 발생하게 된다.

정전기를 저장할 수 있는 장치로서 라이덴병(Leyden jar)이 고안되었는데, 이를 이용하면 원하는 때에 모아둔 전하를 방전시킬 수 있다.

우리가 보통 생각하는 전기는 금속도선을 따라 전자가 이동하는 현상이며, 이는 정전기와 달리 움직이는 전기이기에 전류라고 한다. 이탈리아의 과학자인 볼타는 1800년에 최초로 직류전기를 생산할 수 있는 볼타전지(Voltaic cell)를 발명하였다. 이는 〈그림 1-3〉에 보이듯이 구리판과 아연판을 교대로 쌓은 후, 금속판들의 사이에 소금물에 적신 천을 끼운 것이다. 볼타전지는 화학 에너지를 전기 에너지로 변환하는 장치로서, 지금 사용하는 다

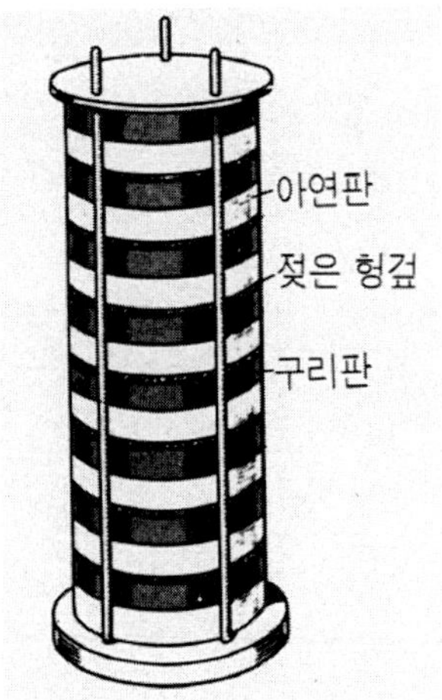

| 그림 1-3 | 볼타전지의 구조

| 그림 1-4 | 박물관에 전시된 볼타전지

양한 전지의 원조가 된다. 또한 소금물에 적신 천을 사용하였기에 습식전지로도 불린다.

볼타전지의 발견 이후에, 전기의 특성을 알기 위한 많은 연구들이 이루어졌으며, 이를 통해 전기의 여러 가지 특성이 알려지게 되었다. 하지만, 여전히 전기는 만들고 이용하기 힘들어, 일부의 과학자들만의 전유물로 사용되었다. 계속적인 연구를 통해 전기를 이용하여 자기장을 만들 수 있음을 알게 되었고, 영국의 과학자 패러데이는 자기장의 변화에 의해 유도전류가 생성된다는 전자기 유도법칙을 발견하였다. 패러데이는 1834년에 이러한 전자기 유도현상을 이용하여 전기를 만들 수 있는 〈그림 1-5〉와 같은 발전기를 고안하였다. 이후 독일의 과학자 지멘스는 여러 개의 전선코일 다발 내부에 강력한 영구자석을 넣고 이를 회전시킴으로써 실용적으로 교류전기를 생산할 수 있는 발전기를 1866년에 발명하였다(〈그림 1-6〉). 이로부터 운동 에너지를 전기 에너지로 손쉽게 직접 전환할 수 있는 길이 열리게 되었으며, 이를 기반으로 한 다양한 발전소의 건설은 일상생활 모든 곳에서 전기를 사용하는 현대문명의 출발점이 되었다.

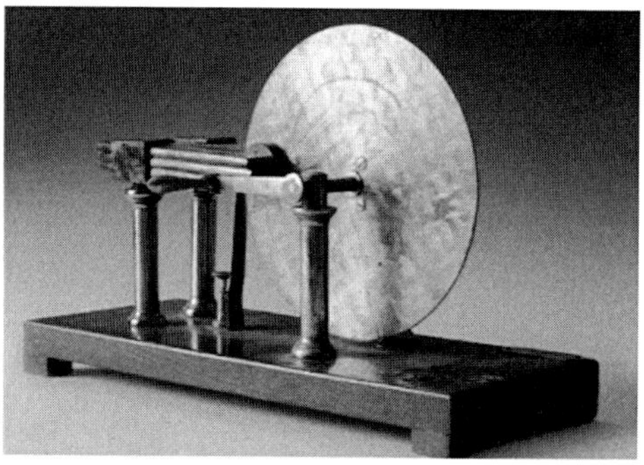

그림 1-5 패러데이가 고안한 최초의 발전기

그림 1-6 지멘스가 발명한 실용적인 발전기

2 연료전지의 역사

볼타전지가 발명된 지 얼마 되지 않아, 물의 전기분해에 의해 수소와 산소를 만들 수 있음이 알려졌다. 영국의 과학자인 윌리엄 그로브 경(Sir William R. Grove)는 1839년에 〈그림 1-7〉에 보이는 것과 같은 실험장치를 고안하였으며, 이로부터 수소와 산소를 이용하여 직류전기를 생산할 수 있음을 발견하였다. 그로브경의 장치를 살펴보면 산소와 수소가 채워져 있는 시험관을 황산 용액이 든 비커에 거꾸로 하여 넣은 다음, 각각의 시험관에 백금선을 집어넣었으며, 동일한 비커를 여러 개 결합하여 높은 전압을 얻을 수 있게 하였다. 이 장치의 양 끝단을 물이 담긴 용기에 넣었더니 물이 전기분해되어 산소와 수소가 발생하는 것을 관찰할 수 있었으며, 이로부터 수소와 산소만을 이용하여 직류전기를 생산할 수 있음을 확인하였다. 이 장치는 수소와 산소 기체만을 이용하여 직류전기를 생산하였기에 초기에는 가스전지(Gas battery)라고 불리었다.

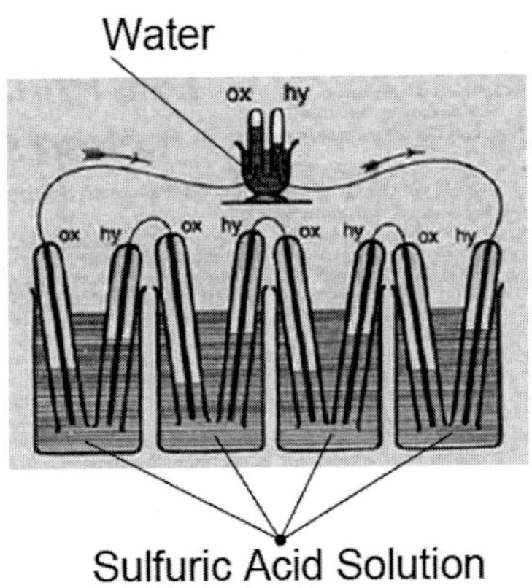

| 그림 1-7 | 그로브 경의 가스전지

| 그림 1-8 | William R. Grove 경

그로브경의 발견 이후에 연료전지에 대한 많은 연구가 이루어졌으며, 그 내용은 〈표 1-1〉에 나타내었다. 영국의 과학자인 L. Mond와 C. Langer는 연료전지(Fuel cell)이라는 용어를 최초로 사용하였다. 그들은 석탄가스를 이용한 연료전지의 개발뿐만 아니라, 고체인 석탄을 직접 연료로 사용하는 연구를 수행하였으나 성공을 하지는 못하였다. W. Nernst는 1900년에 이트륨안정화 지르코니아(Y-stabilized zirconia, YSZ)가 고온에서

산소이온을 전도함을 발견하여, 고체산화물 연료전지(SOFC, Solid Oxide Fuel Cell)의 기초를 제공하였다. 이후 SOFC에 대한 많은 연구가 이루어졌으나, 고온에서의 밀봉과 안정성 문제로 인하여 쉽사리 구현되지 못하였으며 1960년대에 와서야 SOFC 시스템이 구현되게 되었다, 이러한 SOFC의 개발 과정에서, 용융탄산염 연료전지(MCFC, Molten Carbonate Fuel Cell)의 개념이 도출되었으며, 1960년에 실제로 작동하는 MCFC가 G. H. J. Broers와 J. A. A. Ketelaar에 의해 구현되었다.

〈표 1-1〉 연료전지 연표

년도	인물(기관)	내용
1839	W. R. Grove	가스전지 발명
1889	L. Mond, C. Langer	연료전지(Fuel cell) 명명
1900	W. Nernst	고체전해질인 이트륨 안정화 지르코니아(YSZ) 발견
1902	J. H. Reid	산성 전해질 대신에 최초로 NaOH를 전해질로 사용
1939	F. T. Bacon	5 kW 알칼리 연료전지 제작
1950년대 후반	T. Grubb, L. Niedrach (GE)	고분자 전해질 연료전지 구현
1959	H. K. Ihrig (Allis-Chalmers Co.)	알칼리 연료전지를 이용한 15 kW 트랙터 제작
1960	G. H. J. Broers, J. A. A. Ketelaar	용융탄산염 연료전지 구현
1961	G. V. Elmore H. A. Tanner	인산형 연료전지 구현
1964	(NASA)	Apollo 우주선에 1.4 kW급 알칼리 연료전지 사용
1965	(NASA)	Gemini 우주선에 1 kW급 고분자 전해질 연료전지 사용
1970년대 이후	-	석유 파동 이후에, 전 세계적으로 에너지 위기에 대한 경각심이 고조되면서 다양한 연료전지에 대한 기술 개발이 활발해짐
1990	(Ballard)	PEMFC 스택 및 시스템 기술 개발
2003	(Fuel Cell Energy)	최초의 상업용 250 kW급 MCFC 발전시스템 제작
2008	(Bloom Energy)	최초의 상업용 100 kW급 SOFC 시스템 제작
2009	(Tokyo gas, Osaka gas, Panasonic, Toshiba FCP 등)	일본에서 가정용 연료전지 발전시스템인 Ene · Farm 상업용 보급 시작
2013	(현대 자동차)	한국에 최초의 연료전지 자동차 양산라인 건설

또 다른 연료전지의 개발 방향으로서는, 1902년에 J. H. Reid가 산성의 전해질 대신에 알칼리 전해질인 NaOH 용액을 사용하여도 수소와 산소를 이용한 연료전지의 구동이 가능함을 최초로 발표하였으며, 이러한 알칼리 연료전지(AFC, Alkaline Fuel Cell)에 대해 많은 연구 및 개발이 이루어졌다. 1930년에 F. T. Bacon은 5 kW급의 AFC를 제작하였으며, 1959년에는 AFC 1,004개를 이용한 15 kW급의 AFC 트랙터가 제작되기도 하였다.

| 그림 1-9 | 알칼리 연료전지를 이용한 트랙터

고분자 전해질 연료전지(PEMFC, Polymer Electrolyte Membrane Fuel Cell)의 핵심 소재인 나피온(Nafion®)막은 듀폰사에 의해 개발되었으며, 소금물을 전기분해하여 염소와 수소를 생산하는 클로르-알칼리(Chlor-alkali) 공정에서 널리 사용된다.

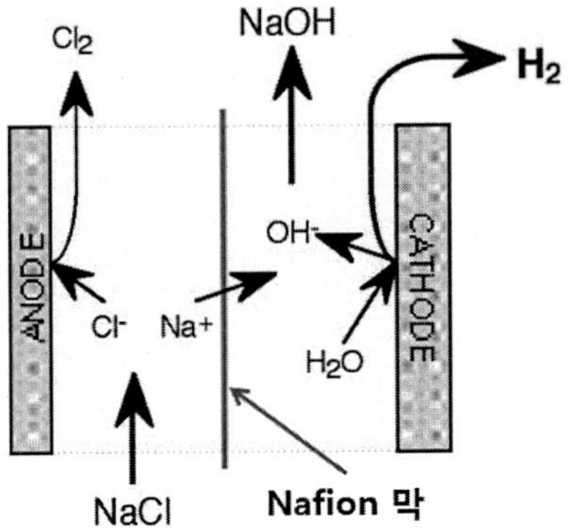

| 그림 1-10 | Chlor-alkali 공정에서의 나피온막의 역할

나피온막의 용도는 〈그림 1-10〉에 보이듯이 전해액을 서로 분리시키면서 양 전해액 사이에서 Na^+를 전도하는 역할이다. 이를 응용하여 Na^+ 대신에 H^+를 전도하는 고분자 전해질 연료전지가 제안되었으며, 1950년대 후반에 제너럴 일렉트릭(GE, General Electric)사의 T. Grubb 등에 의해 시스템이 구현되었다.

PEMFC는 1965년에 제미니 우주선에 전원장치로 탑재되었으나, 낮은 성능과 높은 가격으로 상용화가 지연되었다. 이후에 그 핵심 소재인 막전극접합체(MEA, membrane-electrode assembly) 및 스택 성능의 지속적인 발전으로 현재는 가장 기술적으로 완성도가 높은 연료전지 시스템으로 발전하였다. 1990년대 초반에 등장한 Ballard사는 PEMFC 기술을 대폭 향상시켰으며, 이후의 PEMFC 상용화를 선도하고 있다.

| 그림 1-11 | 제미니 우주선에 탑재된 고분자 전해질 연료전지

나피온막을 전해질로 사용하고, H^+를 전하운반체로 이용하는 또 다른 연료전지로 직접 메탄올 연료전지(DMFC, Direct Methanol Fuel Cell) 또한 1990년대부터 많은 개발이 진행되었다. 이는 PEMFC와 그 구성이 매우 유사하며, 차이점은 수소를 연료로 사용하는 대신 메탄올을 연료로 사용하는 것이다. 메탄올 연료는 물과 반응하여 수소이온과 이산화탄소로 산화되게 되는데, 수소 연료에 비해 산화되기 어려운 단점이 있지만, 연료인 메탄올의 공급이 용이하다는 장점이 있다. 2000년 이후에 여러 회사에서 사용이 가능한

수준의 DMFC가 제작되었지만, 가격이 고가이어서 아직까지 실용화되지는 못하고 있다.

나피온막 대신 인산을 전해질로 이용한 인산형 연료전지(PAFC, Phosphoric Acid Fuel Cell) 시스템이 1960년대에 구현되었으며, 실증 가능한 수준의 PAFC 시스템이 1990년대에 제작되었다. 현재 발전용으로서 상용화가 진행 중이기는 하지만 활발하지는 않다.

2000년 이후에 본격적으로 연료전지 회사들이 등장하기 시작하였다. 미국의 Fuel Cell Energy사는 2003년에 최초의 상업용 MCFC 발전시스템을 제작하였다. 한국의 포스코에너지사는 Fuel Cell Energy사와의 기술제휴를 통해 MCFC 기술을 도입하였으며, 2013년 세계 최대 규모인 60 MW급의 연료전지 발전단지를 경기도 화성의 발안단지에 건설하였다. 미국의 Bloom Energy사는 2008년에 100 kW급 고체산화물 연료전지 발전시스템의 상용화를 시작하여, 지속적으로 성장하고 있다.

| 그림 1-12 | 경기도 화성 발안단지에 있는 60 MW급 MCFC 발전소

| 그림 1-13 | 미국 캘리포니아 이베이 본사에 설치된 Bloom box(블룸에너지의 SOFC 시스템)

다수의 자동차 회사들이 에너지 효율이 높고, 환경오염이 적은 수소 연료전지 자동차의 개발에 주력하고 있다. 현대자동차는 2013년에 세계 최초로 수소 연료전지 생산을 위한 라인을 울산에 구축하였다. 현재는 토요타의 미라이(Mirai)와 현대자동차의 투싼 ix(Tucson ix)가 수소 연료전지 자동차 기술의 최전방에 있다. 가정용 연료전지 발전시스템에 있어서는 일본이 주도하고 있으며, 여러 회사들이 연합하여 에네팜(Ene · Farm)이라는 공동 브랜드로 가정용 연료전지 시스템을 2009년부터 활발히 보급하고 있다.

| 그림 1-14 | 현대자동차의 투싼 ix 수소 연료전지 자동차

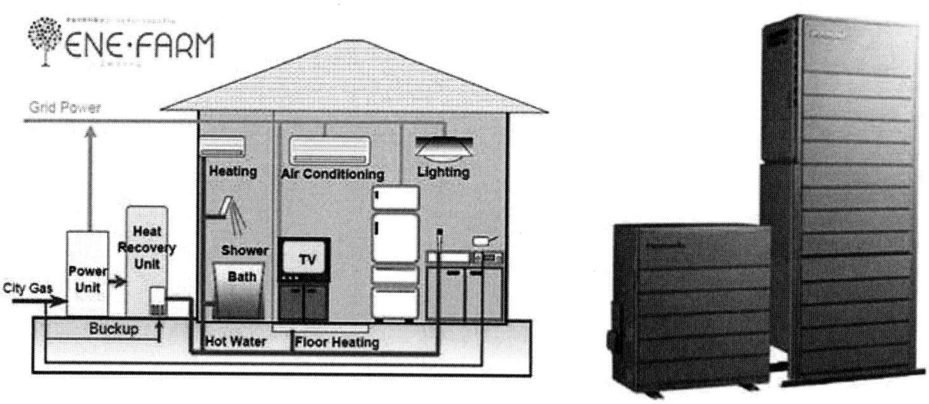

| 그림 1-15 | 일본의 에네팜 가정용 연료전지 발전시스템

3 연료전지의 원리

일반적인 화력발전은 〈그림 1-16〉에 보이는 것과 같이 수소와 같은 연료를 연소시켜 물을 가열하여 수증기를 생산한 후 (화학에너지 → 열에너지), 이 수증기를 이용하여 터빈을 회전시키고 (열에너지 → 운동에너지), 터빈과 연결된 발전기를 구동하여 (운동에너지 → 전기에너지) 전기를 생산하는 복잡한 에너지 변환과정을 거친다. 연료전지는 이와 달리 수소와 산소의 전기화학 반응을 통해 수소의 화학에너지를 직접 전기에너지로 변환하여 전력을 생산하며, 이 과정에서 부수적으로 발생하는 열에너지는 회수하여 다시 사용이 가능하다. 에너지가 다른 에너지로 변환될 때마다 에너지의 손실이 발생하는데 연료전지의 경우는 한 단계의 전환과정만으로 전력을 생산하므로 일반 화력발전에 비해 발전효율이 높아지게 된다.

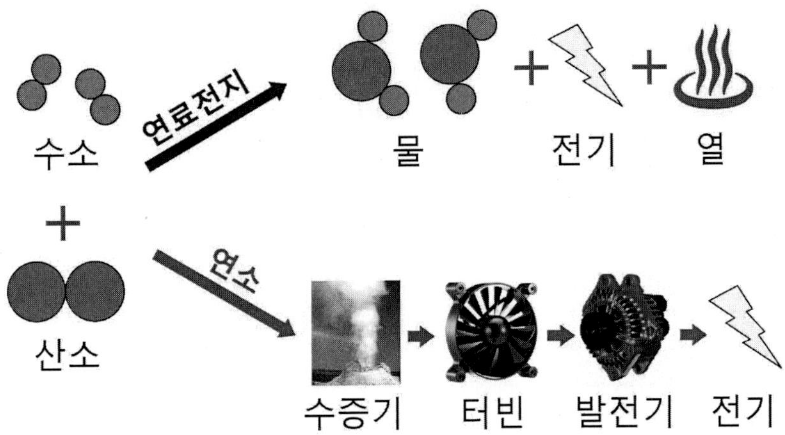

| 그림 1-16 | 연료전지를 이용한 전력생산과 일반적인 화력발전의 차이점

수소 연료전지에서 일어나는 전기화학 반응은 아래 〈그림 1-17〉와 같다. 연료전지의 종류에 따라 연료극과 공기극의 반응이 달라지는 경우가 있지만, 전체반응은 언제나 수소와 산소가 반응하여 물이 생성되는 반응이다. 또한 연료극에서 수소의 산화에 의해 발생한 전자가 외부의 전선을 거쳐 공기극으로 이동하는 것은 모든 연료전지에서 동일하다. 〈그림 1-17〉는 실제로 연료전지가 작동하는 과정에 대한 모식도이다.

연료극반응: $H_2 \rightarrow 2H^+ + 2e^-$	E^o=0.00V
공기극반응: $1/2O_2 + 2H^+ + 2e^- \rightarrow H_2O$	E^o=1.23V
전체 반응: $H_2 + 1/2O_2 \rightarrow 2H_2O$	E^o=1.23V

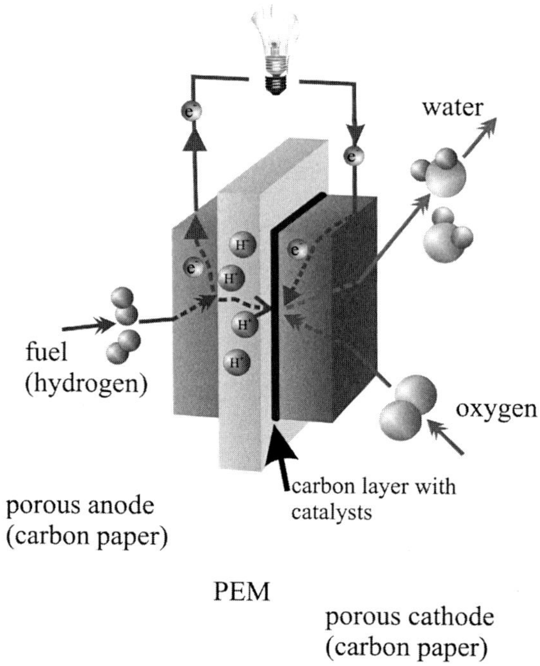

| 그림 1-17 | 연료전지의 작동 원리

연료극으로 공급된 수소는 연료극에서 수소의 산화반응에 의해 수소이온(H^+)과 전자(e^-)로 분리되게 된다. 분리된 수소이온은 연료극과 공기극 사이에 위치한 전해질층을 통해 공기극으로 이동하며, 전자는 외부로 연결된 전선을 통해 공기극으로 이동한다. 공기극으로 공급된 산소는 공기극에서 전해질을 통해 넘어온 수소이온 및 전선을 타고 넘어온 전자와의 환원반응에 의해 물이 되게 된다. 연료극과 공기극에는 전기화학 반응이 잘 일어나도록 전극촉매층을 코팅한다. 저온에서 작동하는 PEMFC 및 PAFC와 같은 연료전지는 주로 카본블랙에 담지된 백금과 같은 귀금속이 전극촉매로 사용된다. 고온에서 작동하는 MCFC 및 SOFC와 같은 연료전지는 높은 온도에 의해 전극촉매의 활성이 높아지므로 귀금속이 아닌 전이금속이나 전이금속 산화물이 전극촉매로 사용된다.

4 연료전지의 종류

연료전지는 사용되는 전해질의 종류에 따라 구분할 수 있는데, 고분자 전해질 연료전지(PEMFC, Polymer Electrolyte Membrane Fuel Cell), 직접메탄올 연료전지(DMFC, Direct Methanol Fuel Cell), 인산형 연료전지(PAFC, Phosphoric Acid Fuel Cell), 용융탄산염 연료전지(MCFC, Molten Carbonate Fuel Cell), 고체산화물 연료전지(SOFC, Solid Oxide Fuel Cell), 알칼리 연료전지(AFC, Alkaline Fuel Cell) 등이 있다.

4.1 고분자 전해질 연료전지

PEMFC는 전해질로 전하운반체인 수소이온을 전도할 수 있는 나피온(Nafion®)이라는 고분자 전해질막을 사용한다. 나피온은 겉보기에는 비닐과 같은 형상을 가지고 있으나, 내부에는 많은 미세 기공을 가지고 있으며, 황산기(-SO_3H)를 많이 포함하고 있다. 나피온은 수분을 흡수하게 되면, 수소이온과 같은 양이온을 전도할 수 있는 특징을 가지므로 연료전지의 전해질로 사용할 수 있다. PEMFC는 전해질막의 성능을 유지하기 위해 가습이 필요하므로 100 ℃ 미만에서 운전하여야 한다. 이처럼 저온에서 운전할 경우에는 전극에 사용하는 촉매의 활성이 중요하므로 백금을 전극촉매로 사용하여야만 한다. PEMFC에서의 전극반응은 〈그림 1-18〉과 같다.

PEMFC는 백금을 전극촉매로 사용하는데, 백금은 황 또는 일산화탄소와 만나게 되면 촉매로서의 활성이 저하되게 된다. 따라서 PEMFC의 연료로 사용되는 수소는 순도가 99.99 % 이상이어야 하며, 황성분이 없어야 하고, 일산화탄소 농도는 1 ppm 이하로 유지하여야 한다. PEMFC의 작동원리는 〈그림 1-18〉에 나타내었다. 연료극으로 공급된 수소는 연료극에서 산화반응에 의해 수소이온과 전자로 분리된다. 분리된 수소이온은 연료극과 공기극의 사이에 위치한 나피온 전해질층을 통해 공기극으로 이동하며, 전자는 외부의 전선을 통해 공기극으로 이동한다. 공기극으로 공급된 산소는 공기전극에서 전해질을 통해 넘어온 수소이온 및 전선을 타고 넘어온 전자와 환원반응을 거쳐 물이 되게 된다.

PEMFC는 저온에서 작동하므로 시동 및 정지가 용이한 특징을 가지고 있다. 내구성 또한 우수하며, 작은 부피로도 우수한 출력을 내는 것이 가능하다. 아직도 상용화하기에는 다소간 가격이 비싸지만, 지속적인 연구개발을 통해 그 가격이 상용화 수준에 근접하고 있다.

연료극 반응: $H_2 \rightarrow 2H^+ + 2e^-$ $E^0=0.00V$

공기극 반응: $1/2O_2 + 2H^+ + 2e^- \rightarrow H_2O$ $E^0=1.23V$

전체 반응: $H_2 + 1/2O_2 \rightarrow 2H_2O$ $E^0=1.23V$

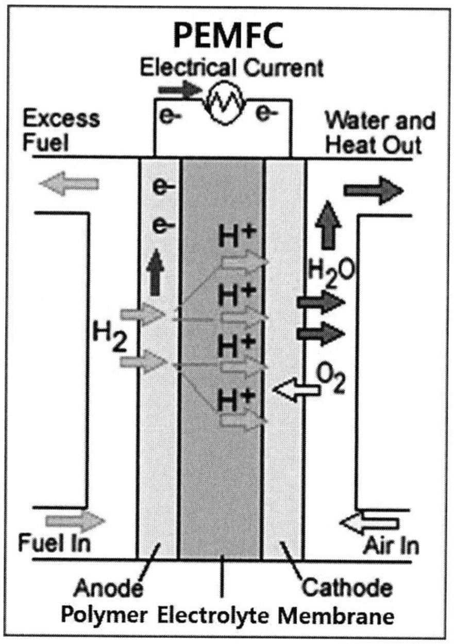

| 그림 1-18 | PEMFC의 작동 원리

4.2 직접메탄올 연료전지

DMFC는 PEMFC와 모든 시스템이 동일하며, 단지 차이점은 연료로 수소 대신 메탄올(methanol)을 이용하는 것이다. 기체 상태인 수소는 연료의 저장과 공급이 번거롭지만, 액체 상태의 메탄올은 저장과 공급이 용이한 장점이 있어 이동형 발전시스템으로 제품을 개발하기 위한 많은 노력이 진행되었다. 하지만 수소보다 복잡한 구조를 가진 메탄올이 분해되는 산화반응이 훨씬 어렵기 때문에 PEMFC에 비해 10배 이상의 백금을 촉매로 사용하여야 하고, 또한 부피당 출력이 낮아 연료전지 시스템이 커지는 단점이 있다. 그 외에도 메탄올은 독성물질이므로 관리의 주의가 필요하다.

DMFC의 작동원리는 〈그림 1-19〉에 나타내었다. DMFC는 연료극에서 메탄올이 물과 반응하여 산화되면서 수소이온과 전자를 발생시키고, 공기극에서는 PEMFC와 동일한 반응이 일어난다. 메탄올이 완전히 산화되면 최종적으로 이산화탄소가 발생되지만, 메탄올 중 일부는 완전히 산화되지 않아서 일산화탄소도 소량 발생하게 된다. 따라서 산화극의 전극촉매로는 일산화탄소에 취약한 백금 대신에 일산화탄소에 내피독성을 가지는 백금-루테늄(Pt-Ru) 합금을 전극촉매로 사용한다.

연료극 반응: $CH_3OH + H_2O \rightarrow CO_2 + 6H^+ + 6e^-$ $E^\circ = 0.04V$

공기극 반응: $3/2O_2 + 6H^+ + 6e^- \rightarrow 3H_2O$ $E^\circ = 1.23V$

전체 반응: $CH_3OH + 3/2O_2 \rightarrow CO_2 + 2H_2O$ $E^\circ = 1.19V$

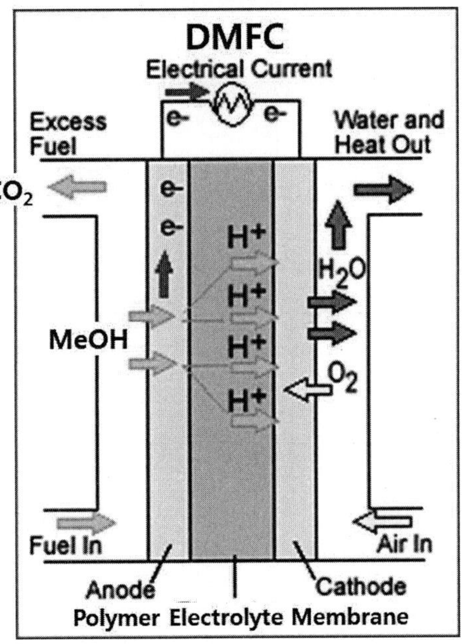

| 그림 1-19 | DMFC의 작동 원리

액체를 사용하는 연료 공급의 용이성으로 인해 많은 전자회사에서 소형 DMFC 시스템을 제작하여 노트북, 스마트폰과 같은 휴대용 전자기기의 전원으로 사용하고자 시도하였

다. 하지만 부피 저감 및 가격 저감의 한계로 인하여 아직 상용화에 성공하지는 못하고 있다.

4.3 인산형 연료전지

PAFC는 PEMFC보다 일찍 실용화되었다. PAFC의 작동원리는 용융된 액체 인산을 전해질로 사용하는 것을 제외하고는 기본적으로 PEMFC와 매우 유사하다. 용융된 인산을 전해질로 사용할 경우에는 인산의 녹는점보다 높은 온도인 200 ℃ 이상에서 운전하여야 한다.

연료극 반응: $H_2 \rightarrow 2H^+ + 2e^-$ 　 E^o=0.00V

공기극 반응: $1/2O_2 + 2H^+ + 2e^- \rightarrow H_2O$ 　 E^o=1.23V

전체 반응: $H_2 + 1/2O_2 \rightarrow 2H_2O$ 　 E^o=1.23V

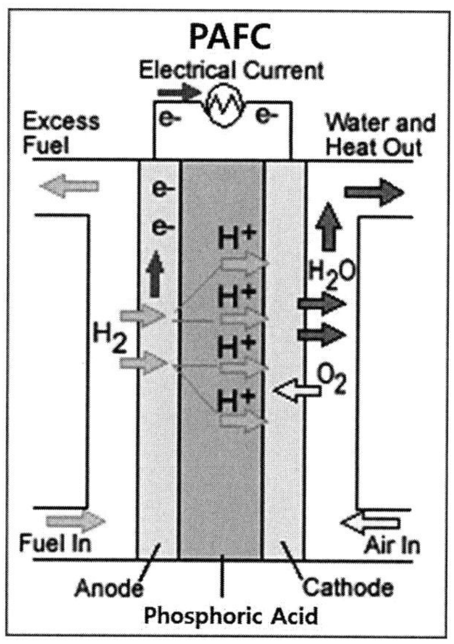

| 그림 1-20 | PAFC의 작동 원리

PAFC 역시 백금을 전극촉매로 사용하는데, 운전온도가 200 ℃ 이상의 중온이기 때문에 황 또는 일산화탄소에 의한 전극촉매 활성의 저하가 PEMFC에 비해서는 약하다. 그러므로 PAFC는 PEMFC보다 연료로 사용되는 수소의 순도에 대한 요구가 덜 엄격하다. PAFC

의 작동원리는 〈그림 1-20〉에 나타내었으며, 연료극 및 공기극 반응은 PEMFC전지와 동일하게 일어난다.

PAFC는 대용량의 발전용으로 주로 사용되며, 일부 회사에서 상업용 제품을 개발하였으나 가격의 문제로 인하여 아직 본격적인 상용화는 되지 못하고 있다.

4.4 용융탄산염 연료전지

MCFC는 전해질로 용융된 탄산나트륨 또는 탄산칼륨을 전해질로 사용하며 고온형 연료전지로 분류된다. 이러한 탄산염들을 녹이기 위해서는 650 ℃ 이상의 고온이 필요하기 때문이다.

이처럼 고온에서 운전되기 때문에 PAFC 또는 PEMFC와 같은 저온형 연료전지에서 기대할 수 없는 장점들을 갖고 있다. 고온에서의 빠른 전기화학 반응은 전극에 쓰이는 촉매로써 백금 대신 저렴한 니켈의 사용을 가능하게 하여 경제성이 향상된다. 또한 전극촉매인 백금의 성능을 저하시키는 일산화탄소마저도 전극촉매로 사용되는 니켈에 의한 수성가스 전환반응($CO + H_2O \rightarrow H_2 + CO_2$)을 통해 연료로 이용할 수 있게 된다. 따라서 일산화탄소를 발생시킬 우려가 있어 백금을 이용하는 저온형 연료전지에는 부적합한 석탄가스, 천연가스, 메탄올, 바이오매스 등 다양한 연료를 MCFC에는 사용할 수 있다. 그리고 열회수시스템을 적용하여 고온의 폐열을 회수하여 발전에 사용하면 전체 연료전지 발전 시스템의 발전효율을 약 60% 이상으로 올릴 수 있다.

MCFC는 외부에서 공급되는 천연가스를 수소로 전환하는 방식에 따라 내부개질형과 외부개질형으로 구분할 수 있다. 내부개질형은 MCFC의 높은 작동 온도를 이용하여 연료전지 내부에서 전기화학 반응뿐만 아니라 천연가스와 같은 연료의 개질반응($CH_4 + 2H_2O \rightarrow 4H_2 + CO_2$)이 동시에 진행되게 하는 것이다. 이러한 내부개질형 MCFC는 전기화학 반응에서 발생하는 반응열을 별도의 외부 열교환기 없이 직접 흡열반응인 개질반응에 이용하므로 전체 시스템의 열효율이 증가하며 시스템 구성이 간단해지는 장점이 있다. 외부개질형 MCFC는 외부에서 먼저 천연가스를 개질하여 생산한 수소를 연료전지 시스템으로 공급하므로 시스템의 구성이 보다 복잡해진다. 현재는 대부분 내부개질형이 채택되고 있다.

MCFC의 작동원리는 〈그림 1-21〉에 나타내었으며, MCFC는 탄산이온(CO_3^{2-})을 전하운반체로 사용한다. 공기극으로 공급된 산소와 이산화탄소가 전선을 타고 공급된 2개의 전자와 만나 환원반응을 통해 탄산이온이 된다. 연료극에서는 탄산이온과 수소의 산화반응을 통하여 물과 이산화탄소가 생성되며, 동시에 전자가 발생되게 된다. 전체 반응식은 수소와 산소가 반응하여 물이 생성되는 반응이지만, MCFC를 운전하기 위해서는 연료극에서 발생된 이산화탄소를 다시 공기극에 순환시키는 기능이 필요하다.

연료극반응: $H_2 + CO_3^{2-} \rightarrow H_2O + CO_2 + 2e^-$

공기극반응: $1/2O_2 + CO_2 + 2e^- \rightarrow CO_3^{2-}$

전체 반응: $H_2 + 1/2O_2 \rightarrow 2H_2O$ $E^o=1.23V$

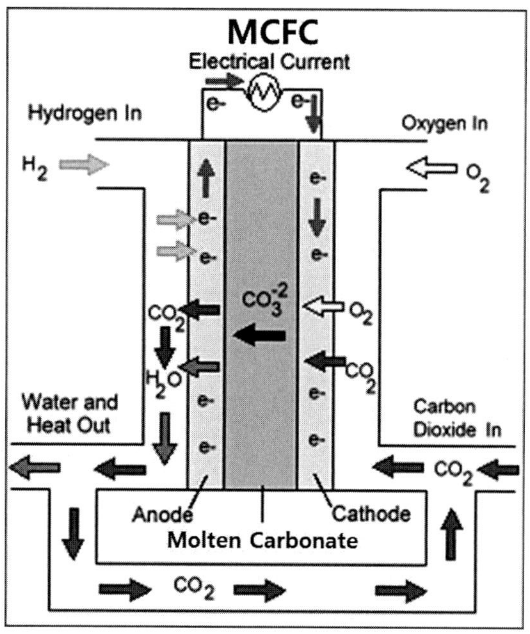

| 그림 1-21 | MCFC의 작동 원리

고온에서 운전하는 MCFC는 시스템이 복잡하고 시동 및 정지에 시간이 많이 걸리므로, 지속적으로 운전하는 수 백 kW급의 대용량 발전시스템에 주로 사용된다.

4.5 고체산화물 연료전지

SOFC는 산소이온(O^{2-})을 투과시킬 수 있는 고체산화물을 전해질로 사용하는 연료전지로써, 현존하는 연료전지 중 가장 높은 온도(700 ~ 1,000 ℃)에서 작동한다. 전해질로 사용하는 고체산화물로는 8 % YSZ (8 % Y_2O_3-ZrO_2, 8 %의 이트륨을 포함하는 지르코늄 산화물)를 주로 사용한다. SOFC는 700 ℃ 이상의 고온에서 운전하기 때문에 세라믹 내부의 산소이온이 환원극에서 산화극으로 이동할 수 있게 된다. SOFC는 MCFC와 함께 고온형 연료전지로 분류된다.

연료극반응: $H_2 + O^{2-} \rightarrow H_2O + 2e^-$

공기극반응: $1/2O_2 + 2e^- \rightarrow O^{2-}$

전체 반응: $H_2 + 1/2O_2 \rightarrow 2H_2O$ E^o=1.23V

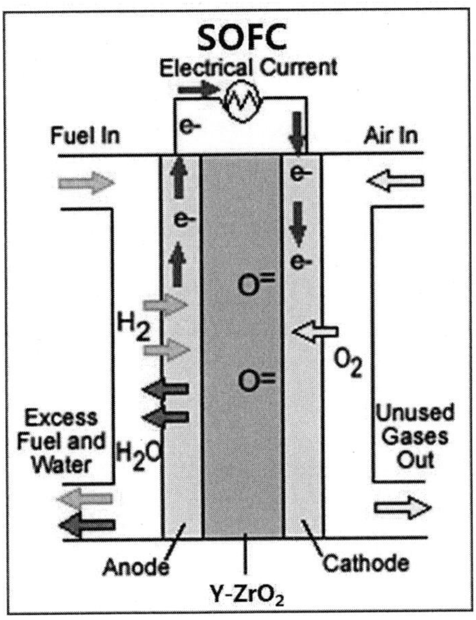

| 그림 1-22 | SOFC의 작동 원리

SOFC의 작동원리는 〈그림 1-22〉에 나타내었다. SOFC의 공기극에서는 산소가 전선을 통해 전달된 전자와의 환원반응에 의해 산소이온이 되어 고체산화물 전해질 내부로 이동한다. 이 산소이온은 고체산화물 전해질을 통해 연료극으로 이동하며, 연료극에 공급된 수소는 산소이온과의 산화반응을 통해 물을 생성하게 되는데, 이 때 연료극에서 전자

가 생성되게 된다.

SOFC는 모든 구성요소가 고체로 이루어져 있기 때문에 다른 연료전지에 비해 구조가 간단하고, 전해질의 손실과 보충 및 부식에 대한 염려를 할 필요가 없다. 또한 고온에서 작동하기 때문에 백금과 같은 고가의 귀금속 전극촉매가 필요하지 않다. 단점으로는 모든 구성 부분이 고체로 이루어져 있어 연료와 공기가 새지 않게 밀봉하는 것이 어려우며, 고온에서 운전하므로 시동과 정지의 절차가 복잡하고 시간이 많이 소요된다.

연료로는 수소만 사용가능한 것이 아니고, 천연가스를 MCFC와 같이 연료전지 내부에서 직접 내부개질하여 수소로 공급하는 방식의 연료 공급도 가능하다. 또한 고온의 가스를 배출하기 때문에 폐열을 이용한 열복합 발전이 가능하다는 장점도 있다. 이러한 여러 가지 장점들 때문에 미국, 일본 등 선진국을 중심으로 활발히 연구개발이 이루어지고 있으며, 미국의 Bloom Energy사는 SOFC 발전사업을 활발하게 진행하고 있다.

4.6 알칼리 연료전지

AFC는 수산화나트륨 또는 수산화칼륨을 진한 수용액 또는 용융된 형태로 전해질로 사용하며, 이때의 전하운반체는 수산이온(OH^-)이 된다. 수용액을 사용할 경우에는 100 ℃ 이하에서 운전하지만, 알칼리를 용융한 전해액을 사용할 경우에는 녹는 점 이상인 250 ℃ 정도의 온도에서 운전하여야 한다.

AFC는 PEMFC보다 먼저 발명되었으며, 백금 이외의 다른 다양한 금속을 전극촉매로 사용할 수 있고, 발전효율이 높은 장점을 가지고 있다. 하지만 이산화탄소가 알칼리 전해질과 접촉하게 되면 아래의 반응에 의해 알칼리염이 탄산염으로 변환되어 전해질의 기능이 저하되는 단점이 있다.

$$2NaOH + CO_2 \rightarrow Na_2CO_3 + H_2O$$

즉, 일반 공기를 공기극에 공급할 경우에는 공기 중의 이산화탄소에 의한 전해질의 성능 저하가 일어나므로 순수한 산소 또는 이산화탄소가 제거된 공기를 사용하여야 하는 단점이 있다. 이로 인해 AFC는 지상에서의 일반적인 용도로는 사용되지 못하고 우주용 또는 잠수함용 등의 특수용도로 주로 사용된다.

AFC의 작동원리는 〈그림 1-23〉에 나타내었다. 알칼리 연료전지의 공기극에서는 산소가 물과 전선을 통해 전달된 전자와 환원반응을 하여 전하운반체인 수산이온(OH^-)이 생성된다. 이 수산이온은 알칼리 전해질로 이동하며, 알칼리 전해질을 통해 연료극으로 이동하게 된다. 연료극에서는 공급된 수소와 전해질 중의 수산이온이 산화반응을 하여 물을 생성하게 되는데, 이 때 연료극에서 전자가 생성되게 된다.

연료극 반응:	$H_2 + 2OH^- \rightarrow 2H_2O + 2e^-$	E^0=0.83V
공기극 반응:	$1/2O_2 + H_2O + 2e^- \rightarrow 2OH^-$	E^0=0.40V
전체 반응:	$H_2 + 1/2O_2 \rightarrow 2H_2O$	E^0=1.23V

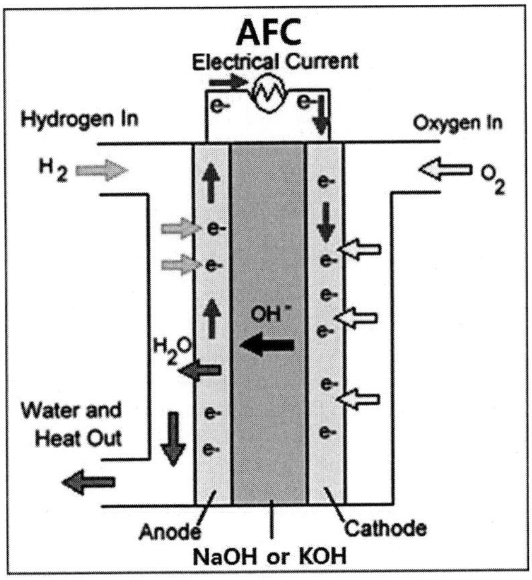

그림 1-23 AFC의 작동 원리

연료극과 공기극의 전기화학 반응식을 보면, 수소이온을 전하운반체로 수소이온을 사용할 때와는 전혀 다른 반응이 일어남을 볼 수 있다. PEMFC에서는 산소가 환원되어 물이 생성되는 공기극 반응의 활성화 과전압이 매우 높아서, 전체 반응에서의 활성화 과전압도 높게 된다. 하지만 이와 달리 AFC에서는 공기극에서 산소가 물과 반응하여 수산이온이 생성되는 환원반응의 활성화 과전압이 낮으며, 연료극에서 수소가 수산이온과 반응하여 물이 생성되는 산화반응의 활성화 과전압도 높지 않다. 따라서 PEMFC에 비해 AFC

의 활성화 과전압이 더 낮음을 알 수 있다. 이러한 낮은 활성화 과전압 때문에 AFC는 PEMFC에 비해 높은 발전효율을 가진다.

이상과 같이 여러 가지 연료전지의 작동 원리 및 특성에 대해 살펴보았으며, 각 연료전지의 특징을 〈표 1-2〉에 정리하였다.

〈표 1-2〉 여러 가지 연료전지의 특징

종류	PEMFC	DMFC	PAFC	MCFC	SOFC	AFC
연료	수소, 개질 수소	메탄올	수소, 개질 수소	천연가스, 수소, CO, 개질 수소	천연가스, 수소, CO, 개질 수소	수소
전력 (kW)	5~250	0.01~2	5~5,000	100~2,000	100~250	5~150
용도	운송, 가정용 발전, 군용	휴대용, 소형전원, 군용	열병합발전, 분산발전	열병합발전, 분산발전, 운송	열병합발전, 분산발전, 보조전원	운송, 우주, 군용
작동온도 (℃)	< 90	< 90	200	600~800	700~1,000	60~250
전극촉매	Pt	Pt	Pt	Ni, NiO	Ni, 란탄산화물	Pt, Ni
발전효율 (%)	< 40	< 40	40~45	50~60	50~60	~70
전해질	고분자 전해질	고분자 전해질	인산	용융 탄산염 (Li_2CO_3, K_2CO_3)	YSZ (8% $Y_2O_3-ZrO_2$)	KOH, NaOH
전하 운반체	H^+	H^+	H^+	CO_3^{2-}	O^{2-}	OH^-

5 연료전지의 용도

연료전지는 종류와 크기에 따라 〈그림 1-24〉에 나타낸 바와 같이, 수 W급에서부터 수 MW급까지 다양한 출력의 연료전지 시스템을 제작할 수 있다. 수 ~ 수십 W급의 소형시스템은 DMFC를 주로 이용하며, 수십 W ~ 수십 kW급의 연료전지 시스템은 사용이 편리한 PEMFC 또는 SOFC를 이용한다. 수백 kW ~ 수 MW급의 발전용 연료전지 시스템은 발전효율이 높은 MCFC 또는 SOFC가 적합하다. 그 외에 PAFC는 발전용으로 사용이 가능하며, AFC는 군사용이나 우주용과 같은 특수 용도로 사용이 된다.

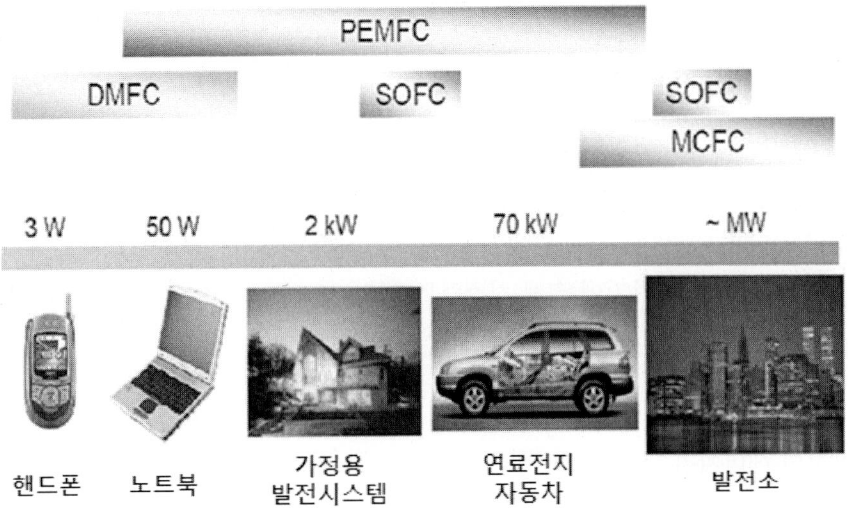

| 그림 1-24 | 연료전지의 출력에 따른 응용

5.1 휴대용/이동형 연료전지

다양한 휴대용 전자기기의 보급으로 장시간 사용이 가능한 휴대용 전원에 대한 필요성이 증대되고 있다. 휴대기기용 및 이동형 전원용으로 연료전지에 수소를 연료로 사용하기가 곤란하므로, 액체 상태로 공급이 가능한 DMFC가 적합한 연료전지이다. 스마트폰이나 노트북과 같은 휴대기기용 DMFC 시스템이 국내의 삼성과 LG 그리고 다수의 일본 전자회사들에서 개발된 바 있다. 하지만 그 가격이 수백만 원의 고가이어서 실용화되지는 못하였으며, 현재는 휴대기기용 연료전지 개발은 주춤한 상태이다. 국내에서는 LIG

넥스원과 프로파워사에서 연구개발이 진행 중이다. DMFC의 다른 응용으로는 〈그림 1-25〉에 나타낸 바와 같이 이동형 전원, 지게차, 연료전지 오토바이, 골프카트, 군사용 등이 제안되고 있다.

| 그림 1-25 | DMFC를 적용한 연료전지 제품들: 좌로부터 이동형 전원, 오토바이, 지게차

5.2 가정용 연료전지

가정용 연료전지는 가정용 발전시스템(RPG, Residential Power Generator) 또는 열병합 발전시스템(CHP system, Combined Heat and Power system)으로 불린다. 다르게는 전기와 열을 동시에 생산하기에 코젠 시스템으로(Cogen system)으로도 불리는데, 전기와 열 그리고 수소의 세 가지를 동시에 생산하는 경우에는 트라이젠 시스템(Trigen system)으로 부르기도 한다.

가정에서의 에너지원으로는 주로 발전소에서 공급되는 전기와 보일러에서 제공되는 온수를 사용한다. 가정용 연료전지 발전시스템을 사용하면, 연료전지를 이용한 발전과 동시에 온수를 얻을 수 있다. 가정용 연료전지 발전시스템의 전기효율이 40 %이고 열효율이 40 % 수준이라면 전체 에너지효율은 80 % 이상이 되는 것이다. 이는 기존의 발전소 전기와 보일러 온수처럼 별도로 생산하여 사용하는 것에 비해 에너지 사용량 저감이 가능하다.

가정용 연료전지 발전시스템은 국가에 따라 그 용량이 차이가 있다. 국내에서는 보통 1 kW급을 사용하며, 일본은 0.7 kW급을 사용한다. 유럽이나 미국의 경우에는 대용량을 선호하여 3 kW급 이상을 주로 사용한다. 가정용 연료전지 발전시스템으로는 대부분 PEMFC가 사용되나, 일본의 경우에는 PEMFC 뿐만 아니라 SOFC도 상당히 많이 보급되고 있다. 국내에서도 두산퓨얼셀, S-Energy, 현대하이스코 등에서 가정용 PEMFC 시스템을 보급하고 있으며, STX중공업에서 가정용 SOFC 시스템의 개발이 진행되고 있다.

PEMFC는 사용이 편리하므로 시동과 정지를 자주 반복하는 경우에 유리하고, SOFC는 발전효율은 높지만 내구성에 문제가 있으므로 자주 시동과 정지를 반복하는 것은 좋지 않다. 따라서 지속적으로 가동할 수 있는 곳에 설치하는 것이 적합하다.

우리나라는 세계에서 도시가스 공급 인프라가 잘 구축된 국가 중의 하나이며, 국내의 대부분의 가정에는 도시가스의 직접 공급이 가능하다. 가정용 연료전지 발전시스템은 이 도시가스를 연료로 하여 연료전지를 가동한다. 연료전지 발전시스템에 연결되는 연료는 도시가스이지만, 실제 전력을 생산하는 연료전지 시스템에는 수소가 공급되어야 한다. 이를 위해 도시가스를 수소로 전환해 주는 연료개질기(fuel reformer system)가 연료전지 시스템 이전에 설치되어야 한다.

가정용 연료전지 발전시스템의 구성도를 〈그림 1-26〉에 나타내었다. 연료전지 시스템에서는 직류전력이 생산되므로, 가정에서 사용하기 위해서는 인버터와 같은 전력변환장치를 이용하여 이를 원하는 전압의 교류로 변환하여야 한다. 가정용 연료전지 발전시스템에서의 발전량이 가정의 수요보다 많은 경우에는 이를 다시 전력망으로 역송전하여 판매할 수도 있다.

연료전지 시스템에서 발생하는 열은 냉각수를 이용하여 냉각하게 되는데, 이 냉각수의 열은 온수탱크와의 열교환을 통해 가정에서 온수로 활용이 가능하다. 단, 안정적인 온수의 사용을 위해서는 보조 보일러도 같이 설치하는 것이 편리하다.

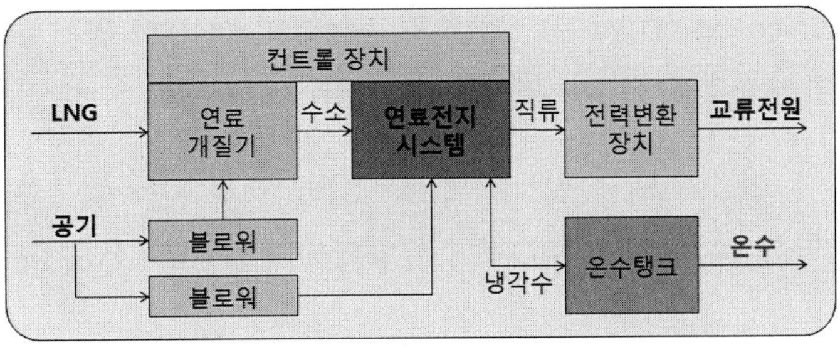

| 그림 1-26 | 가정용 연료전지 발전시스템의 구조

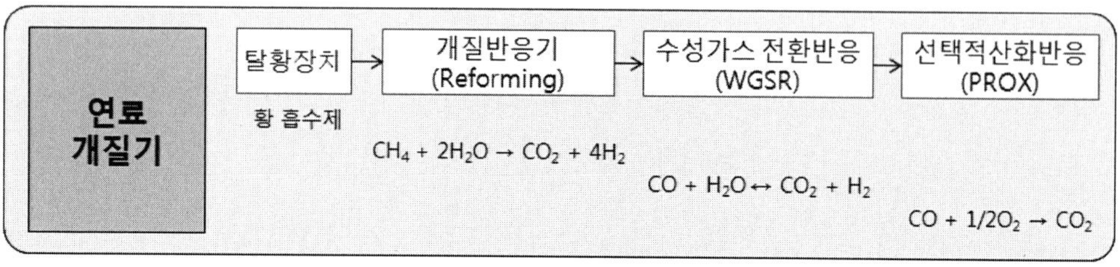

그림 1-27 연료개질기의 구조

도시가스를 수소로 바꾸기 위해서는 〈그림 1-27〉과 같은 구조를 가지는 연료개질기를 사용하여야 한다.

도시가스의 주성분은 메탄(CH_4)인데, 이는 무색무취이기 때문에 누출을 감지할 수가 없다. 따라서 공급업체에서는 도시가스의 누출을 감지할 수 있도록 황을 포함하고 있는 냄새가 나는 부취제를 소량 섞어서 공급하고 있다. PEMFC의 전극촉매로 사용되는 백금은 황이나 일산화탄소가 연료인 수소 중에 포함되어 있을 경우에 이러한 기체분자들이 백금 표면의 촉매활성점을 선택적으로 피독(poisoning)시키기 때문에 성능이 저하된다. 따라서 도시가스를 개질한 수소를 연료전지에 사용하기 위해서는 일차적으로 도시가스에서 황을 제거하는 탈황장치(흡수제를 이용하여 황을 제거)가 필요하다.

탈황 장치 후단에는 메탄을 수소로 바꾸어주는 개질반응기가 위치하게 된다. 메탄을 개질하는 데는 아래와 같이 여러 가지 방법이 있으나, 이 중 메탄 사용량 대비 수소 생산량이 가장 많은 수증기 개질반응이 널리 사용된다. 여러 가지 개질반응의 주요 특성은 〈표 1-3〉에 나타내었다.

- 수증기 개질반응(steam reforming): $CH_4 + 2H_2O + heat \rightarrow 4H_2 + CO_2$
  [불완전 수증기 개질반응: $CH_4 + H_2O + heat \rightarrow 3H_2 + CO$]
- 부분산화 개질반응(partial oxidation reforming): $CH_4 + 1/2O_2 \rightarrow CO + 2H_2 + heat$
- 자열 개질반응(autothermal reforming): $2CH_4 + 2H_2O + 1/2O_2 \rightarrow CO_2 + CO + 6H_2$

〈표 1-3〉 여러 가지 개질반응의 주요 특성

개질반응	주요 특성	수소농도(%)	반응온도(℃)	반응압력(기압)
수증기 개질반응	흡열반응 높은 수소생산 효율	65 ~ 75	800 ~ 950	10 ~ 40
부분산화 개질반응	발열반응 낮은 수소생산 효율	30 ~ 40	1,100 ~ 1,500	< 100
자열 개질반응	수증기개질 반응과 부분산화 반응의 조합	40 ~ 50	850 ~ 1,000	20 ~ 40

수증기 개질반응을 거쳐도, 불완전한 수증기 개질반응에 의해 수 %의 일산화탄소가 생성물 중에 존재하게 된다. 개질반응기 후단에 연결되는 수성가스 전환반응기(WGSR, Water-Gas Shfit Reactor)에서는 일산화탄소를 물과 반응시켜 수소로 전환시킨다. 수성가스 전환반응은 가역반응이므로 역수성가스 전환반응 또한 동시에 일어난다. 이는 수성가스 전환반응을 아무리 조절하여도 반응의 평형상수는 온도에 따라 고정되어 있으므로, 일산화탄소 농도를 수 ppm 이하로 만드는 것이 불가능하다는 것을 뜻한다. 수성가스 전환반응기를 거치면 일산화탄소 농도는 수백 ppm 수준으로 낮아지게 된다.

- 수성가스 전환반응(WGSR, water-gas shift reaction): $CO + H_2O \rightarrow H_2 + CO_2$
- 역수성가스 전환반응(RWGSR, reverse WGSR): $CO_2 + H_2 \rightarrow H_2O + CO$

연료전지 시스템이 원활하게 작동하기 위해서는 수소 연료 중의 일산화탄소 농도가 10 ppm 이하로 유지되어야 한다. 이를 위해 수성가스 전환반응기 후단에 최종적으로 선택적 산화반응기(PROX reactor, PReferential OXidation reactor)를 설치하며, 일산화탄소와 산소와의 부분산화반응에 의해 일산화탄소 농도가 10 ppm 이하인 개질수소를 얻게 된다. 이와 같은 과정을 거쳐 연료개질기에서 생산된 수소는 연료전지 시스템의 연료로 사용하기에 적합하다. 참고로 자동차용 연료전지의 경우에는, 수소 연료 중의 일산화탄소 농도를 1 ppm 이하로 유지하여야 한다.

- 부분산화 반응(PROX, preferential oxidation reaction): $CO + 1/2O_2 \rightarrow CO_2$

가정용 연료전지 발전시스템에서는 개질기와 연료전지 시스템을 제외한 모든 부품을 BOP라고 부른다. BOP는 "Balance of Plant"의 줄임말로 "주변 보조기기"를 뜻한다. 〈그림 1-26〉을 살펴보면 전기가 직접 생산되는 연료전지 부분 외에도 이 연료전지 시스템이 잘 작동할 수 있도록 보조하는 많은 주변기기들이 필요하다. 이러한 주변기기들은 그 유형에 따라 기계부품인 M-BOP(mechanical BOP)와 전기부품인 E-BOP (electrical BOP)로 구분된다. 예를 들면, 밸브, 물펌프, 블로워(송풍기), 열교환기, 수처리 장치, 가습기 등은 M-BOP에 해당하고, 인버터, 센서, 제어기 등은 E-BOP에 해당한다.

가정용 연료전지 발전시스템을 가정에 적용한 예를 〈그림 1-28〉에 나타내었으며, 크게 가정용 연료전지 발전시스템과 온수탱크의 두 부분으로 나누어진다.

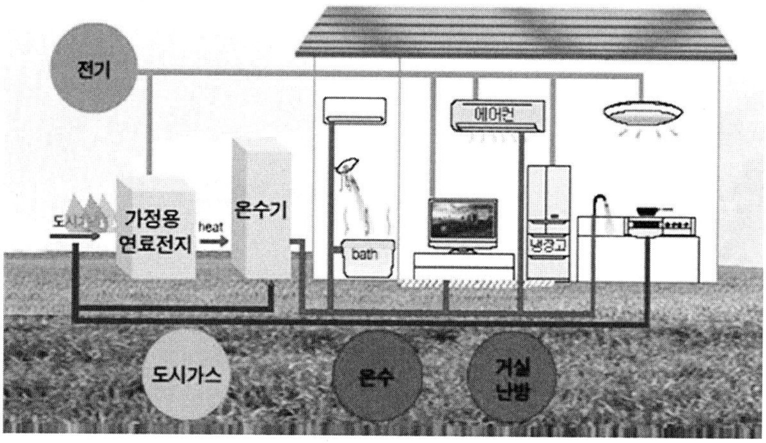

| 그림 1-28 | 가정용 연료전지 발전시스템의 적용 예

일본은 가정용 연료전지 발전시스템 기술에 있어, 최상위의 기술을 보유하고 있으며, 다수의 가스회사에서 Ene · Farm이라는 공동브랜드로 가정용 연료전지 발전시스템을 판매하고 있는데, 신문 광고 뿐만 아니라 TV 광고까지 다양하게 홍보를 하고 있다. 이러한 가정용 연료전지 발전시스템의 보급을 위해 일본 정부에서는 보조금을 지급하고 있는데, 후쿠시마 원전사고가 발생한 2011년에는 여름에 보조금이 고갈되었고, 이후로도 일본에서는 가정용 연료전지 발전시스템의 인기가 지속적으로 상승하고 있다. 일본의 가정용 연료전지 발전시스템의 보급 시나리오는 〈그림 1-30〉과 같다. 2014년까지 누적 14만대가 보급되었으며, 2030년까지 누적 250만대의 보급을 목표로 하고 있다.

| 그림 1-29 | ENE · FARM 홍보사진

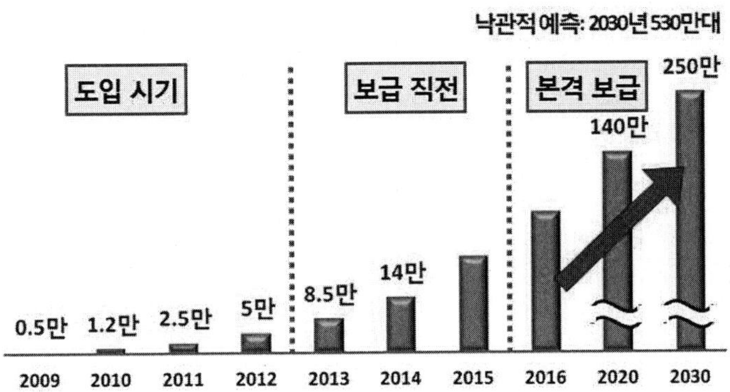

| 그림 1-30 | 일본의 가정용 연료전지 발전시스템 보급 현황 및 계획(누적 대수)

국내에서는 두산에서 Fuel Cell Power사를 인수하여 연료전지 전문업체인 두산퓨얼셀을 설립하였으며, S-Energy에서 GS Fuel Cell을 인수하여 가정용 연료전지 사업을 계속하고 있다. 현대 하이스코 또한 가정용 연료전지 사업에 진출하고 있는데, 이들 업체는 모두 PEMFC를 사용하고 있다. STX 중공업에서 SOFC를 이용한 가정용 연료전지를 개발하고 있으나, 아직 상업화는 도달하지 못하고 있다. 국내의 경우는 연료전지 가격의 75 %를 정부에서 보조하고 있으나, 아직 본격적인 보급은 진행되지 못하고 있다.

5.3 자동차용 연료전지

에너지의 고갈 및 이산화탄소 배출에 의한 지구온난화에 대한 우려로 친환경 자동차의 개발에 대한 지속적인 요구가 있다. 연료전지는 높은 발전 효율을 가지면서 수소와 산소와의 반응에 의해 물만을 배출하므로, 수소 연료전지 자동차는 에너지 효율 증대와 이산화탄소 배출량 저감에 있어 중요한 역할을 할 수 있다. 휘발유 자동차, 하이브리드 자동차, 수소 연료전지 자동차의 에너지 효율을 〈표 1-4〉에 비교하였다.

〈표 1-4〉 여러 가지 자동차의 에너지 효율

자동차 종류	연료 효율 (%)	차량 효율 (%)	종합 효율 (%)
휘발유 자동차	88	16	14
하이브리드 자동차	88	37	32
연료전지 자동차	70	60	42

- 연료 효율(Well-to-Tank 효율) : 원유나 천연가스를 채굴하여 휘발유, 경유, 천연가스, 수소와 같은 자동차용 연료로 생산하는 과정에서의 에너지 효율이다. 휘발유차는 유정에서 연료탱크로 공급이 되는 과정까지의 에너지 효율을 뜻하며, 연료전지 자동차는 천연가스 채굴로부터 자동차의 수소탱크에 주입되는 과정까지의 에너지 효율을 뜻한다.
- 차량 효율(Tank-to-Wheel 효율) : 자동차 연료탱크의 연료를 사용하여 자동차가 주행하는 과정에서의 에너지 효율이다. 엔진을 사용하는 자동차의 효율이 낮으며, 연료전지는 에너지 효율이 높으므로 매우 우수한 차량 효율을 보인다.
- 종합 효율(Well-to-Wheel 효율) : 연료의 채굴에서부터 자동차의 바퀴로 주행하기까지의 전 과정에서의 에너지 효율이다. (연료효율 × 차량효율 = 종합효율)의 식으로 계산이 가능하며, 종합 효율이 높은 차량이 전체적으로 높은 에너지 효율을 가지게 된다.

일반적으로 연료전지 승용차는 75 ~ 100 kW, 연료전지 버스는 약 200 ~ 300 kW 정도의 출력을 요구하고 있다. 연료전지 자동차의 구조는 〈그림 1-31〉과 같다. 연료인 수소를 저장하는 수소탱크가 있고, 수소를 이용하여 전력을 생산하는 연료전지 시스템, 연료전지에서 생산된 직류전력을 교류로 변환시켜주는 전력변환장치, 연료전지에 공기를 공급해주는 블로워, 연료전지 자동차의 시동 시에 필요한 배터리와 같은 보조전원, 전기를 이용하여 자동차를 추진하기 위한 구동모터 등이 주요 구성품이다.

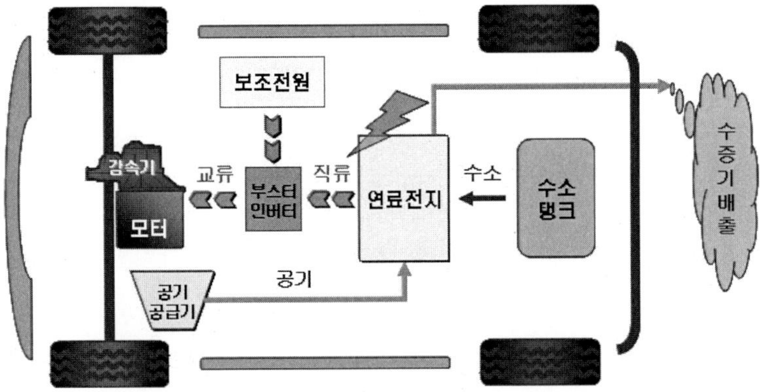

| 그림 1-31 | 연료전지 자동차의 구조

| 그림 1-32 | 투싼 ix 연료전지 자동차

| 그림 1-33 | 양산한 투싼 ix 연료전지 자동차

현대자동차는 2000년경부터 수소 연료전지 자동차 개발에 주력해 왔으며, 현재는 세계 수준의 연료전지 자동차 기술을 보유하고 있다. 최근에 개발한 투싼 ix 연료전지 자동차는 출력 100 kW, 주행거리 594 km, 연비 27.8 km/l (0.95 kg-H_2/100 km), 수소저장량 5.6 kg의 재원을 가지고 있다. 또한 현대자동차는 2013년도에 세계 최초로 울산에 수소 연료전지 자동차 생산을 위한 파일럿 규모의 양산라인을 준공한 바 있으며, 이를 이용하여 주문에 따라 수소연료전지 자동차를 생산할 수 있는 체계를 갖추었다. 현재 투싼 ix 연료전지 자동차의 가격은 8천 5백만원 정도이나, 최종적으로는 5천만원에 판매할 계획을 가지고 있다.

일본에서는 토요타 자동차에서 2014년에 수소 연료전지 자동차인 미라이(Mirai)를 시판하기 시작하였으며, 그 외도 닛산, 혼다 등의 자동차 회사에서 수소 연료전지 자동차를 개발하고 있다. 일본은 HySUT(Hydrogen Supply/Utilization Technology) 프로그램에 수소 연료전지 자동차 및 수소 관련 기술을 개발하는 회사들이 가입하여 적극적으로 수소 연료전지 자동차 시대에 대비하고 있다.

일본은 2020년 도쿄 하계 올림픽을 계기로 '수소 사회'로의 전환을 시도하고 있다. 도쿄시는 도요타, 혼다와 협력해 오는 2020년까지 수소 연료전지 자동차(FCEV) 6,000대 보급, 수소 스테이션 35개소 구축을 계획하고 하고 있다.

| 그림 1-34 | 토요타의 미라이 연료전지 승용차

5.4 발전용 연료전지

연료전지는 일반 화력발전에 비해 높은 발전효율을 가지므로, 발전소와 같은 용도로도 사용이 가능하다. 특히 고온형 연료전지는 연료전지 중에서도 상대적으로 발전효율이 높기 때문에 발전소용으로 적합하다. MCFC는 그 기술이 이미 성숙하였으며, 미국의 FCE (Fuel Cell Energy)사에서는 발전용 MCFC 시스템을 상용화하였다.

SOFC도 고온형 연료전지로서 발전용으로 적합하나, 아직 상용화하기에는 기술 수준이 부족하다. 전 세계적으로는 미국의 Bloom Energy사에서 유일하게 수백 kW급의 SOFC 발전시스템을 개발하여 사업을 확장하고 있다. Bloom Energy사의 스택은 평판형 셀을 이용한 1 kW급 스택을 기본 단위로 하여 여러 개를 결합함으로써 필요한 용량의 SOFC 발전시스템을 구성한다.

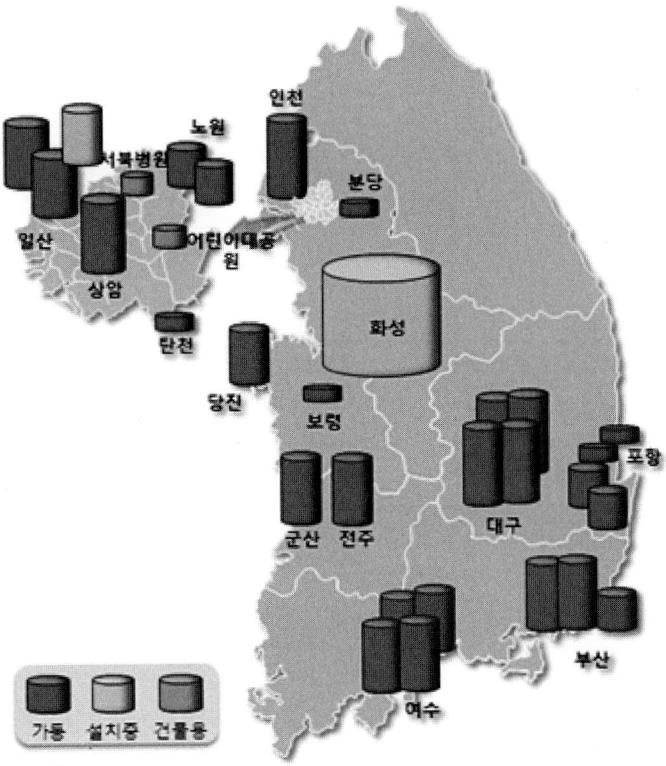

| 그림 1-35 | 포스코에너지의 국내 MCFC 설치현황 (2013. 2)

국내에서는 2007년부터 미국의 FCE사와 기술제휴를 맺은 포스코에너지가 발전용 MCFC 시스템을 상업화하였으며, 현재 대부분의 부품의 국산화가 완료되었다. 포스코에너지는 다수의 MCFC 발전시스템을 보급하였으며, 국내 보급현황은 〈그림 1-35〉와 같다. 포항에 연료전지 시스템 생산공장을 준공한 것을 시작으로, 최근에는 BOP와 스택 공장에 이어 셀 제조 공장까지 구축하여 연료전지 제작의 전 공정을 국내에서 수행할 수 있게 되었다.

한수원, 삼천리, 포스코에너지가 공동 출자하여 경기그린에너지(주)를 설립하였으며, 2013년도에 세계 최대의 MCFC 발전소를 경기도 화성시의 발안산업단지에 준공하였다. 이 발전소는 2.8 MW급의 MCFC 발전시스템 21기가 설치되어 있으며, 총 발전량은 58.8 MW에 달한다. 향후에는 추가적으로 여러 곳에 연료전지 발전소가 설치될 것으로 예상된다. MCFC 시스템에서 배출되는 열을 회수하여 다시 발전에 사용할 경우에 보다 높은 발전효율을 얻는 것이 가능하다.

단원정리

1. 연료전지(Fuel cell)는 1839년에 영국의 윌리엄 그로브 경에 의해 최초로 발명되었다.

2. 연료전지는 주로 수소를 연료로, 공기를 산화제로 사용한다. 수소와 공기 중의 산소와의 반응에 의해 물이 생성되면서 전기화학 반응에 의해 전기를 생산하게 된다.

3. 연료전지의 종류에는 알칼리 연료전지(AFC, alkaline fuel cell), 고체산화물 연료전지(SOFC, solid oxide fuel cell), 용융탄산염 연료전지(MCFC, molten carbonate fuel cell), 인산형 연료전지(PAFC, phosphoric acid fuel cell), 고분자 전해질 연료전지(PEMFC, polymer electrolyte fuel cell), 직접메탄올 연료전지(DMFC, direct methanol fuel cell) 등이 있다.

4. 여러 가지 연료전지의 특징은 다음과 같다.

종류	PEMFC	DMFC	PAFC	MCFC	SOFC	AFC
연료	수소, 개질 수소	메탄올	수소, 개질 수소	천연가스, 수소, CO, 개질 수소	천연가스, 수소, CO, 개질 수소	수소
전력 (kW)	5~250	0.01~2	5~5,000	100~2,000	100~250	5~150
용도	운송, 가정용 발전, 군용	휴대용, 소형전원, 군용	열병합발전, 분산발전	열병합발전, 분산발전, 운송	열병합발전, 분산발전, 보조전원	운송, 우주, 군용
작동온도(℃)	< 90	< 90	200	600~800	700~1,000	60~250
전극촉매	Pt	Pt	Pt	Ni, NiO	Ni, 란탄산화물	Pt, Ni
발전효율(%)	< 40	< 40	40~45	50~60	50~60	~70
전해질	고분자 전해질	고분자 전해질	인산	용융 탄산염 (Li_2CO_3, K_2CO_3)	YSZ (8% Y_2O_3-ZrO_2)	KOH, NaOH
전하 운반체	H^+	H^+	H^+	CO_3^{2-}	O^{2-}	OH^-

5. 연료전지는 휴대용/이동형 전원(DMFC), 가정용 발전시스템(PEMFC, SOFC), 수소연료전지 자동차(PEMFC), 발전용(MCFC, SOFC) 등으로 사용된다.

CHAPTER 2

연료전지 이론

1. 에너지와 일률
2. 열역학
3. 전기 화학
4. 연료전지에서의 전압 감소
5. 연료전지 효율

1 에너지와 일률

에너지는 일을 할 수 있는 능력을 뜻하며, 일은 실제로 힘을 어떠한 대상에 대해 사용하는 것을 뜻한다. 물리학에서의 힘(force)은 질량을 가지는 물체를 일정한 가속도로 움직이기 위해 필요한 물리량이며, 다음의 식으로 표시된다. 힘의 단위는 N(뉴튼, Newton)이며, 이는 kg · m/s^2의 차원을 가진다. 즉, 1 N은 1 kg의 물체를 1 m/s^2의 가속도로 움직이기 위해 필요한 물리량이다.

$$F = m \cdot a$$

[m: 질량(kg), a: 가속도(m/s^2)]

일(Work)은 힘을 가해 어떤 물체를 움직일 때 소요되는 에너지를 뜻하며, 이 소요된 에너지는 힘이 가해진 물체에 축적되게 된다. 즉, 에너지가 보존되게 되는 것이다. 일의 단위는 J(주울, Joule)이며, 이는 N · m 또는 kg · m^2/s^2의 차원을 가진다. 즉, 1 J은 1 kg의 물체를 1 m/s^2의 가속도로 1 m 거리만큼 움직이기 위해 필요한 에너지이다. 에너지의 단위에는 J 이외에도 여러 가지가 있다. 1 cal(칼로리, calorie)는 물 1 g의 온도를 1 ℃ 올리기 위해 필요한 에너지로서, 약 4.2 J이다. 1 eV(전자볼트, electron volt)는 (-) 전하를 띠는 전자 1개가 1 V의 전위차가 있는 공간 1 m를 거슬러 올라가기 위해 필요한 에너지로서, 약 1.6×10^{-19} J이다.

$$W = F \cdot s$$

[F: 힘(N), s: 이동거리(m)]

일률(power)은 에너지를 전달하는 방식을 뜻하며, 전달된 에너지의 양을 전달에 소요된 시간으로 나눈 것이다. 즉, 1초간 전달된 에너지의 양이다. 일률의 단위는 W(와트, Watt)이며, 이는 J/s 또는 kg · m^2/s^3의 차원을 가진다. 즉, 1 W는 1 J의 에너지를 1초간 가하는 것이다. 다르게는 2 J의 에너지를 2초간 가해도 이의 일률은 1 W이다. 예전부터 사용되어 오는 일률의 단위로 마력(hp, horse power)이 있는데, 1 마력은 0.75 kW에 해당한다. 전기에너지의 경우에는 전류와 전압을 곱하면 역시 일률 W가 얻어진다.

$$P = E/t$$

[E: 전달된 에너지(J), t: 전달에 걸린 시간(s)]

$$P = I \cdot V$$

[I: 전류 (A), V: 전압 (V)]

그 외에 와트시(Wh)라는 단위가 있는데, 이는 에너지와 같은 단위이며, 1 W의 일률로 1 시간 동안 하는 일의 양을 뜻한다. 즉, Wh의 단위는 J · hr/s 또는 kg · m^2 · hr/s^3의 차원을 가진다. 예를 들어 냉장고로 얼음을 얼리는데 20 Wh의 에너지가 필요하다면, 10 W의 에너지를 2시간을 가해주면 되는데, 그 외에도 5 W로 4시간, 20 W로 1시간 등의 다양한 조합의 얼음을 얼리기 위한 에너지의 공급방법이 있다.

$$Wh = W \cdot h$$

[W: 일률(J/s), h: 시간(hr)]

2 열역학

2.1 시스템과 외부

열역학에서는 주로 이상 기체로 이루어진 시스템을 대상으로 부피와 압력 및 온도의 변화에 따른 이상 기체의 여러 가지 물리량의 변화를 다루게 된다.

우주(universe)는 〈그림 2-1〉과 같이 우리가 관심을 가지는 시스템(system)과 그 시스템이 아닌 외부(surrounding)로 나누어서 생각할 수 있으며, 시스템은 세 가지로 나누어진다. 시스템과 외부와의 상호작용이 전혀 없는 고립된 시스템(isolated system), 시스템과 외부와의 물질 교환은 없고 에너지의 교환이 가능한 닫힌 시스템(closed system), 시스템과 외부와의 물질과 에너지의 교환이 모두 가능한 열린 시스템(open system)이 있다. 본 교재에서는 닫힌 시스템을 대상으로 하여 설명을 하고자 한다.

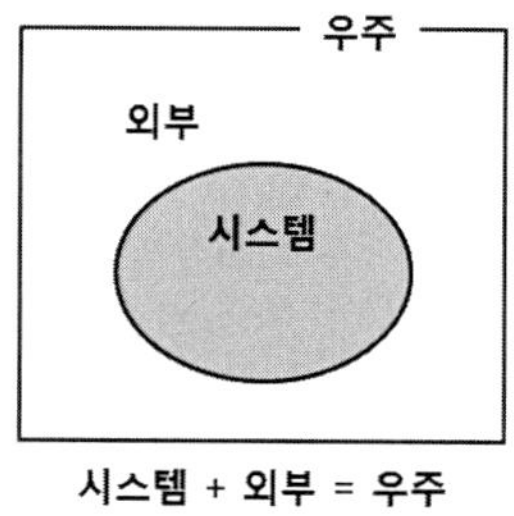

| 그림 2-1 | 시스템과 외부

이상 기체는 아래의 이상 기체 상태방정식이 정확하게 적용되는 가상의 기체이며, 실제의 기체는 기체 분자 자체의 부피와 기체 분자들 사이의 상호작용 때문에 이상 기체 상태방정식을 정확하게 따르지는 않는다.

$$PV = nRT$$

[P: 압력(atm, 기압), V: 부피(liter), n: 기체의 몰수(mol), T: 절대온도(K), R: 기체상수(gas constant, 0.082 (atm · l)/(mol · K))]

2.2 열역학 제일 법칙

사고의 편리를 위해 〈그림 2-2〉와 같이 이상 기체가 전혀 탄성이 없으면서 늘어나고 줄어드는 것이 자유로운 풍선 안에 들어 있다고 가정을 한다. 이 경우에 풍선의 내부는 시스템이 되고, 풍선 바깥은 외부가 된다. 즉, 풍선은 내부와 외부간의 물질 교환은 없고, 에너지의 교환이 가능한 닫힌 시스템이 된다.

닫힌 시스템인 풍선 내부에 들어있는 이상 기체가 가지고 있는 에너지를 내부에너지(U, internal energy)라고 표시한다. 예를 들어 외부에서 풍선에 열(q, heat)을 가하여 온도를 올린다면 풍선의 내부에너지는 공급된 열량만큼 증가하게 된다. 단, 이 때 풍선의 부피 변화는 없어야 한다. 만약 풍선의 부피가 열의 공급에 의해 늘어나게 된다면, 늘어난 부피만큼 풍선이 외부에 일을 해 준 것이 되므로, 공급한 열량에서 이 일을 빼 준 것만큼 풍선 내부에 있는 이상기체의 내부에너지가 증가하게 된다. 또한 외부에서 풍선에 압력을 가해서 풍선의 부피가 줄어들게 되면, 다르게는 외부에서 풍선에 일을 해 주면, 이 풍선은 줄어든 부피만큼의 팽창할 수 있는 에너지를 저장한 셈이 된다. 즉, 이 과정에서 외부에서 풍선에 가해진 일(w, work)만큼 역시 풍선의 내부에너지가 증가하게 된다.

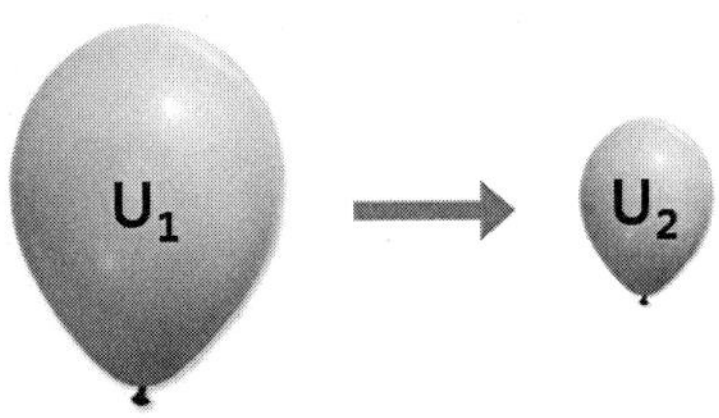

| 그림 2-2 | 외부에서 가한 일에 의한 풍선의 부피 변화

시스템의 내부에너지와 시스템에 가해진 열과 일의 관계식은 다음과 같으며, 외부에서 시스템으로 열이나 일이 가해지면 시스템의 내부에너지는 증가하게 된다. 즉, 시스템이 외부에 대해 일을 하거나 열을 제공할 수 있는 에너지를 저장하게 되는 것이다.

$$\Delta U_{system} = U_2 - U_1 = q + w$$

[q: 열, 외부에서 시스템으로 열이 가해지는 것이 (+)부호]

[w: 일, 외부에서 시스템으로 일이 행해지는 것이 (+)부호]

위에서 생각한 닫힌 시스템에서의 내부에너지의 개념에는 시스템의 온도, 압력, 부피의 세 가지 변수가 있게 되며 세 가지 변수를 동시에 고려하면 계산이 복잡하게 된다.

우리가 지구상에서의 특정 시스템을 생각할 때는, 대기압인 1기압 하에서 모든 일이 일어나므로, 온도와 압력의 함수로 표시할 수 있는 에너지양을 고려하는 것이 편리하다. 이러한 관점에서 엔탈피(H. enthalpy)가 제안되었으며, 엔탈피의 식은 다음과 같다.

$$H = U + PV$$

위의 식을 미분하면,

$$dH = dU + d(PV)$$

$$dH = dU + PdV + VdP = dU + PdV$$

[압력이 1기압으로 일정하므로, $dP = 0$]

$$dU = dw + dq$$

[외부 압력이 일정할 경우 $dw = -PdV$ 이므로]

$$dU = -PdV + dq$$

dU를 dH식에 대입하면,

$$dH = dU + pdV = -PdV + dq + PdV = dq$$

즉, 엔탈피는 시스템과 외부와의 열에너지의 출입에 해당하는 에너지량이 된다.

이상의 내용은 열역학 제일 법칙이며, 에너지가 시스템과 외부 사이에서 서로 이동은 할 수 있으나, 어떠한 방법으로도 에너지가 생성되거나 소멸되지 않음을 보여준다. 즉, 열역학 제일 법칙은 '에너지 보존법칙'을 표현한다.

2.3 열역학 제이 법칙과 제삼 법칙

자연계에서는 모든 현상에 있어 에너지의 전환이 수반되고 있다. 예를 들면, 열은 뜨거운 물체로부터 차가운 물체로 이동하고, 기체는 확산되어 서로 섞이게 되며, 특정한 반응물들이 혼합되면 생성물로 전환되는 화학반응이 일어난다. 에너지의 전환에는 이와 같이 방향이 존재하게 되는데, 열역학 제일 법칙은 에너지 전환이 일어날 때 에너지가 보존되는 것을 알 수 있지만, 에너지가 어떠한 방향으로 전환되어지는 것이 우리가 살고 있는 우주에서 자연스러운 것인가에 대해서는 설명할 수가 없다.

이에 대한 해결책으로서 엔트로피(S, entropy)가 제시되었다. 외부의 압력이 일정할 때, 가역적인 과정을 통해 변화되는 내부에너지를 미분하면 아래와 같이 표시된다.

$$dU_{rev} = dw_{rev} + dq_{rev}$$

여기에서 일의 미분인 dw_{rev}는 다음과 같이 표시할 수 있다.

$$dw_{rev} = -d(PV) = -PdV - VdP = -PdV$$

[외부에서 시스템으로 일이 행해질 때 w는 (+)부호이므로 $dw = -d(PV)$]

[외부 압력이 P로 일정하다면, $dP = 0$]

즉, 가역적 일의 미분은 상태함수인 세기인자 P와 크기인자 V의 미분 dV의 곱으로 주어진다. 즉, 완전 미분이 아닌 dw_{rev}를 세기 상태함수인 $-P$로 나누면 크기 상태함수인 부피 V의 완전 미분 dV가 얻어지게 되는 것이다. 이와 같은 작용을 하는 $-P$를 가역적 일의 미분에 대한 적분인자라고 한다.

$$\frac{dw_{req}}{-P} = dV$$

위의 가역적 일에 대한 것과 동일한 개념을 열 q_{rev}에 대해 가정할 수 있으며, 세기 상태함수인 온도 T를 적분인자로 사용하여 완전 미분이 아닌 dq_{rev}를 완전 미분으로 정의되는 dS로 바꿀 수 있다고 정의하고, 이 상태함수 S를 엔트로피라고 부른다.

$$\frac{dq_{req}}{T} = dS$$

위의 식은 열역학 제이 법칙을 정의하는 식이며, 여기에서의 엔트로피는 무질서도에 해당하는 개념이다. 즉, 우주의 전체 에너지는 열역학 제일 법칙에 의해 보존되지만, 에너지의 전환은 우주의 엔트로피가 증가하는(다르게는 무질서도가 증가하는) 방향으로 일어나게 된다.

간단한 예로, 〈그림 2-3〉에 보이듯이 온도가 T_1, T_2인 두 개의 금속을 가정하고, 이 금속들을 열적으로 연결할 때의 열역학을 생각해 보자. 이 때 $T_1 < T_2$라고 하고, 열이 흐르는 초기 시간만 생각하기로 하자. 고체의 금속을 생각하므로, 부피변화가 관계되는 일에 대해서는 고려할 필요가 없고, 엔트로피만 고려하면 된다. 낮은 온도의 금속은 열을 받았으므로, $dS_1 = q/T_1$이고, 높은 온도의 금속은 열을 잃었으므로, $dS_2 = -q/T_2$가 된다. 두 개의 금속으로 구성된 전체 시스템에서의 두 금속이 접촉하기 이전으로부터의 엔트로피 변화량은 다음과 같다.

$$\Delta S = dS_1 + dS_2 = q/T_1 - q/T_2$$

[q: 온도가 높은 금속에서 온도가 낮은 금속으로 이동한 열량]

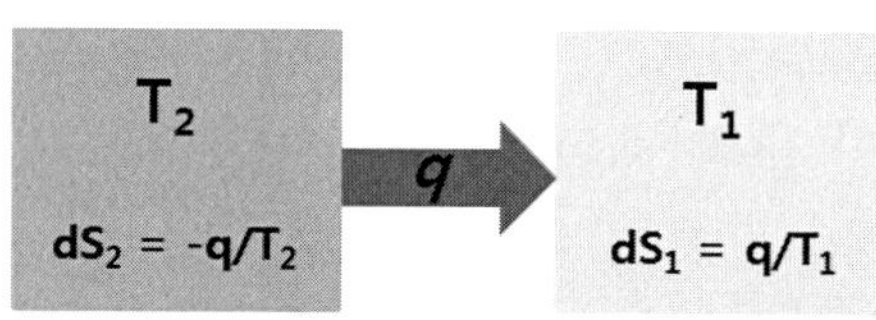

| 그림 2-3 | 온도가 다른 두 금속 사이에서의 열의 이동

이동한 열량 q는 동일하고, $T_1 < T_2$이므로, $q/T_1 - q/T_2 > 0$가 되어 열이 높은 온도에서 낮은 온도로 흐를 경우에 엔트로피 변화는 항상 양수가 됨을 알 수 있다. 즉, 우주의 에너지 전환은 항상 엔트로피가 증가하는 방향으로 일어나게 되는 것이다.

전체 식을 다시 정리해 보면 아래와 같으며, 이는 열역학 제일 법칙과 제이 법칙이 결합된 것이다.

$$dU_{rev} = dw_{rev} + dq_{rev} = -PdV + TdS$$

열역학 제삼 법칙은 절대온도 0도(-273.15 ℃)에서의 엔트로피는 0인 것이다. 열역학 제삼 법칙은 단일물질로 구성된 원소 또는 완전한 결정 물질일 때만 성립하며, 만약 절대영도에서도 구조적 무질서가 남아 있는 불완전한 결정이라면, 절대영도에서도 엔트로피는 0이 되지 않고 아주 낮은 값을 갖는다.

2.4 깁스 자유에너지

이상에서 보았듯이, 시스템과 주위로 구성된 우주에서 일어나는 모든 변화는 우주의 엔트로피가 증가하는 방향이다. 하지만, 우리가 주로 관심을 가지는 대상은 특정한 시스템이므로, 이 우주의 엔트로피가 증가하는 것을 이 특정 시스템을 대상으로 하여 계산하는 방법을 찾는 것이 필요하다. 헬름홀츠(Helmholtz)는 온도 T와 부피 V로 정의되는 열역학적 함수 A를 도입하고, 이를 헬름홀츠 자유에너지(Helmholtz free energy)로 명명하였다.

$$A = U - TS$$
$$dA = dU - d(TS) = dw + dq - TdS - SdT = -PdV + TdS - TdS - SdT$$
$$dA = -PdV - SdT$$

이후에 깁스(Gibbs)는 화학반응과 상변화에 있어, 평형조건을 고려하기 쉽도록 온도 T와 압력 P로 정의되는 열역학적 함수 G를 도입하고, 이를 깁스 자유에너지(Gibbs free energy)로 명명하였다.

$$G = A + PV = (U - TS) + PV = H - TS$$
$$[H = U + PV]$$
$$dG = dA + d(PV) = -PdV - SdT + PdV + VdP$$
$$dG = VdP - SdT$$

〈표 2-1〉은 여러 가지 열역학적 함수의 관계식을 정리한 것이다.

〈표 2-1〉 여러 가지 열열학적 함수와 관련된 식

함수	기호(변수)	정의	미분식	관계식
내부에너지	U(S, V)	-	$dU = -PdV + TdS$	$\left(\frac{\partial T}{\partial V}\right)_S = -\left(\frac{\partial P}{\partial S}\right)_V$
엔탈피	H(S, P)	$H = U + PV$	$dH = VdP + TdS$	$\left(\frac{\partial T}{\partial P}\right)_S = \left(\frac{\partial V}{\partial S}\right)_P$
헬름홀츠 자유E	A(T, V)	$A = U - TS$	$dA = -PdV - SdT$	$\left(\frac{\partial S}{\partial V}\right)_T = \left(\frac{\partial P}{\partial T}\right)_V$
깁스 자유E	G(T, P)	$G = H - TS$	$dG = VdP - SdT$	$\left(\frac{\partial S}{\partial P}\right)_T = -\left(\frac{\partial V}{\partial T}\right)_P$

일정한 온도에서 시스템의 변화에 따른 G의 변화량 ΔG는 다음과 같다.

$$\Delta G = \Delta H - T\Delta S$$

〈그림 2-4〉와 같이 온도와 압력이 일정하게 유지되는 어떤 시스템에서 외부로 열이 전달되는 경우의 ΔG를 고려해 보자. 전체 우주의 엔트로피가 증가하는 방향으로 에너지 전환이 일어나므로, 시스템과 외부의 엔트로피의 합이 증가하는지를 확인하면 된다. 시스템에서 주위로 전달한 열은 $-\Delta H_a$이므로, 외부의 엔트로피 변화 $\Delta S_b = -\Delta H_a / T$가 된다. 또한 시스템의 엔트로피 변화를 ΔS_a 라고 하자. 그러면, 시스템과 외부와 엔트로피 변화의 합은 다음과 같이 계산되며, 자발적으로 에너지 전환이 일어나기 위해서는 $\Delta S > 0$이어야 한다.

$$\Delta S = \Delta S_a + \Delta S_b = \Delta S_a - \Delta H_a / T > 0$$

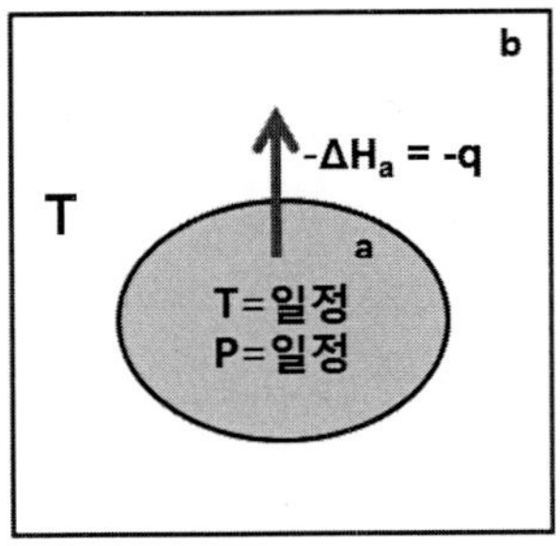

| 그림 2-4 | 시스템 a에서 외부 b로의 엔탈피 이동

위 식에서 양변에 $(-T)$를 곱하면 아래와 같이 시스템의 깁스 자유에너지 변화인 ΔG_a가 얻어진다. 즉, 시스템과 외부를 합친 전체 엔트로피가 증가하는 것은 시스템의 깁스 자유에너지가 감소하는 것과 같다.

$$\Delta H_a - T\Delta S_a = \Delta G_a < 0$$

이로부터 시스템에서 자발적인 변화가 일어나기 위해서는 시스템의 $\Delta G < 0$ 이어야 하고, $\Delta G > 0$ 인 경우에는 원하는 방향과 반대쪽으로 자발적인 변화가 일어나게 된다. $\Delta G = 0$ 인 경우에는, 어느 방향으로도 자발적인 변화가 일어나지 않는 평형상태가 되게 된다. 단, 이러한 평형상태는 거시적인 관점에서의 이야기이다. 실제는 미시적으로는 양쪽 방향으로의 자발적인 변화가 일어나고 있지만, 양쪽 방향으로의 변화되는 양이 동일하여 서로 상쇄되어 거시적으로 변화가 없는 것처럼 보이는 것이다.

열역학에서는 엔탈피, 엔트로피 그리고 깁스 자유에너지가 자주 사용되는 물리량이며, 이들 물리량은 온도에 따라 변화한다. 그러므로 물리량의 값을 표로 만들 때, 그 기준조건이 필요하며, 이를 표준 상태(STP, Standard Temperature and Pressure)라고 한다. STP 조건은 실온(25 ℃, 298.15 K), 1기압(1 atm, 101.325 kPa)이다. 이러한 표준 상태의 물리량들은 H^0, S^0, G^0 와 같이 위첨자로 '0'를 표시하여 나타낸다. 또한 표에 나타난 이러한 표준 상태의 값들은 1몰의 시스템을 대상으로 한다.

예를 들어, 수소와 산소가 반응하여 물이 되는 아래와 같은 반응의 ΔG^0를 ΔH^0와 ΔS^0를 이용하여 계산해 보도록 하자. 즉, 반응조건은 25 ℃, 1기압이 되며, 기체 상태 수소와 산소로부터 기체 상태의 물 1몰이 생성되는 변화가 일어날 때의 ΔG^0를 구하는 것이다.

H_2 (g) + 1/2O_2 (g) → H_2O (g)

적절한 핸드북으로부터 시스템에 관계된 물질의 원하는 온도에서의 H와 S값을 구할 수 있으며(압력은 1기압이다), 그 값들은 〈표 2-2〉와 같다.

시스템에 관계된 물질의 H^0, S^0 그리고 G^0 값은 298.15 K에서의 값을 찾으면 되며, 아래와 같다. 여기에서 엔탈피와 깁스 자유에너지의 단위는 kJ/mol이고, 엔트로피의 단위는 J/mol · K로서 에너지의 단위가 아님을 주의하자.

H_2 (g) : H^0 = 0.00 kJ/mol, S^0 = 130.68 J/mol · K, G^0 = -38.96 kJ/mol

O_2 (g) : H^0 = 0.00 kJ/mol, S^0 = 205.00 J/mol · K, G^0 = -61.12 kJ/mol

H_2O (g): H^0 = -241.83 kJ/mol, S^0 = 188.84 J/mol · K, G^0 = -298.13 kJ/mol

〈표 2-2〉 온도에 따른 H_2 (g), O_2 (g), H_2O (g), H_2O (l)의 엔탈피, 엔트로피, 깁스 자유에너지

물질	온도 (K)	H (kJ/mol)	S (J/mol · K)	G (kJ/mol)
H_2 (g)	280	-0.52	128.87	-36.61
	298.15	0.00	130.68	-38.96
	300	0.05	130.86	-39.20
	320	0.63	132.72	-41.84
O_2 (g)	280	-0.54	203.27	-57.45
	298.15	0.00	205.00	-61.12
	300	0.03	205.25	-61.54
	320	0.62	207.13	-65.66
H_2O (g)	280	-242.44	186.73	-294.72
	298.15	-241.83	188.84	-298.13
	300	-241.77	189.04	-298.48
	320	-241.09	191.21	-302.28
H_2O (l)	280	-287.20	65.21	-305.46
	298.15	-285.83	69.95	-306.69
	300	-285.69	70.42	-306.82
	320	-284.18	75.28	-308.27

시스템에서의 반응에 따른 ΔG값은 아래 식과 같으며, 이 때 산소는 1/2몰만 사용되므로, 1/2을 G값에 곱해 준다.

$$\Delta G = G[생성물] - G[반응물] = G[H_2O(g)] - \{G[H_2(g)] + 1/2G[O_2(g)]\}$$

$\Delta G = \Delta H - T\Delta S$ 이므로, 표준상태 온도 298.15 K와 함께 위의 식에 대입하면,

$$\begin{aligned}\Delta G &= (H[생성물] - H[반응물]) - T(S[생성물] - S[반응물]) \\ &= [H[H_2O(g)] - \{H[H_2(g)] + 1/2H[O_2(g)]\}] \\ &\quad - T\times[S[H2_O(g)] - \{S[H_2(g)] + 1/2S[O_2(g)]\}] \\ &= \{-241{,}830 - (0+0)\} - 298.15\times\{188.84 - (130.68 + 1/2\times 205.00)\} \\ &= -228{,}610 J/mol = -228.61 kJ/mol\end{aligned}$$

G값을 직접 이용하여 반응에 따른 ΔG를 구해보면, 위에서 구한 값과 같음을 알 수 있다.

$$\begin{aligned}\Delta G &= G[H_2O(g)] - \{G[H_2(g)] + 1/2G[O_2(g)]\} \\ &= -298.13 - \{-38.96 + 1/2\times(-61.12)\} = -228.61 kJ/mol\end{aligned}$$

즉, 표준상태에서 기체 상태의 수소와 산소가 만나 기체 상태의 물이 되는 반응의 ΔG는 -228.61 kJ/mol이며, 이 값이 0보다 작으므로 이 반응은 표준상태에서 자발적으로 일어나는 반응임을 알 수 있다.

만약 기체 상태의 수소와 산소가 만나 액체 상태의 물이 되는 반응의 ΔG를 계산하고자 한다면, H_2O (l)의 값들을 사용하면 된다. 위와 같은 과정을 거쳐 계산하면 ΔG = -237.17 kJ/mol이 된다.

$$H_2\ (g) + 1/2O_2\ (g) \rightarrow H_2O\ (l) \qquad \Delta G = -237{,}170\ J/mol$$

여기서 주의할 것은 깁스 자유에너지 G가 상태함수이므로, ΔG가 0보다 작다는 것은 반응물보다 생성물의 G값이 적어서, 반응을 통해 시스템과 주변의 엔트로피 합이 더 높

아진다는 뜻이다. 하지만, 실제로 반응이 일어나려면 ΔG가 0보다 작은 것만으로는 불충분하다. 수소와 산소가 같이 존재하는 것만으로는 물이 생성되지 않으며, 물이 생성되기 위해서는 반응이 일어날 수 있는 활성화 에너지(activation energy) 만큼의 에너지를 공급해 주어야 한다. 수소와 산소가 반응하여 물이 되는 반응은 ΔG 측면에서 보았을 때, - 228.61 kJ/mol로 매우 자발적이므로 정전기로 인한 불꽃과 같은 조금의 에너지만 공급되어도 반응이 일어나게 된다. 일단 반응이 일어나게 되면, 반응에 의해 방출되는 에너지가 연쇄작용을 일으켜 반응이 폭발적으로 일어나게 된다.

2.5 깁스 자유에너지와 기전력

깁스 자유에너지의 단위는 에너지이며, 어떤 화학반응을 대상으로 할 경우에는 그 반응의 진행에 의해 방출할 수 있는 에너지를 나타낸다. 한편, 전기에너지는 다음의 식과 같이 전하량과 전압의 곱으로 계산된다.

$$E = C \cdot V = n \cdot F \cdot V$$

[E: 전기적 에너지, C: 쿨롱, V: 전압, F: 패러데이, n: 기체의 몰수(mol)]

전자 1몰이 나타내는 전하량을 1 F(패러데이, Faraday)라고 하고, 1 F는 96,485 C에 해당한다. 보통은 계산의 편의를 위해 96,500 C으로 사용하기도 한다. 이를 위 식에 적용하면, 이동하는 전자의 몰수에 따른 전기에너지의 계산이 가능하다.

어떤 전기화학 반응이 자발적으로 일어난다면, 이 전기화학 반응의 ΔG는 음수가 될 것이다. 이 에너지의 변환은 전기화학 반응에 따른 화학에너지의 변화량인 ΔG가 전기에너지로 전환된 것이다. 전기화학 반응을 통해 일정한 몰수의 전자의 이동이 일어난다면, 전기에너지의 계산을 위해 위에서 유도한 식을 사용하여 열역학적으로 얼마만큼의 전압이 생성될 것인지를 예측할 수 있다. ΔG가 자발적인 반응에 의해 (-)로 감소할 때, 전지의 전압은 (+)로 생성되므로 화학에너지 변화량 ΔG와 발생한 전기에너지는 아래 식과 같이 그 값은 같지만 부호가 서로 반대가 된다. 아래 식에서 E는 전압을 뜻하며, 전기화학 용어로는 전기화학 반응의 기전력(EMF, electromotive force)이라고 부른다.

$$\Delta G = -n \cdot F \cdot E$$

[ΔG: 깁스 자유에너지(J/mol), n: 전기화학반응에 관여하는 전자의 몰수(mol),

F: 패러데이 상수, E: 기전력(V)]

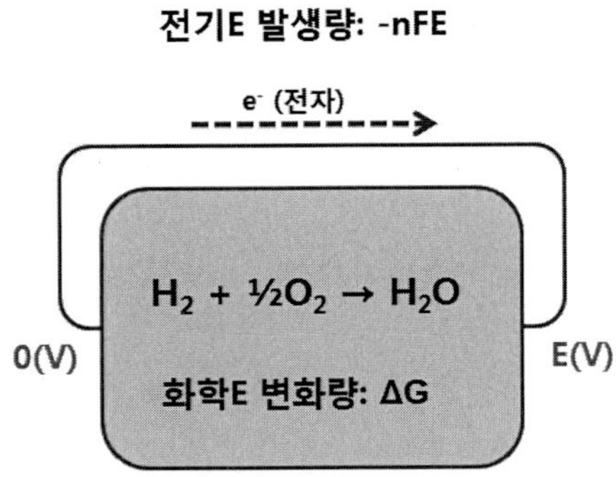

| 그림 2-5 | 화학에너지의 전기에너지로의 변환

예를 들어 기체상태의 수소와 산소가 만나 물이 되는 반응이 있을 경우에, 앞에서 계산한 바와 같이, 이 반응의 ΔG는 -237,170 J/mol이다.

$$H_2\ (g) + 1/2O_2\ (g) \rightarrow H_2O\ (l) \qquad \Delta G = -237{,}170\ J/mol$$

위 반응에서는 '0가'의 수소원자 두 개가 '+1가'로 산화되면서 전자 2 개를 제공하여 '0가'의 산소원자 1개를 '-2가'로 환원시키는 반응이 일어난다. 따라서 이 반응에 관여하는 전자의 개수는 2개이다. 즉, n은 2가 된다. 위 반응의 ΔG를 전기에너지로의 변환식에 대입하면, 반응에 의해 발생되는 기전력을 계산할 수 있다.

$$\Delta G = -n \cdot F \cdot E,\ 또는\ E = -\Delta G/(nF)$$

$$E = -\frac{-(-237{,}170\frac{J}{mol-H_2O})}{2\frac{mol-e}{mol-H_2O}\times 96{,}500\frac{C}{mol-e}} = 1.229\ J/C = 1.23\ V$$

위의 결과로부터, 기체 상태의 수소와 산소를 반응시켜 액체상태의 물이 생성되는 전기화학 반응에 의해 발생할 수 있는 기전력은 1.23 V임을 알 수 있다.

주의할 것은, 위에서 계산된 1.23 V의 기전력은 에너지 손실이 전혀 없이 모든 화학에너지가 전기에너지로 이론적으로 변환되었다고 가정할 때의 값이다. 따라서 여러 가지 에너지 손실이 존재하는 현실에서는 1.23 V보다 낮은 전압이 측정되게 된다.

3 전기 화학

3.1 산화와 환원

화학 반응에 있어서, 반응에 관련되는 원자들은 최외각의 전자를 잃거나 얻을 수 있다. 반응 과정에서 전자를 잃는 경우는 산화(oxidation)되었다고 하며, 전자를 얻는 경우에는 환원(reduction)되었다고 한다. 보통의 화학 반응에서는 아래의 반응식과 같이 한 번의 반응에 의해 산화와 환원이 일어난다.

$$H_2 + 1/2O_2 \rightarrow H_2O$$

위 반응에서 반응물인 수소 분자에 있는 수소 원자는 '0가'이며, 생성물인 물에 있는 수소 원자는 '+1가'를 띠게 된다. 또한 반응물에 있는 산소 원자는 '0가'이며, 생성물인 물에 있는 산소 원자는 '-2가'를 띠게 된다. 즉, 수소는 산화되고 산소는 환원되게 된다. 두 개의 수소 원자의 원자가가 '+1' 증가하므로, 전체 반응식에서는 수소가 두 개의 전자를 잃은 것이다. 산소는 한 개의 산소 원자의 원자가가 '-2'로 감소하므로, 전체 반응식에서는 산소가 두 개의 원자를 얻은 것이다.

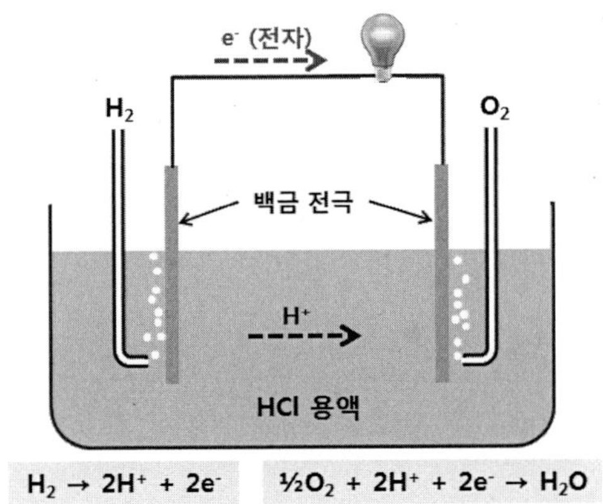

| 그림 2-6 | 전기화학 셀을 이용한 수소와 산소의 반응

〈그림 2-6〉과 같이 백금을 전극으로 하고, 산성의 전해질을 사용하여 전기화학 셀을 구성하면, 일반적인 화학 반응과 달리 산화 반응과 환원 반응을 분리하여 일으킬 수 있다. 각각의 전극에서 일어나는 반응은 아래와 같으며, 이러한 반응을 반쪽전지 반응(half cell reaction)이라고 한다.

산화극(anode) : $H_2 \rightarrow 2H^+ + 2e^-$

환원극(cathode): $1/2O_2 + 2H^+ + 2e^- \rightarrow H_2O$

전체 반응 : $H_2 + 1/2O_2 \rightarrow H_2O$

전기화학 셀은 산화 반응이 일어나는 산화극(anode)와 환원 반응이 일어나는 환원극(cathode)의 두 전극으로 구성된다. 산화극에서 얻은 전자를 환원극으로 공급해 주기 위해서는 전자가 흐를 수 있는 도선을 연결하여야 하는데, 이 과정에서 우리가 전기를 사용할 수 있게 된다. 전해질로 사용한 염산 용액은 산화극에서 생긴 H^+ 이온이 환원극으로 이동하는 것을 용이하게 한다.

이 산화극과 환원극에서 일어나는 두 반쪽전지 반응을 더해 보면, 위의 식에 보이듯이 전체 반응은 수소와 산소가 반응하여 물이 되는 일반 화학반응으로 귀결되는 것을 알 수 있다. 각 전극에서 일어나는 반응을 보면, 전자 2개가 반응에 관여하고 있음을 확실하게 알 수 있다.

산화 반응이 일어나는 산화극과 환원 반응이 일어나는 환원극을 쉽게 외우는 방법으로는 다음의 문장을 암기하는 것을 추천한다. The [Red Cat] ate [An Ox].

3.2 전지의 전압

화학 반응이 일어날 경우에는 반드시 ΔG의 변화가 수반된다. ΔG는 에너지이고 전기 역시 에너지의 형태이므로, 개념상으로는 화학에너지인 ΔG를 전기에너지로 변환시킬 수 있다. 하지만, 일반 화학반응을 이용하여서는 이러한 에너지의 변환이 불가능하며, 앞에서 설명한 것과 같이 화학반응을 전기화학 셀을 이용하여 산화 반응과 환원 반응으로 분리하여 일으킬 경우에만 화학에너지인 ΔG를 전기에너지로 직접적으로 전환하는 것이 가능하다. 이 때, 얻어지는 전기에너지의 전압은 $\Delta G = -nFE$의 식을 이용하여 계산이 가능하다. 발생하는 전류의 양은 발생하는 전자의 양과 직접적인 상관관계가 있으므로, 산화 또는 환원 반응에 참여한 물질에서 단위시간당 잃거나 얻는 전자의 몰수를 이용하여 계산이 가능하다.

예를 들어 20분 동안 3 g의 수소가 산화 반응을 통해 수소이온과 전자로 산화되었고, 환원극에서 이에 대응하여 산소가 환원되었다면, 이 때 흐르는 전류의 계산은 다음과 같다.

$$H_2 \rightarrow 2H^+ + 2e^-$$

- 수소의 분자량은 2 g이므로, 수소 1몰의 무게는 2 g이다.
- 수소 1 몰이 산화되면, 전자는 2몰이 생성된다.
- 전자 1몰의 전하량은 96,485 C이다.
- 1분은 60 초이다.
- 1 A는 1 C/s이다.

$$\frac{3\,g-H_2}{20\,\mathrm{min}} \times \frac{1\,mol-H_2}{2\,g-H_2} \times \frac{2\,mol-e}{1\,mol-H_2} \times \frac{96,485\,C}{1\,mol-e} \times \frac{1\,\mathrm{min}}{60\,\mathrm{sec}} = 241.2\frac{C}{\mathrm{sec}} = 241.2\,A$$

산화극에서의 수소 산화 반응에 대응하는 산소의 환원 반응이 환원극에서 동시에 일어난다면, 결국 전체 반응은 수소와 산소가 반응하여 물이 되는 반응이 되며, 이 경우의 기전력은 앞에서 계산한 바와 같이 1.23 V가 된다.

$$1/2O_2 + 2H^+ + 2e^- \rightarrow H_2O \qquad E^0 = +1.23\ V$$

그러므로 20분 동안에 3 g의 수소가 전기화학 셀에서 산소와의 반응에 의해 물로 산화될 때 얻어지는 전력(W)과 와트시(Wh)는 다음과 같다.

$$P = IV = 241.2A \times 1.23\,V = 296.7\,W$$

$$296.7\,W \times 20\,\text{min} \times \frac{1\,hr}{60\,\text{min}} = 98.9\,Wh$$

3.3 표준 전극 전위

앞에서 살펴본 바와 같이, 전기화학 셀의 양 전극에서 산화 반응과 환원 반응이 짝을 이루어 일어나면 기전력이 발생하게 된다. 이 경우에 전체 반응에 대한 기전력은 전체 반응의 ΔG로부터 계산이 가능하다. 하지만 산화극이나 환원극에서 일어나는 반쪽전지 반응 각각에 대해서는 단일 전극의 절대적인 기전력의 계산이 불가능하며, 여러 반쪽전지 반응들 간의 상대적인 기전력 비교만이 가능하다.

이러한 개념으로부터, 반쪽전지 반응의 기전력을 표시하기 위한 기준이 되는 전극전위가 필요하게 되었다. 현재 기준이 되는 전극 반응은 수소이온이 수소로 환원되는 반응이며, 이 반응에 대해 1기압, 25 ℃, 전해질 수용액의 H^+ 농도가 1 M인 조건에서 측정한 전위를 0 V로 정하여 기준으로 삼는다.

$2H^+ + 2e^- \rightarrow H_2$ $\qquad E^0 = 0.00\ V$

이처럼 모든 전극 반응에 대해 1기압, 25 ℃ 조건에서 측정한 전위를 표준 전극 전위(standard electrode potential)라고 하며, E^0로 표기한다. (+2)가의 아연 이온이 환원되는 반응과 아연이 (+2)가로 산화되는 반응의 전극전위는 다음과 같으며, 반응의 방향이 달라짐에 따라 전위의 부호가 반대로 됨을 알 수 있다.

$Zn^{2+} + 2e^- \rightarrow Zn$ $\qquad E^0 = -0.76\ V$

$Zn \rightarrow Zn^{2+} + 2e^-$ $\qquad E^0 = +0.76\ V$

개념상으로는 아연의 산화와 환원에 관련된 위의 두 가지 전위 모두를 사용할 수 있으나,

관습적으로 모든 전극 반응은 환원 반응에 대한 표준 전극 전위를 사용하고 있으며, 여러 가지 핸드북에서도 반쪽전지 반응에 대한 표준 환원 전위(standard reduction potential)를 표로 만들어 제공한다.

몇 가지 전극반응에 대한 표준 환원 전위를 〈표 2-3〉에 나타내었다.

〈표 2-3〉 여러 가지 전극 반응의 표준 환원 전위

전극 반응			E^0 (V)
$Li^+ + e^-$	→	Li	-3.04
$2H_2O\ (l) + 2e^-$	→	$H_2 + 2OH^-$	-0.83
$Zn^{2+} + 2e^-$	→	Zn	-0.76
$Fe^{2+} + 2e^-$	→	Fe	-0.44
$CO_2\ (g) + 2H^+ + 2e^-$	→	CHOOH(aq)	-0.20
$2H^+ + 2e^-$	→	$H_2\ (g)$	+0.00
$CO_2\ (g) + 6H^+ + 6e^-$	→	$CH_3OH\ (l) + H_2O\ (l)$	+0.03
$1/2O_2 + H_2O\ (l) + 2e^-$	→	$2OH^-$	+0.40
$1/2O_2 + 2H^+ + 2e^-$	→	$H_2O\ (l)$	+1.23
$H_2O_2\ (l) + 2H^+ + 2e^-$	→	$2H_2O\ (l)$	+1.78
$F_2 + 2e^-$	→	$2F^-$	+2.87

수소의 산화 반응과 산소의 환원 반응이 짝을 이루어 동시에 일어날 경우에 전체 전지 전압을 계산하는 두 가지 예를 살펴보도록 하자.

(1) 산성 전해질을 사용하는 경우

산화 반응 : $H_2 \rightarrow 2H^+ + 2e^-$ $\qquad E^0 = +0.00\ V$

환원 반응 : $1/2O_2 + 2H^+ + 2e^- \rightarrow H_2O$ $\qquad E^0 = +1.23\ V$

전체 반응 : $H_2 + 1/2O_2 \rightarrow H_2O$ $\qquad E^0 = +1.23\ V$

(2) 염기성 전해질을 사용하는 경우

산화 반응 : $H_2 + 2OH^- \rightarrow 2H_2O + 2e^-$	$E^0 = -0.83\ V$
환원 반응 : $1/2O_2 + H_2O + 2e^- \rightarrow 2OH^-$	$E^0 = +0.40\ V$
전체 반응 : $H_2 + 1/2O_2 \rightarrow H_2O$	$E^0 = +1.23\ V$

산성 전해질을 사용하는 경우에는 H^+ 이온이 전자의 이동을 상쇄시킬 수 있는 이온전도체가 된다. 산화 반응과 환원 반응을 서로 더하면 전체 반응의 식이 구해지며, 전체 반응의 전압은 산화 반응과 환원 반응의 전위의 합인 1.23 V가 된다. 아래에 설명하겠지만, 앞의 계산은 답은 맞지만 부정확한 것이며, 엄격하게 말하면 [환원 반응 전위] - [산화 반응 전위] = [+1.23 V] - [0.00 V] = 1.23 V가 되는 것이다.

염기성 전해질을 사용하는 경우에는 OH^- 이온이 전자의 이동을 상쇄시킬 수 있는 이온전도체가 된다. 산화 반응과 환원 반응을 서로 더하면 전체 반응의 식이 구해지는데, 산화 반응과 환원 반응이 산성 전해질을 사용할 때와 다르지만, 두 개를 합한 전체 반응의 식은 산성 전해질을 사용하는 경우와 동일함을 알 수 있다. 결과적으로는 두 반응 모두 수소와 산소가 결합하여 물이 생성되는 반응이다. 이로부터 동일한 전체 반응식을 가지는 여러 가지의 산화 반응과 환원 반응의 조합을 구성하는 것이 가능함을 알 수 있다. 산화 반응과 환원 반응의 전위를 합쳐 보면 -0.43 V인데, 전체 반응의 전위는 1.23 V로 표현됨을 볼 수 있다. 이는 반쪽 반응식에 있는 반응의 진행 방향과 무관하게 항상 환원 반응에 대한 환원 전극 전위를 표준 전극 전위로 표기하기 때문에 생기는 현상이다. 즉, 환원극과 산화극이 있을 경우에, 환원 반응의 전위는 표에 있는 표준 전극 전위를 그대로 사용하면 되지만, 산화 반응의 전위는 환원 전극 전위로 제공되므로, 실제로 산화 반응식에 맞는 전위는 제공되는 환원 전극 전위에 (-)를 곱한 전위이다. 이를 공식화하여 다음과 같이 사용하기도 한다. 이를 적용하면 [+0.40 V] - [-0.83 V] = 1.23 V가 됨을 알 수 있다.

[전체 반응 전위] = [환원 반응 전위] - [산화 반응 전위]

3.4 전지 전압에 미치는 온도의 영향

표준 상태 조건은 1기압, 25 ℃이며, 이 조건에서의 깁스 자유에너지 변화는 ΔG^0이며, 표준 환원 전위는 E^0이다. 이 표준 상태 조건에서 벗어나면 ΔG값이 변하게 되며, 결과적으로 E^0도 변하게 된다. 1기압 하에서 온도가 변화할 경우에 ΔG는 다음과 같이 변하게 된다.

$$dG = VdP - SdT$$

$$\left(\frac{dG}{dT}\right)_P = -S, \qquad \left(\frac{d(\Delta G)}{dT}\right)_P = -\Delta S$$

$\Delta G = -nFE$를 위 식에 대입하면, 아래와 같은 식이 얻어진다.

$$\left(\frac{dE}{dT}\right)_P = \frac{\Delta S}{nF}$$

위 식에 그 온도에서의 ΔS 값을 표에서 구하여 대입하면, 기전력의 변화값을 알 수 있다. 즉, 압력이 1기압일 때, 일정 온도 T에서의 기전력 E_T는 다음과 같다.

$$E_T = E^0 + \frac{\Delta S}{nF}(T - 298.15)$$

예를 들어, 1기압 하에서 온도 80 ℃에서 다음과 같은 전체 반응으로 작동하는 연료전지의 기전력을 계산해 보자.

전체 반응 : $H_2\,(g) + 1/2O_2\,(g) \rightarrow H_2O\,(l)$ $E^0 = +1.23\ V$

온도 80 ℃는 353.15 K이므로, 아래의 〈표 2-4〉의 적당한 값을 내삽하여 이 온도에서의 위 반응의 ΔS를 구한다. 이렇게 구한 ΔS를 이용하면 E_T를 구할 수 있다.

〈표 2-4〉 온도에 따른 H_2 (g), O_2 (g), H_2O (l)의 엔탈피, 엔트로피, 깁스 자유에너지

물질	온도(K)	H (kJ/mol)	S (J/mol · K)	G (kJ/mol)
H_2 (g)	320 340 360	0.63 1.21 1.79	132.72 134.48 136.14	-41.84 -44.51 -47.22
O_2 (g)	320 340 360	0.62 1.21 1.81	207.13 208.92 210.63	-65.66 -69.82 -74.02
H_2O (l)	320 340 360	-284.18 -282.68 -281.17	75.28 79.85 84.16	-308.27 -3.9.82 -311.46

$$\Delta S[H_2(g), 353.15K] = 134.48 + (136.14 - 134.48)X13.15/20 = 135.57J/mol \cdot K$$

$$\Delta S[O_2(g), 353.15K] = 208.92 + (210.63 - 208.92) \times 13.15/20 = 210.07J/mol \cdot K$$

$$\Delta S[H_2O(l), 353.15K] = 79.85 + (84.16 - 79.85) \times 13.15/20 = 82.76J/mol \cdot K$$

$$\Delta S[Reaction,\ 353.15K]$$

$$= \Delta S[H_2O(l),\ 353.15K] - (\Delta S[H_2(g),\ 353.15K] + 1/2 \times \Delta S[O_2(g),\ 353.15K])$$

$$= 82.76 - (135.57 + 1/2 \times 210.07) = -157.85J/mol \cdot K$$

$$E_T = 1.23 + \frac{(-157.85)}{2 \times 96500}(353.15 - 298.15) = 1.16\ V$$

위와 같이 계산을 해 보면, 80 ℃에서의 이 반응의 기전력은 1.16 V가 되며, 25 ℃에서의 기전력 1.23 V에 비해 감소하였음을 알 수 있다. 대부분의 연료전지 반응에서 ΔS는 음수이므로, 일반적으로 작동 온도가 높아지면 연료전지의 기전력은 낮아진다.

3.5 전지 전압에 미치는 압력의 영향

표준 상태 조건은 1기압, 25 ℃이며, 이 조건에서의 깁스 자유에너지 변화는 ΔG^0이고, 표준 환원 전위는 E^0이다. 이 표준 상태 조건에서 벗어나면 ΔG값이 변하게 되며, 결과적으로 E^0도 변하게 된다. 25 ℃에서 압력이 변화할 경우에 ΔG는 다음과 같이 변하게 된다.

$$dG = VdP - SdT$$

$$\left(\frac{dG}{dP}\right)_T = V, \quad \left(\frac{d(\Delta G)}{dP}\right)_T = \Delta V$$

$\Delta G = -nFE$를 위 식에 대입하면, 아래와 같은 식이 얻어지며, 이때의 부피 변화 ΔV는 반응에 따른 부피 변화로서 (생성물의 부피 - 반응물의 부피)이다.

$$\left(\frac{dE}{dP}\right)_T = -\frac{\Delta V}{nF}$$

부피 변화 ΔV는 이상 기체 상태방정식으로부터 구할 수 있으며, 반응에 따른 물질의 몰수 변화 Δn의 식으로 표현할 수 있다. 이상 기체 상태방정식으로부터 유도된 식이므로, 이 식에서의 Δn은 반응에 관여된 기체의 몰수 변화만을 고려한다. 이 식에는 또한 변화된 압력 P가 반영되게 된다.

$$PV = nRT, \quad P\Delta V = \Delta nRT, \quad \Delta V = \Delta nRT/P$$

$$\left(\frac{dE}{dP}\right)_T = -\frac{1}{nF} \times \frac{\Delta nRT}{P} = -\frac{\Delta nRT}{nFP}$$

온도가 일정하므로 온도 T는 상수로 취급이 가능하다. 위 식을 E와 P에 대해 변수 분리한 후 양 변을 적분하면,

$$\int dE = -\frac{\Delta nRT}{nF}\int \frac{1}{P}dP$$

$$E = E^0 - \frac{\Delta nRT}{nF}ln\left(\frac{P}{P^0}\right) = E^0 - \frac{\Delta nRT}{nF}ln\left(\frac{P}{1\,atm}\right)$$

예를 들어, 온도 25 ℃에서 5기압 하에서 다음과 같은 전체 반응으로 작동하는 연료전지의 기전력을 계산해 보자.

전체 반응 : H_2 (g) + 1/2O_2 (g) → H_2O (l)　　　　E^0 = +1.23 V

$$E = E^0 - \frac{\Delta nRT}{nF}ln\left(\frac{P}{1\,atm}\right) = 1.23 - \frac{(-1.5)\times 8.314\times 298.15}{2\times 96500}ln\left(\frac{5}{1}\right) = 1.26\ V$$

압력이 5기압으로 올라가면, 연료전지의 기전력은 1.26 V로 높아짐을 알 수 있다. 상식적으로 생각하여도 시스템의 압력이 높아진다면, 압력을 감소시키는 방향으로 반응이 진행되어야 하며, 결국은 수소와 산소가 반응하여 물이 생성되는 반응을 촉진하게 된다. 하지만 압력이 5배로 증가한 것에 비하면 0.03 V의 기전력 증가는 작은 값이다. 즉, 기전력에 미치는 압력의 영향은 미미함을 알 수 있다.

3.6 전지 전압에 미치는 농도의 영향

전지 반응은 기상 또는 액상의 반응물 모두에 대해 가능하며, 수용액 중에 녹아 있는 반응물에 대해서도 가능하다. 이러한 반응물의 농도가 변화할 경우의 기전력 변화에 대해 생각해 보자.

물리화학에서는 시스템 중에 존재하는 각 물질들의 활동도(activity, a)를 정의하고 있다. 활동도는 농도와 유사한 개념이며, 실제로 수용액 상태의 물질에 대해서는 몰농도를 활동도로 사용한다. 기체상태의 물질에 대해서는 기체 분압을 활동도로 사용하며, 순물질이나 고체 상태의 물질에 대해서는 활동도 값으로 1을 사용한다. 물질의 반응성에 해당하는 화학적 퍼텐셜(chemical potential, μ)은 활동도와 아래 식과 같은 상관관계가 있다. 1기압, 25 ℃의 표준 상태에서의 화학적 퍼텐셜은 μ^0이다.

$$\mu_i = \mu_i^0 + RTln(a_i)$$

시스템 중에 존재하는 물질의 몰농도가 변하면, 활동도도 변하게 되며, 그에 따라 화학적 퍼텐셜도 변하게 된다. 시스템의 깁스 자유에너지 변화는 각 물질들의 화학적 퍼텐셜 및 활동도에 따라서 변하며, 이에 따른 시스템의 ΔG값 변화는 다음 식과 같다.

$$\mu_i = \left(\frac{\partial G}{\partial n_i}\right)_{T,P}$$

$$dG = \sum_i \mu_i dn_i = \sum_i \{\mu_i^0 + RTln(a_i)\} dn_i$$

다음과 같은 화학 반응식이 일어난다고 생각해 보자. ΔG^0의 계산의 편리를 위해 물질 A 1몰을 기준으로 생각하도록 한다.

1A + bB → cC + dD

위의 화학 반응식에 대한 ΔG는 [ΔG (생성물) - ΔG (반응물)]이며, 다음과 같이 정리된다.

$$\begin{aligned}\Delta G &= \sum_{i=C}^{D}\{\mu_i^0 + RTln(a_i)\}dn_i - \sum_{i=A}^{B}\{\mu_i^0 + RTln(a_i)\}dn_i \\ &= (c\mu_C^0 + d\mu_D^0) - (1c\mu_A^0 + b\mu_B^0) + RTln\left(\frac{a_C^c \times a_D^d}{a_A^1 \times a_B^b}\right) \\ &= \Delta G^0 + RTln\left(\frac{a_C^c \times a_D^d}{a_A^1 \times a_B^b}\right)\end{aligned}$$

위 식과 $\Delta G = -nFE$를 결합하면, 아래와 같은 기전력과 활동도의 관계식이 구해진다.

$$E = E^0 - \frac{RT}{nF} ln\left(\frac{a_C^c \times a_D^d}{a_A^1 \times a_B^b}\right)$$

대부분의 전지 반응은 수용액 또는 기상으로 일어나므로, 대부분은 위 식의 활동도 a 대신에 수용액 중의 몰농도나 기체 분압을 사용하여 계산한다.

예를 들어, 온도 25 ℃에서 4기압 수소와 5기압 공기가 공급되는 조건이고, 아래와 같은 전체 반응으로 작동하는 연료전지의 기전력을 계산해 보자.

전체 반응 : $H_2 (g) + 1/2O_2 (g) \rightarrow H_2O (l)$　　　　$E^0 = +1.23 V$

$$E = E^0 - \frac{RT}{nF} ln\left(\frac{a_{H_2O}^1}{a_{H_2}^1 \times a_{O_2}^{1/2}}\right)$$

$$= 1.23 - \frac{8.314 \times 298.15}{2 \times 96500} ln\left\{\frac{1^1}{4^1 \times (5 \times 0.21)^{1/2}}\right\} = 1.25\, V$$

생성물인 물은 순물질 상태의 액체이므로 활동도를 1로 사용한다. 기체인 수소와 산소의 경우, 수소의 압력이 4기압이므로 활동도는 4, 산소의 경우는 공기 중에 21 % 포함되어 있으므로 5기압 공기 중의 산소의 분압은 (5 × 0.21)기압이 되어 산소의 활동도는 1.05가 된다. 계산을 해 보면 수소와 공기의 압력을 높일 경우에 1.25 V의 기전력이 얻어지며, 0.02 V의 미미하게 적은 전압이 증가한 것을 알 수 있다. 이로부터 기전력에 대한 농도의 영향 또한 크지 않음을 알 수 있다.

이상으로부터 기전력에 대한 온도, 압력, 농도의 영향을 알아보았는데, 반응 자체의 ΔG^0에 따른 E^0값이 가장 중요하며, 온도, 압력, 농도의 변화에 따른 기전력의 변화는 크지 않음을 알 수 있다.

실제 연료전지 시스템으로부터 우리가 원하는 에너지를 뽑아내는 데 있어서는 이러한 열역학적인 요인들보다 반응의 활성화 에너지, 전기 저항, 반응물의 전극으로의 공급 속도 등의 다른 요인들이 훨씬 중요한 요소로 작용한다.

4 연료전지에서의 전압 감소

4.1 연료전지 시스템과 관련된 용어

연료전지마다 사용하는 전극의 면적이 다를 것이므로, 단순히 얻어지는 전류량이 크다고 해서, 연료전지의 성능이 좋다고 할 수는 없다. 따라서 객관적인 성능비교를 위해 전극 단위면적당(cm^2) 발생되는 전류량을 척도로 사용하는데 이를 전류밀도(A/cm^2 또는 mA/cm^2)라고 한다. 전류밀도에 전압을 곱하면 전력밀도(W/cm^2 또는 mW/cm^2)가 얻어지게 된다.

옴의 법칙에 따르면, 전압 = 전류 × 저항 ($V = IR$)이며, 연료전지에서는 이와 유사한 아래의 공식을 주로 사용한다.

$$전압(V) = 전류밀도(A/cm^2) \times 표면비저항(\Omega \cdot cm^2)$$

$$ASR(표면비저항) = 전극면적(cm^2) \times 전체저항(\Omega)$$

〈그림 2-7〉을 보면 전극면적이 1 cm^2인 전극의 전체면적에 대한 저항은 0.1 Ω으로 4 cm^2의 면적을 가지는 전극 전체면적에 대한 저항 0.05 Ω보다 2배 크지만, 표면비저항(ASR, area specific resistance)을 계산해 보면, 1 cm^2의 전극이 더 낮음을 알 수 있다. 즉, 표면비저항은 전극을 구성하는 소재의 저항특성을 보여주며, 동일한 면적에 대해 비교하였을 때, 면적 1 cm^2인 전극소재의 저항이 면적 4 cm^2인 전극소재의 저항보다 2배 더 낮다는 것을 나타낸다.

연료전지의 특성을 평가하는 좋은 방법은 전류의 변화에 따라 얻어지는 전압을 측정하는 것이며, 이를 그래프로 표시한 것을 전류-전압 곡선(I-V curve) 또는 분극 곡선(polarization curve)이라고 한다. 이 전류-전압 곡선의 일반적인 예를 〈그림 2-8〉에 나타내었는데, 이를 해석하면 연료전지 시스템의 특성에 대한 다양한 정보를 얻을 수 있다.

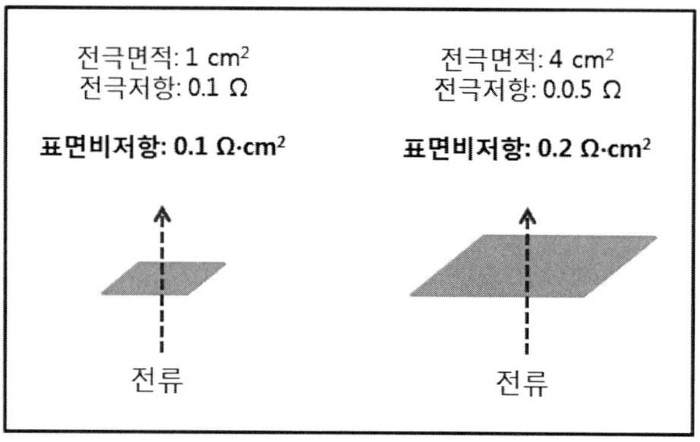

| 그림 2-7 | 전극면적과 전극저항에 따른 표면비저항

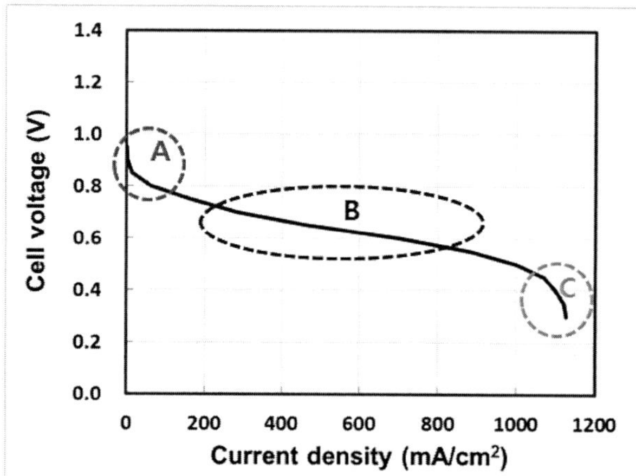

| 그림 2-8 | 고분자 전해질 연료전지의 전류-전압 곡선의 예

전기화학 반응을 통하여 전력을 생산하는 연료전지를 구성할 수 있으며, 이러한 연료전지를 여러 개 결합하면 고출력을 내는 연료전지 시스템이 된다. 이론적으로 생각하면, 연료전지의 출력은 전압과 전류에 의해서 결정된다. 연료전지의 전압은 앞 절에서 배운 바와 같이 연료전지 반응의 ΔG에 따라 결정되며, ΔG는 기전력 E로 전환이 가능하다. 연료전지의 전류는 산화극과 환원극을 연결하는 전선을 따라 1초당 흐르는 전자의 몰수와 연관이 있다.

연료전지에서 온도, 압력, 반응물 농도가 기전력에 영향을 미치기는 하지만, 그 영향이 크지는 않다. 하지만 반응 속도는 온도, 압력, 반응물 농도의 영향을 받으며, 반응속도를 증가시키면 전류양이 이에 비례하여 증가하게 된다. 주어진 조건에서 열역학적인 계산에 의해 구해진 기전력은 전류의 양과 무관한 것으로 생각되겠지만, 실제의 연료전지 시스템에서는 〈그림 2-8〉의 예에서 보이는 것처럼 연료전지 전류양의 증가에 따라 전압이 감소하게 된다.

수소와 산소를 사용하는 연료전지에서 얻을 수 있는 열역학적인 최대전압은 1.23 V이지만, 여러 가지 전압손실로 인해 더 낮은 전압을 얻게 된다. 연료전지의 전류밀도(current density, A/cm^2)가 0 mA/cm^2일 때, 최대의 전압을 얻을 수 있지만 1.0 V보다 낮은 전압이 얻어진다. 이는 연료전지의 전극에서 수소 산화 반응과 산소 환원 반응을 일으키기 위해 전압손실이 발생하기 때문이며, 이와 같은 전극반응을 일으키기 위한 전압손실은 주로 전류 밀도가 낮은 A 영역에서 일어나게 된다. 즉 전류밀도가 0 mA/cm^2일 때의 전압이 높으면 전극촉매의 성능이 좋은 것을 뜻한다.

전류밀도가 상승함에 따라 B 영역에서는 전압이 선형적으로 낮아지게 되는데, 이는 연료전지 시스템에 있는 저항성분들이 작용하기 때문이다. 즉 옴의 법칙 $V = IR$에 따라 [전압(V) = 전류밀도(A/cm^2) × 표면비저항($\Omega \cdot cm^2$)] 만큼의 전압손실이 발생하는데, 이는 전류밀도가 증가함에 따라 일정한 기울기를 가지는 일차함수 형태로 감소한다. 연료전지에서 이러한 내부저항에 가장 크게 기여하는 것은 "전해질을 통한 전하 운반체의 이동"이다. 이 영역에서의 기울기가 가파를수록 연료전지의 내부저항이 큰 것을 뜻하며, 기울기가 완만할수록 내부저항이 작은 것이다. 즉, 기울기가 완만한 것은 전해질 성능이 좋아서 전해질을 통한 전하 이동이 손쉬운 것을 뜻한다.

마지막으로 전류밀도를 더욱 높여서 운전하게 되면, C 영역에서 보이는 것과 같이 어느 순간 전압이 급격히 떨어지게 되며 결국에는 전압이 0 V가 되는 전류밀도값에 도달하게 된다. 이는 반응이 일어나는 연료전지 전극층에 대한 수소와 같은 연료의 공급 속도가 한계에 도달한 것을 나타낸다. 즉, 연료인 수소의 공급 속도가 반응에 의한 수소의 소모 속도보다 느려서, 더 이상 수소 산화반응을 진행할 수가 없게 되는 것이다. 이러한 급격한 전압강하 현상이 높은 전류밀도에서 일어날수록 연료전지 시스템에 대한 반응물의 공급이 원활한 것이다.

전류-전압 곡선 이외에 연료전지 시스템에서 얻을 수 있는 전력밀도(power density, W/cm^2) 곡선을 사용하기도 하는데, 이는 전류밀도와 전압을 곱한 값을 나타낸 것이다. 전력밀도 곡선은 출력이 최대가 되는 전압 및 전류값을 결정하는데 도움이 된다.

4.2 활성화 과전압

전기화학 반응을 이용하여, 전기를 생산할 때에는 전류의 양을 늘리는 것이 매우 중요하다. 전극이 관련되는 전기화학 반응에서는 단순한 전류보다는 전류밀도를 사용하는 것이 정량적인 해석에 적절하다. 전류밀도는 단위 면적을 통해 단위 시간당 지나가는 전자의 양과 직접적인 연관이 있다. 이러한 전자의 흐름은 전기화학 반응에 기인하므로 전기화학 반응과 전류밀도와는 아래의 관계식을 가진다.

$$j = nFv$$

[j: 전류밀도, n; 전기화학 반응과 관계된 전자 수, F: 패러데이 상수,
v: 단위 면적당 단위 시간 동안 반응한 반응물의 몰 수]

단위 면적당 단위 시간 동안 반응한 반응물의 몰수는 결국은 반응속도식이 되며, 아래와 같은 전기화학 반응이 일어날 때, 정반응 속도와 역반응 속도는 아래와 같다.

$$\text{Red} \leftrightarrow \text{Ox} + \text{ne}^-$$

[위 반응식의 예: $H_2 \leftrightarrow 2H^+ + 2e^-$]

$$v_f = k_f \cdot C_{Red}$$

[v_f: 단위 면적당 정반응 속도, k_f: 정반응속도 상수, C_{Red}: 전극표면에서의 Red 농도]

$$v_b = k_b \cdot C_{Ox}$$

[v_b: 단위면적당 역반응 속도, k_b: 역반응속도 상수, C_{Ox}: 전극표면에서의 Ox 농도]

전극에서 생성되는 전류밀도는 정반응 전류밀도에서 역반응의 전류밀도를 뺀 값이며, 아래와 같은 식으로 정리가 된다.

$$j = j_f - j_b = (nFv_f - nFv_b) = nF(k_f \cdot C_{Red} - k_b \cdot C_{Ox})$$

[j: 전체 전류밀도, j_f: 정반응 전류밀도, j_b: 역반응 전류밀도]

반응속도론에 따르면, 반응속도 상수는 다음과 같이 표시된다. 여기에서 지수함수는 반응이 일어날 확률, 빈도 인자는 반응을 시도하는 횟수를 뜻한다. 더욱 자세하게 하면, $A = (k_B \cdot T)/h$ [k_B: 볼쯔만 상수, T: 절대온도, h: 플랑크 상수] 이지만, 본 교재의 식 유도에서는 단순히 빈도함수 A로 사용하여도 무방하다.

$$k = A \cdot \exp(-\Delta G^{\ddagger}/RT)$$

[A: 빈도인자, $\Delta G^{\ddagger}$:반응 활성화 에너지]

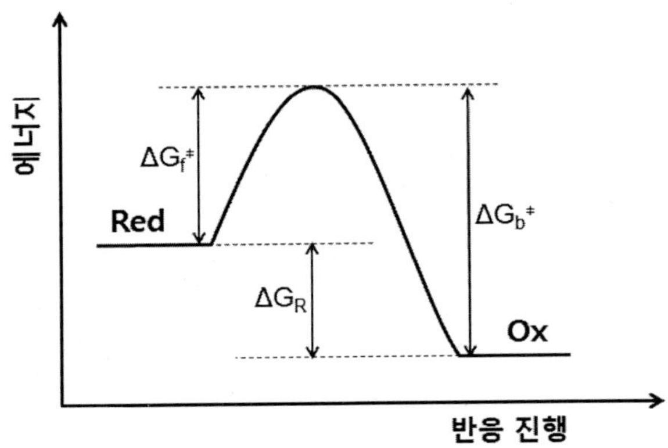

| 그림 2-9 | 정반응과 역반응의 활성화 에너지

반응의 진행에 따른 활성화에너지는 〈그림 2-9〉와 같이 도식화할 수 있다. ΔG_R은 반응에 따른 생성물과 반응물의 깁스 자유에너지 차이이며, 이를 $E = -\Delta G_R/RT$ 식에 사용하면, 열역학적인 기전력을 계산할 수 있다. 정반응의 활성화에너지는 $\Delta G_f^{\ddagger}$ 로 나타내어지며, 정반응이 일어나기 위해 넘어야 하는 에너지 장벽의 높이이다. 역반응의 활성화에너지는 $\Delta G_b^{\ddagger}$ 로 나타내어지며, $\Delta G_b^{\ddagger} = \Delta G_R + \Delta G_f^{\ddagger}$ 로 나타낼 수 있다.

이러한 정반응과 역반응의 활성화에너지를 이용하면 정반응속도 상수와 역반응속도 상수는 아래와 같이 표현된다.

$$k_f = A_f \cdot \exp(-\Delta G_f^{\ddagger} / RT)$$

[A_f: 정반응 빈도인자, $\Delta G_f^{\ddagger}$: 정반응 활성화에너지]

$$k_b = A_b \cdot \exp(-\Delta G_b^{\ddagger} / RT)$$

[A_b: 역반응 빈도인자, $\Delta G_b^{\ddagger}$: 역반응 활성화에너지]

전기화학 반응의 경우에는, 외부에서 전압을 걸어주게 되면 반응의 활성화에너지가 변화하게 된다. 전기화학 반응이 평형 상태인 경우에는 반응의 진행에 따른 ΔG_R이 0인 경우이다. 전기화학 반응의 기전력과 동일한 전압을 반대 방향으로 걸어주게 되면, 전기화학 반응은 〈그림 2-10〉에 보이는 것과 같이 평형상태가 된다. 이처럼 반응이 평형 상태로 반응물과 생성물의 농도가 동일하게 유지될 때에도 정반응과 역반응은 일어나고 있으며, 단지 정반응과 역반응의 속도가 같아서 반응물과 생성물의 농도변화가 없는 것으로 보이는 것이다. 평형상태에서 서로 상쇄되어 없어지는 정반응과 역반응의 전류밀도값을 교환 전류밀도(J_0, exchange current density)라고 부르며, 교환 전류밀도값이 크면 전극의 촉매활성이 좋은 것이다.

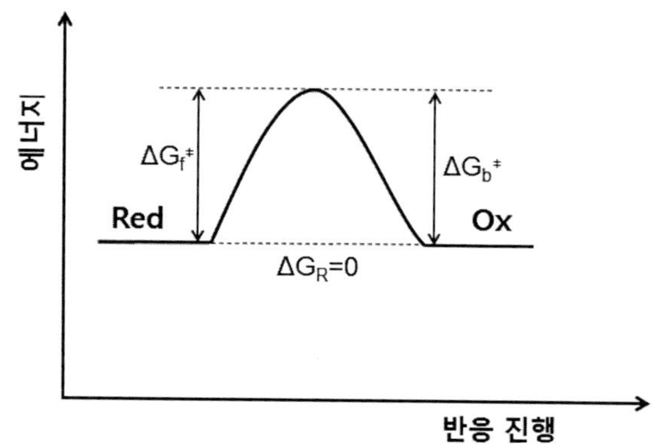

| 그림 2-10 | 평형 상태에서의 정반응과 역반응의 활성화 에너지

전기화학 반응이 평형을 이루도록 기전력과 반대 방향으로 걸어준 전압을 η만큼 점점 낮추어 가면, 〈그림 2-11〉에 보이는 것과 같이 정반응의 활성화에너지는 점점 감소하게 되며, 역반응의 활성화에너지는 더욱 증가하게 된다. 이처럼 외부에서 (기전력 - η) 만

큼의 역방향 전압을 걸어줄 때, 각각의 활성화에너지는 〈그림 2-11〉과 같이 변하게 된다. 이는 전기화학 반응을 통해 얻을 수 있는 기전력 E 만큼의 전압에서 η 만큼의 전압 손실이 일어나는 것과 동일하며, 이러한 전압 손실은 전기화학 반응의 활성화에너지를 낮추는데 기여하고, 결과적으로는 전기화학 반응속도를 빠르게 하여, 전류를 증가시키게 된다. 〈그림 2-11〉을 보면, 생성물 쪽에 걸린 $nF\eta$ 만큼의 역전압이 일정한 비율로 감소하여, 반응물에서는 0이 되는데, 이때의 전달계수 α(transfer coefficient)는 활성화 상태의 물질이 반응물 쪽에 가까운지 생성물 쪽에 가까운지를 나타낸다. α는 0~1 사이의 값을 가지며, 완전한 대칭 반응에서는 0.5의 값을 가지고, 대부분의 전기화학 반응에서는 0.2 ~ 0.5의 값을 가진다.

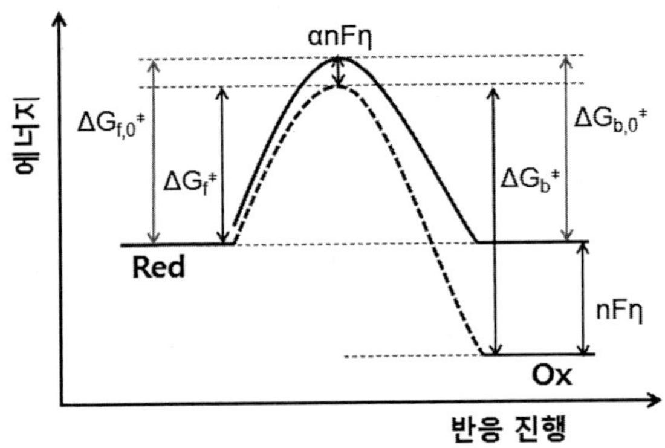

| 그림 2-11 | (기전력-η)의 역전압에서의 정반응과 역반응의 활성화에너지 변화

$$\Delta G_f^{\ddagger} = \Delta G_{f,0}^{\ddagger} - \alpha nF\eta$$

[$\Delta G_f^{\ddagger}$: 역전압 $(E^0-\eta)$ 에서의 정반응 활성화에너지, $\Delta G_{f,0}^{\ddagger}$: 이전의 정반응 활성화에너지, α: 전달계수, $(E^0-\eta)$: 역방향으로 걸어준 전압]

$$\Delta G_b^{\ddagger} = \Delta G_{b,0}^{\ddagger} + (1-\alpha)nF\eta = \Delta G_{f,0}^{\ddagger}$$

[$\Delta G_b^{\ddagger}$: 역전압 $(E^0-\eta)$ 에서의 역반응 활성화에너지, $\Delta G_{b,0}^{\ddagger}$: 이전의 역반응 활성화에너지, α: 전달계수, $(E^0-\eta)$: 역방향으로 걸어준 전압]

이와 같이 구한 $\Delta G_f^{\ddagger}$ 와 $\Delta G_b^{\ddagger}$ 를 이용하여 반응속도 상수를 표시하면 다음과 같다.

$$k_f = A_f \cdot \exp\{-(\Delta G^{\ddagger}_{f,0} - \alpha nF\eta)/RT\} = A_{f,0} \cdot \exp\{(\alpha nF\eta]/RT\}$$

$$A_{f,0} = A_f \cdot \exp\{-(\Delta G^{\ddagger}_{f,0})/RT\}$$

[A_f: 정반응 빈도인자, $A_{f,0}$: 역전압 $(E^0 - \eta)$가 걸리기 이전의 $\Delta G^{\ddagger}_{f,0}$ 를 적용한 빈도인자]

$$k_b = A_b \cdot \exp[-\{\Delta G^{\ddagger}_{b,0} + (1-\alpha)nF\eta\}/RT] = A_{b,0} \cdot \exp[-\{(1-\alpha)nF\eta\}/RT]$$

$$A_{b,0} = A_b \cdot \exp\{-(\Delta G^{\ddagger}_{b,0})/RT\}$$

[A_b: 역반응 빈도인자, $A_{b,0}$: 역전압 $(E^0 - \eta)$가 걸리기 이전의 $\Delta G^{\ddagger}_{b,0}$ 를 적용한 빈도인자]

위의 결과식을 앞에서 구한 전체 전류식에 대입하면 다음과 같다.

$$\begin{aligned} j &= nF(k_f \cdot C_{Red} - k_b \cdot C_{Ox}) \\ &= nF[A_{f,0} \cdot C_{Red} \cdot \exp\{(\alpha nF\eta]/RT\} \\ &\quad - A_{b,0} \cdot C_{Ox} \cdot \exp[-\{(1-\alpha)nF\eta\}/RT]] \end{aligned}$$

여기에서, 평형상태를 다시 고려하면, 평형상태에서는 과전압 η가 0이므로, 이때의 전체 전류는 0이 되고, j_f와 j_b는 교환 전류밀도 j_0와 같다.

$$j_0 = j_f = nFA_{f,0} \cdot C_{Red} \cdot \exp\{(\alpha nF(0)]/RT\} = nFA_{f,0} \cdot C_{Red}$$

$$j_0 = j_b = nFA_{b,0} \cdot C_{Ox} \cdot \exp[-\{(1-\alpha)nF(0)\}/RT] = nFA_{b,0} \cdot C_{Ox}$$

$j_f = j_b$ 이므로 $nFA_{f,0} \cdot C_{Red} = nFA_{b,0} \cdot C_{Ox}$가 되고, 최종적으로 아래의 식이 얻어진다.

$$j = j_0\left[\exp\left\{\frac{\alpha nF\eta}{RT}\right\} - \exp\left\{\frac{-(1-\alpha)nF\eta}{RT}\right\}\right]$$

위의 식을 Butler-Volmer 식이라 하며, 위의 η를 특별히 η_{act}(η activation)로 표시한다. η_{act}는 활성화 손실(activation loss) 또는 활성화 과전압(activation overpotential)으로 부른다. Butler-Volmer 식을 살펴보면 지수함수의 형태이며, 전류밀도가 낮은 영역에서는 변화가 심하고, 전류밀도가 높은 영역에서는 변화의 폭이 크지 않다.

Butler-Volmer 식은 연료전지의 산화극과 환원극 모두에 적용되며, 이를 나타내면 아래와 같다.

$$j_a = j_{a,0}\left[\exp\left\{\frac{\alpha_a nF\eta_a}{RT}\right\} - \exp\left\{\frac{-(1-\alpha_a)nF\eta_a}{RT}\right\}\right]$$

$$j_c = j_{c,0}\left[\exp\left\{\frac{\alpha_c nF\eta_c}{RT}\right\} - \exp\left\{\frac{-(1-\alpha_c)nF\eta_c}{RT}\right\}\right]$$

[j_a: 산화극 전류밀도, $j_{a,0}$: 산화극 교환전류밀도, j_b: 환원극 전류밀도, $j_{b,0}$: 환원극 교환전류밀도]

산화극의 활성화 손실인 η_a는 (+)값을 가진다. 즉 원래의 전위보다 높은 값을 가진다. 그러므로 α가 들어있는 첫 번째 항은 (1-α)가 들어있는 두 번째 항보다 훨씬 작으므로 무시할 수 있다. 그러므로 산화극에서의 j_a는 (-)값을 가진다. 이는 산화극에서는 전자가 전극에서 떠나감을 나타내며, 결국 산화극에서 산화반응이 일어나는 것을 뜻한다.

반대로 환원극의 활성화 손실인 η_c는 (-)값을 가진다. 즉 원래의 전위보다 낮은 값을 가진다. 그러므로 (1-α)가 들어있는 두 번째 항은 α가 들어있는 첫 번째 항보다 훨씬 작으므로 무시할 수 있다. 그러므로 환원극에서의 j_b는 (+)값을 가진다. 이는 휜원극에서는 전자가 전극으로 들어옴을 나타내며, 결국 환원극에서 환원반응이 일어나는 것을 뜻한다.

이처럼 활성화 과전압에 의해 전류밀도가 증가하는 경우에, 산화극 전위는 원래보다 높아지고 환원극 전위는 원래보다 낮아지므로 전체 전지의 전압은 더욱 낮아지게 된다.

이상적인 전지:

$$E_{cell,ideal} = E_c - E_a$$

활성화 손실이 있는 전지:

$$E_{cell,real} = (E_c + \eta_c) - (E_a + \eta_a) = (E_c - E_a) + (\eta_c - \eta_a) = E_{cell,ideal} - \eta_{cell}$$

[η_{cell}: 셀의 과전압]

Butler-Volmer 식이 전기화학 반응의 해석에 매우 중요하지만 식이 매우 복잡하다. 따라서 근사법을 이용하여 더욱 간단하게 만든 식을 주로 사용한다.

① 활성화 과전압이 매우 작을 때: x≈0 일 때, exp(x) = 1 + x 로 근사함

$$j = j_0\left[(1+\frac{\alpha nF\eta_{act}}{RT}) - \left\{1-\frac{(1-\alpha)nF\eta_{act}}{RT}\right\}\right] = j_0\frac{nF\eta_{act}}{RT}$$

② 활성화 과전압이 매우 클 때($\eta_{act} > 50mV$): 두 번째 지수항을 무시할 수 있음

$$j = j_0\exp\left(\frac{\alpha nF\eta_{act}}{RT}\right)$$

위 ②의 경우의 식을 η_{act}에 대해서 정리하면 아래의 식이 얻어지고, x축을 $\ln(j)$, y축을 η_{act}로 하면직선의 그래프가 그려진다. 이 그래프의 x 절편은 $\ln(j_0)$이고, 기울기는 $RT/\alpha nF$이다. 여기에서 기울기는 독일의 전기화학자 Tafel의 이름을 따서 Tafel 기울기(Tafel slope)로 부른다. 즉, η_{act}에 따른 $\ln(j)$ 값의 그래프를 그려보면 이로부터 교환전류 밀도 j_0와 전달계수 α를 구할 수 있다.

$$\eta_{act} = -\frac{RT}{\alpha nF}ln(j_0) + \frac{RT}{\alpha nF}ln(j)$$

$$\eta_{act} = a + b\cdot\ln(j) = a + 2.303b\cdot\log(j)$$

활성화 과전압은 산화극과 환원극 모두에서 발생하며, 두 전극에서 발생한 활성화 과전압을 합치면 전체 반응의 활성화 과전압이 된다. 연료전지에서 평형상태로 전류가 흐르지 않을 때(즉, 외부의 전선 연결이 끊어져 있는)의 연료전지 전압을 개회로 전압(OCV, open circuit voltage)이라고 한다. 활성화 과전압이 낮을수록 개회로 전압은 높아지며, 이는 결국 전극촉매의 반응 활성이 우수함을 뜻한다. 〈그림 2-13〉의 I-V 곡선에서 A 영역이 활성화 과전압이 지배하는 영역이며, 전류밀도가 0일 때의 전지 전압이 OCV값이 된다.

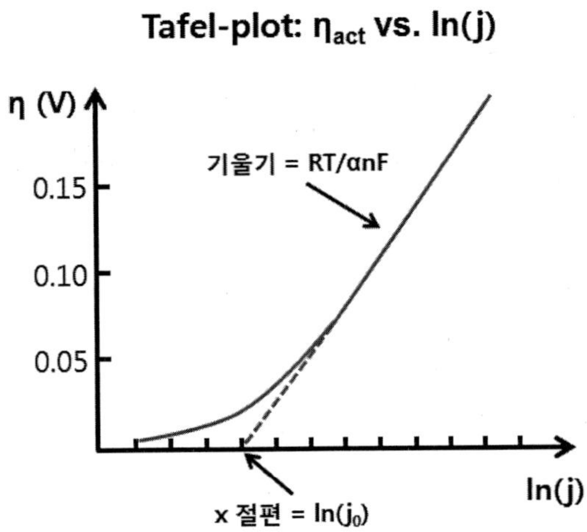

| 그림 2-12 | Tafel-plot의 예

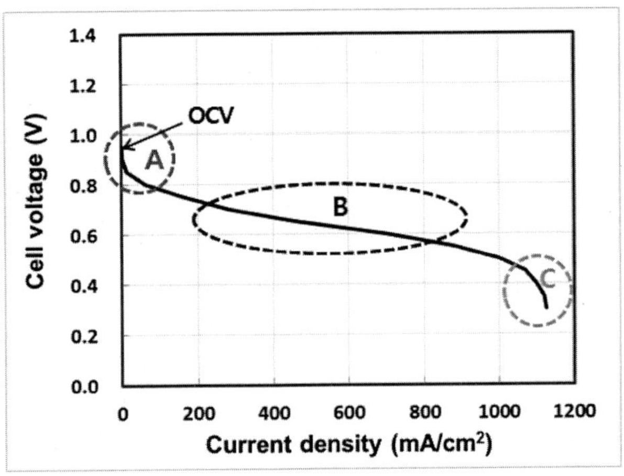

| 그림 2-13 | I-V 곡선을 이용한 연료전지의 OCV 추정

4.3 옴 저항 과전압

연료전지 시스템을 만들게 되면, 다양한 저항 요소들이 있게 된다. 대표적인 세 가지 저항은 전선을 통해 전류가 흐를 때의 옴 저항(ohmic resistance), 여러 종류의 접촉계면을 통해 전류가 흐를 때의 접촉 저항(contact resistance), 전해질을 통하여 전하운반체가 이동할 때의 옴 저항이 있다. 이 중에서 전해질을 통하여 전하운반체가 이동할 때의 옴 저항이 가장 큰 비중을 차지한다. 일반적으로 전기 저항에 의한 옴 저항 과전압은 아래의 식으로 표시할 수 있다.

$$\eta_{ohm}(V) = IR = J \cdot ASR$$

[ASR: 표면비저항($\Omega \cdot cm^2$)]

위 식에서 R과 ASR은 다음의 식으로 표시된다.

$$R = L/A\sigma, \quad ASR = A \cdot R = L/\sigma$$

[L: 저항의 길이(cm), A: 저항의 면적(cm^2), σ: 저항 물질의 전기 전도도($\Omega^{-1} \cdot cm^{-1}$)]

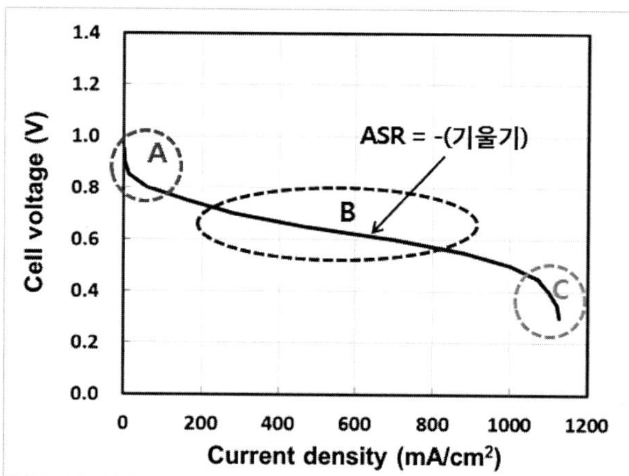

| 그림 2-14 | I-V 곡선을 이용한 연료전지의 표면비저항 ASR의 계산

전류밀도가 작을 때는 옴 저항 과전압인 η_{ohm}의 값이 작으므로 연료전지의 I-V 곡선에 별로 영향을 주지 않는다. 하지만, 전류밀도가 커지게 되면 이에 비례하여 η_{ohm}이 커지게 되고 I-V 곡선에 영향을 미치게 된다. 앞에서 공부한 활성화 과전압 η_{act}은 전류밀도가 커지게 되면 변화가 작게 된다. 그러므로 전류밀도 값이 커지게 되면, 연료전지의 전압 손실은 주로 옴 저항 과전압에 의해 결정된다. 〈그림 2-14〉에 보이는 것과 같이 η_{ohm}과 전류밀도 J는 옴 저항값 R의 기울기를 가지면서 선형적으로 비례한다. 따라서 I-V 곡선의 B 영역에서는 전류가 증가하면 전압이 일정한 기울기로 감소하게 되며, 이 기울기의 절대값이 연료전지의 전체 저항값이 된다.

4.4 농도 과전압

앞에서 유도한 아래의 Butler-Volmer 식에서 사용한 j_0는 다음과 같으며, 그 안에 환원물질과 산화물질의 농도가 포함되어 있다.

$$j = j_0\left[\exp\left\{\frac{\alpha nF\eta_{act}}{RT}\right\} - \exp\left\{\frac{-(1-\alpha)nF\eta_{act}}{RT}\right\}\right]$$

$$j_0 = j_f = nFA_{f,0} \cdot C_{Red} = j_b = nFA_{b,0} \cdot C_{Ox}$$

위에서 j값을 구하기 위해서 사용한 특정 농도의 C_{Red}와 C_{Ox} 조건에서 구한 j_0이다. 만약 C_{Red}와 C_{Ox}가 변한다면 j_0값 또한 다른 값을 사용하여야 한다. 위의 식을 표준화하기 위하여 환원물질과 산화물질의 농도가 각각 1몰 또는 1기압일 때의 j_0 값을 $j_0{}^0$라고 하면 특정 농도에서의 Butler-Volmer 식은 아래와 같이 표현이 가능하다.

$$j_0^0 = nFA_{f,0} = nFA_{b,0}$$

$$j_0 = j_f = j_0^0 \cdot C_{Red} = j_b = j_0^0 \cdot C_{Ox}$$

$$j = j_0^0\left[C_{Red}\exp\left\{\frac{\alpha nF\eta_{act}}{RT}\right\} - C_{Ox}\exp\left\{\frac{-(1-\alpha)nF\eta_{act}}{RT}\right\}\right]$$

연료전지에서 수소가 공급되는 연료극을 생각해 보자. 연료전지의 전극반응은 전극촉매층에서 일어나며, 이러한 전극촉매층으로는 수소가 원활하게 공급되어야 한다. 만약에 전류가 흐르지 않는 상태라면 반응물인 수소가 소모되지 않으므로 공급되는 수소의 농도와 전극촉매층의 수소의 농도가 동일할 것이다. 연료전지에서의 전류 값을 크게 하면 전극촉매층에서의 전극반응속도가 더욱 빨라질 것이며, 그 결과 전극촉매층에 존재하는 수소가 더욱 빠른 속도로 소모되게 된다. 전극촉매층으로의 수소의 공급은 확산에 의해 일어나며, 만약에 이 확산에 의해 수소가 공급되는 속도보다 더욱 빨리 수소가 소모되면 반응물질인 수소의 부족에 의해 더 이상 전류 값을 키우는 것이 불가능하게 될 것이다.

이와 같이 반응물인 수소의 공급 속도의 한계로 인해 연료전지에서 뽑아낼 수 있는 전류의 한계치가 존재하게 되며, 이 한계 전류밀도에 가까워지게 되면 〈그림 2-14〉의 C 영역에서 보이는 바와 같이 전압이 급격하게 떨어지게 된다. 이 C 영역에서의 급격한 전압 강하는 반응물 공급 속도의 한계로 인한 것이다. 이를 농도 과전압(concentration overpotential) 또는 농도 손실(concentration loss)이라고 하며 η_{conc}로 나타낸다. 농도 과전압을 다르게는 물질 전달 과전압(mass transfer overpotential) 또는 물질 전달 손실(mass transfer loss)이라고도 부른다.

C 영역에서는 농도 과전압이 가장 중요한 전압 손실의 요인이며, 〈그림 2-15〉에 보이는 것과 같이 I-V 곡선을 x축으로 외삽하였을 때, x축과 만나는 지점의 전류밀도 값을 한계 전류밀도(limiting current density, j_L)라고 한다.

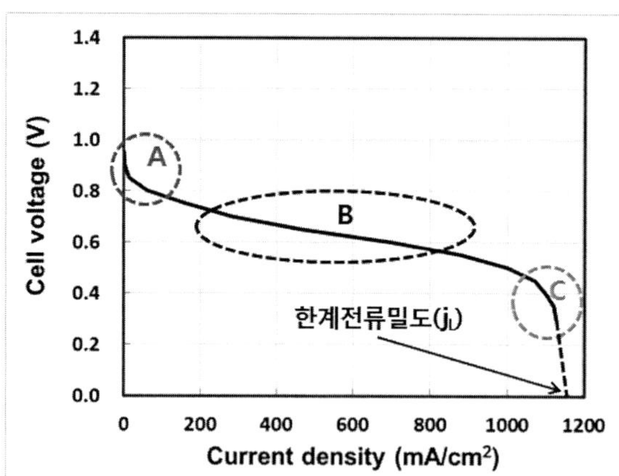

| 그림 2-15 | I-V 곡선에서의 한계 전류밀도 추정

높은 전류밀도에서는 앞에서 구한 환원물질과 산화물질의 농도가 포함된 식에서 두 번째 항을 무시할 수 있으므로 아래와 같이 식이 간단해지며, 이를 η_{act}에 대해 정리할 수 있다.

$$j = j_0^0 C_{Red} \exp\left\{\frac{\alpha n F \eta_{act}}{RT}\right\}$$

$$\eta_{act} = \frac{RT}{\alpha n F} ln(\frac{j}{j_0^0 C_{Red}})$$

"일정한 전류밀도 j를 뽑아내기 위해서 전극촉매층에서의 환원물질의 농도 ${C_{Red}}^*$ 조건에서 필요한 활성화 과전압"에서 "동일한 전류밀도 j를 뽑아내기 위해 공급되는 환원물질의 농도 ${C_{Red}}^0$ 조건에서 필요한 활성화 과전압"을 빼 주면 농도 과전압이 계산된다. 이 때 ${C_{Red}}^*$는 이미 반응물로의 소모에 의해 농도가 낮아졌으므로 ${C_{Red}}^0$보다 낮은 농도를 가진다.

$$\begin{aligned} \eta_{conc} &= \eta_{act}^* - \eta_{act}^0 \\ &= \frac{RT}{\alpha n F} ln(\frac{j}{j_0^0 C_{Red}^*}) - \frac{RT}{\alpha n F} ln(\frac{j}{j_0^0 C_{Red}^0}) \\ &= \frac{RT}{\alpha n F} ln(\frac{C_{Red}^0}{C_{Red}^*}) \end{aligned}$$

계산의 편의를 위해 전극촉매층의 두께는 무시할 만큼 얇다고 하고 전극촉매층을 덮고 있는 기체확산층(GDL, gas diffusion layer)의 두께를 t라고 하면, 이때 단위시간 동안 단위면적의 전극촉매층으로 공급되는 환원물질의 몰수인 플럭스(flux)는 다음과 같이 표시된다.

$$f = -D\frac{dC_{Red}}{dt} = -D\frac{(C_{Red}^* - C_{Red}^0)}{t}$$

[f: 환원물질의 전극촉매층으로의 $flux$, D: 기체확산층 내에서의 환원물질의 확산계수(diffusivity, cm^2/sec), t: 기체확산층의 두께, ${C_{Red}}^0$: 기체확산층 바깥에서 공급되는 환원물질의 농도, ${C_{Red}}^*$: 전극촉매층에서의 환원물질의 농도]

단위시간 동안 단위면적에 공급되는 환원물질의 플럭스 양 만큼 환원물질이 반응하는 것이 되며, 이 환원물질의 반응하는 양은 다음의 식을 이용하여 전류밀도로 전환된다.

$$j = nFf = -nFD\frac{\left(C^*_{Red} - C^0_{Red}\right)}{t}$$

위 식을 $C_{Red}{}^*$에 대해 정리하면 다음과 같다.

$$C^*_{Red} = C^0_{Red} - \frac{jt}{nFD}$$

또한 $C_{Red}{}^*$가 0일 때의 전류밀도가 한계 전류밀도 j_L이므로,

$$C^0_{Red} = \frac{j_L t}{nFD}$$

$$C^*_{Red} = \frac{j_L t}{nFD} - \frac{jt}{nFD}$$

위의 결과를 $C_{Red}{}^0 / C_{Red}{}^*$에 대해 정리하면, 아래의 식을 얻을 수 있다.

$$\frac{C^0_{Red}}{C^*_{Red}} = \frac{\frac{j_L t}{nFD}}{\frac{j_L t}{nFD} - \frac{jt}{nFD}} = \frac{j_L}{j_L - j}$$

위의 결과를 아래 식에 대입하면, 전극촉매층에서의 반응물질의 농도 감소에 의한 활성화 과전압의 차이에 기인하는 농도 과전압 η_{conc}을 j_L과 j 값을 이용하여 구하는 식이 유도된다.

$$\eta_{conc} = \frac{RT}{\alpha nF} ln\left(\frac{C^0_{Red}}{C^*_{Red}}\right) = \frac{RT}{\alpha nF} ln\left(\frac{j_L}{j_L - j}\right)$$

이상으로부터 구한 것은 반응속도론 관점에서의 동역학적인 요인에 의한 농도 과전압이다. Nernst식은 반응물과 생성물의 농도에 따라 열역학적인 기전력이 변하는 것을 알려주며, 이와 같이 열역학적인 요인에 기인하는 농도 과전압이 추가로 발생하게 된다.

아래와 같은 전기화학 반응식이 있을 때, Nernst식에 따른 기전력은 아래와 같다.

$$aA + bB \rightarrow cC + dD$$

$$\boldsymbol{E}_{Nernst} = E^0 - \frac{RT}{nF} ln\left(\frac{[C]^c[D]^d}{[A]^a[B]^b}\right)$$

Nernst 식을 이용하면 공급되는 환원물질의 농도 $C_{Red}{}^0$가 전극촉매층에서 농도 $C_{Red}{}^*$로 감소하였을 때의 열역학적 요인에 의한 농도 과전압 η_{conc}를 아래와 같이 구할 수 있다.

$$\begin{aligned}\eta_{conc} &= E^0_{Nernst} - E^*_{Nernst} \\ &= \left\{E^0 - \frac{RT}{nF} ln\left(\frac{1}{C^0_{Red}}\right)\right\} - \left\{E^0 - \frac{RT}{nF} ln\left(\frac{1}{C^*_{Red}}\right)\right\} \\ &= \frac{RT}{nF} ln(\frac{C^0_{Red}}{C^*_{Red}})\end{aligned}$$

앞에서 구한 $C_{Red}{}^0 / C_{Red}{}^* = j_L / (j_L - j)$ 식을 적용하면, 아래의 식이 구해진다.

$$\eta_{conc} = \frac{RT}{nF} ln(\frac{j_L}{j_L - j})$$

반응속도론과 관련된 동역학적 요인에 의한 과전압과 열역학적 요인에 의한 농도 과전압을 합치면, 아래와 같이 전체 농도 과전압이 얻어진다.

$$\eta_{conc} = \frac{RT}{\alpha nF} ln(\frac{j_L}{j_L - j}) + \frac{RT}{nF} ln(\frac{j_L}{j_L - j}) = \left(1 + \frac{1}{\alpha}\right)\frac{RT}{nF} ln(\frac{j_L}{j_L - j})$$

위의 식에서 로그함수 앞을 상수 c로 두면, 아래와 같이 간략한 식으로 η_{conc}를 나타낼 수 있다.

$$\eta_{conc} = c\ln(\frac{j_L}{j_L - j})$$

앞에서 살펴본 세 가지 과전압을 고분자 전해질 수소 연료전지의 I-V 곡선 상에 나타내면 〈그림 2-16〉과 같다. 환원극에서의 산소환원 반응에 의한 환원극 활성화 과전압이 연료전지의 전압 손실에 가장 큰 영향을 미침을 알 수 있다.

전류-전압 곡선 이외에 전류밀도와 전압을 곱한 값을 전력밀도 곡선이라고 하며, 이는 출력이 최대가 되는 전압 및 전류값을 결정하는데 도움이 된다.

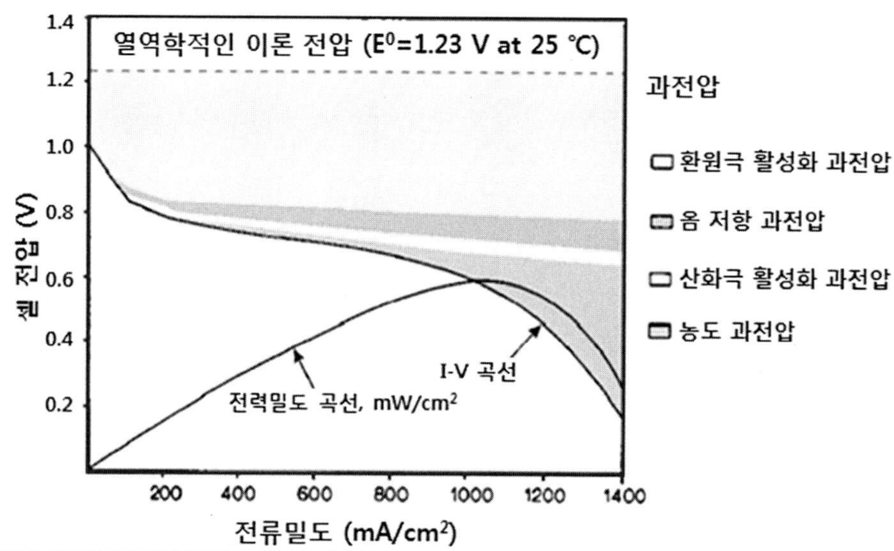

| 그림 2-16 | 고분자 전해질 수소 연료전지의 I-V 곡선의 과전압 해석

5 연료전지 효율

수소 연료전지의 이상적인 최대 효율은 다음과 같다.

$$\epsilon_{ideal} = \frac{\text{최대 전기발생량}}{\text{전기화학 반응에서 얻어지는 엔탈피}} = \frac{nFE_{ideal}}{\Delta H_{Rxn}} = \frac{\Delta G_{Rxn}}{\Delta H_{Rxn}}$$

$\Delta G = \Delta H - T\Delta S$ 이고, 자발적인 연료전지 반응의 ΔG는 (-), ΔH는 (-), 그리고 ΔS도 (-) 값이므로 ΔG의 크기는 ΔH보다 작다. 즉, 이상적인 수소 연료전지의 경우에도 효율 100 %를 달성할 수 없다. 수소 연료전지 시스템과 같이 수소와 산소가 반응하여 물이 생성되는 반응에서는 두 가지의 발열량 개념이 있다. 하나는 수소와 산소가 반응하여 기체 물이 되는 반응이며, 이를 저위 발열량(LHV, lower heating value)이라고 한다. 또 하나는 수소와 산소가 반응하여 액체 물이 생성되는 반응으로서 물이 기체에서 액체로 응축되면서 응축열이 발생하며 더 많은 열량이 방출되기 때문에 고위 발열량(HHV, higher heating value)이라고 한다.

수소 연료전지 시스템의 효율을 이야기할 때는 기준을 명시하여야 하며, 보통은 고위 발열량을 기준으로 사용한다.

① 저위 발열량에 따른 효율 계산

H_2 (g) + 1/2O_2 (g) → H_2O (g)　　　ΔG^0 = -229 kJ/mol, ΔH^0 = -242 kJ/mol

$$\epsilon_{ideal} = \frac{-229\,kJ/mol}{-242\,kJ/mol} \approx 0.95$$

② 고위 발열량에 따른 효율 계산

H_2 (g) + 1/2O_2 (g) → H_2O (l)　　　ΔG^0 = -237 kJ/mol, ΔH^0 = -286 kJ/mol

$$\epsilon_{ideal} = \frac{-237\,kJ/mol}{-286\,kJ/mol} \approx 0.83$$

이러한 이론적인 최대 효율 이외에도 앞에서 살펴본 세 가지의 과전압에 의한 에너지 손실이 존재한다. 이러한 에너지 손실은 결국 최대 이론 전압에 대해, 전압 강하로 나타나게 되므로, 이러한 과전압 손실에 의한 효율을 아래와 같이 나타낸다.

$$\epsilon_{\eta} = \frac{\text{연료전지의 실제 작동전압}}{\text{연료전지의 열역학적인 이론전압}} = \frac{V}{E^0}$$

만약 수소 연료전지가 0.7 V에서 동작한다면, 이 연료전지의 과전압 효율은 다음과 같이 계산된다.

$$\epsilon_{\eta} = \frac{0.7\ V}{1.23\ V} = 0.57$$

마지막으로 연료 이용률과 관련된 효율이 있다. 수소 연료전지에 수소가 공급될 때, 모든 수소가 연료전지에서 소모되지 않고 일부는 미반응 수소로 배출되게 된다. 연료 이용률은 다음과 같이 나타낸다.

$$\epsilon_{fuel} = \frac{\text{연료전지 스택의 수소 소모량}}{\text{연료전지 스택의 수소 공급량}} = \frac{1}{Stoichiometric\ ratio}$$

[Stoichiometric ratio(S. R.): 화학양론비, 연료전지에서의 수소 소모량에 대한 수소 공급량의 비율]

수소 연료전지에서 수소의 S/R값이 1.5라면, 연료전지에서 소모하는 수소량보다 1.5배 많은 수소가 공급되고 있는 것이며, 0.5배에 해당하는 수소는 미반응인 상태로 배출되게 되며, 이 경우의 연료 이용률은 다음과 같다. 실제 스택에서 반응에 사용하지 않은 잉여 수소를 연료전지 시스템 밖으로 배출하지 않고 연료전지 시스템 내의 버너의 연료로 사용하거나, 수소를 회수하여 다시 연료전지 스택(stack)으로 재순환시켜 사용한다.

$$\epsilon_{fuel} = \frac{1.0}{1.5} = 0.67$$

연료전지 스택에서 전기를 생산하는 과정의 전체적인 효율은 다음과 같이 계산된다.

$$\epsilon_{stack} = \epsilon_{ideal}\epsilon_{\eta}\epsilon_{fuel}$$

연료전지 전체 시스템의 효율에 있어서 미반응 수소를 회수하여 사용하는 것과 열에너지를 회수하여 사용하는 것은 (+)로 작용하지만, 전력변환 과정에서의 에너지 손실과 다른 부품들의 에너지 사용은 (-)로 작용한다. 그러므로 연료전지 시스템 전체의 효율을 향상시키기 위해 미반응 수소를 어떻게 사용하는 것이 최적인지는 더욱 많은 고려를 필요로 한다.

단원정리

1. 일(work)은 에너지(energy)와 동일한 개념이며, J, cal, eV 등으로 나타낸다.
2. 일률(power)는 단위시간당의 에너지양을 뜻하며, 와트(W, J/S)로 나타낸다.
3. 와트시(Wh)는 일률에 지속된 시간을 곱한 에너지양이다.
4. 열역학 제일 법칙은 '에너지 보존법칙'으로 에너지가 생성되거나 소멸되지 않음을 뜻한다.
5. 열역학 제이법칙은 에너지의 전환이 엔트로피가 증가하는 방향으로 일어나는 것을 뜻한다.
6. 열역학 제삼법칙은 절대온도 0도에서의 엔트로피가 0임을 뜻한다.
7. 깁스 자유에너지(Gibbs free energy)의 변화는 $\Delta G = \Delta H - T\Delta S$ 로 표현된다.
8. 깁스 자유에너지와 기전력(EMF)는 $\Delta G = -nFE$ 의 관계식을 가진다.
9. 전기화학 셀은 산화반응이 일어나는 산화극과 환원반응이 일어나는 환원극으로 구성되며, 이 때 [환원반응 전위] - [산화 반응 전위] = [전지전압] 이 된다.
10. 전지 전압에 미치는 온도, 압력, 농도의 영향은 크지 않다.
11. 연료전지에서의 전압 감소요인은 활성화 과전압(η_{act}), 옴 저항 과전압(η_{ohm}), 농도 과전압(η_{conc})이 있다.
12. 활성화 과전압은 다음의 Butler-Volmer식으로 표현된다.

Butler-Volmer 식: $j = j_0\left[\exp\left\{\frac{\alpha nF\eta}{RT}\right\} - \exp\left\{\frac{-(1-\alpha)nF\eta}{RT}\right\}\right]$
(j : 전류밀도, j_0 : 교환 전류밀도)

13. 활성화 과전압이 클 때, Butler-Volmer식은 다음의 Tafel 식으로 근사되며, Tafel-plot을 이용하여 교환 전류밀도(j_0)와 전달계수(α)를 계산할 수 있다.

Tafel 식: $\eta_{act} = -\frac{RT}{\alpha nF}ln(j_0) + \frac{RT}{\alpha nF}ln(j)$
(j_0 : 교환 전류밀도, α: 전달 계수)

14. 옴 저항 과전압은 다음의 식과 같다.

η_{ohm}(V) = J · ASR (ASR: 표면비저항(Ω · cm^2))

15. 농도 과전압은 다음의 식과 같다.

$\eta_{conc} = c\ln(\frac{j_L}{j_L - j})$ (c : 상수, j_L: 한계 전류밀도)

16. 수소 연료전지의 전류-전압 곡선에 대한 세 가지 과전압의 기여도는 아래 그림과 같다.

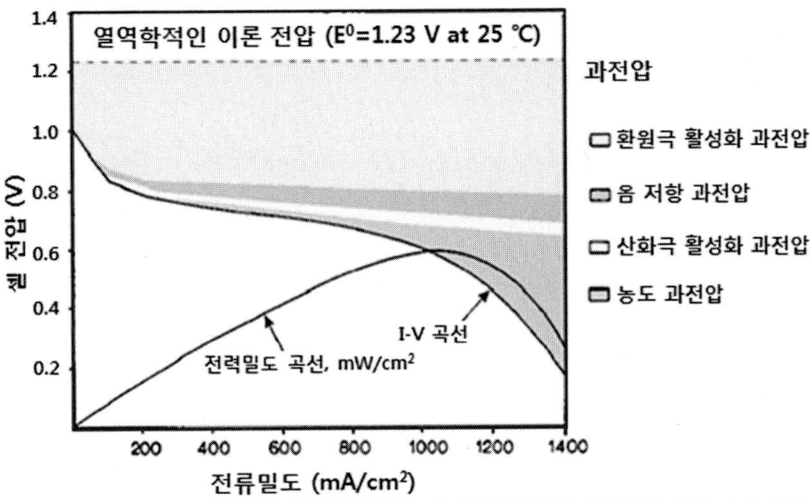

17. 연료전지의 효율은 보통 고위발열량(HHV) 기준으로 계산한다.

18. 연료전지 스택의 전체 효율은 $\epsilon_{stack} = \epsilon_{ideal}\epsilon_{\eta}\epsilon_{fuel}$ 이며, ϵ_{ideal}(이상적인 최대효율) $= \Delta G_{Rxn}/\Delta H_{Rxn}$, ϵ_{η}(과전압 손실에 의한 효율) $= V/E_0$, ϵ_{fuel}(연료 효율) = 1/(S. R.)이다.

CHAPTER 3

고분자 전해질 연료전지

1 고분자 전해질 연료전지의 역사

고분자 전해질 연료전지(PEMFC, Polymer Electrolyte Membrane Fuel Cell 또는 Proton Exchange Membrane Fuel Cell)는 1950년대 후반에 GE(General Electric)사의 Thomas Grubb과 Leonard Niedrach에 의해 발명되었으며, GE는 1960년대 중반에 미국방성의 지원으로 소형 PEMFC 시스템을 성공적으로 개발했음을 발표하였다.

당시의 PEMFC는 수소를 연료로 공기를 산화제로 사용하였으며, 수소 이온의 전도를 위해 듀폰(Dupont)사의 나피온(Nafion®) 전해질막을 사용하였다. 나피온 전해질막은 이미 폴리염화비닐(PVC)의 원료인 염소의 생산을 위한 소금물의 전기분해에 전해질막으로 널리 사용되고 있었으며, 이의 수소 이온 전도 특성에 착안하여 PEMFC가 개발된 것이다. 수소의 산화와 산소의 환원반응을 위한 전극촉매로는 백금이 사용되었으며, 현재까지도 나피온 전해질막과 백금 전극촉매는 거의 모든 PEMFC에서 사용되고 있다.

PEMFC는 1965년에 미국의 제미니 5호 우주선에 1 kW급의 시스템이 장착되어 성공적으로 작동하였다. 연료전지 시스템의 우주선 적용은 기존의 일반 전지를 사용하는 우주선보다 훨씬 긴 비행시간을 제공하였지만, 당시의 PEMFC는 비싼 제조비용과 시스템의 오동작 및 낮은 성능으로 인해 널리 보급되지는 못하였으며, 이후의 아폴로 프로그램에는 알칼리형 연료전지가 채택되게 되었다.

GE는 지속적인 PEMFC의 연구를 통해 1970년대에 전해질막을 이용한 수전해 시스템을 개발하였고, 1980년대부터는 PEMFC 기술의 잠수함 적용이 연구되기 시작하였다. 1990년대에 들어서서는 캐나다 Ballard Power Systems사의 PEMFC를 이용한 무공해버스를 시발점으로 하여 PEMFC를 수소를 연료로 하는 자동차에 적용하는 연구가 시작되었다. 지속적인 원유가의 상승과 이산화탄소 배출에 의한 지구온난화의 우려로 신재생에너지원에 대한 관심이 고조되었으며, 이로 인해 2000년 전후부터 전 세계의 많은 자동차 회사들이 수소연료전지 자동차의 개발에 뛰어들게 되었다.

다양한 연료전지 시스템이 있지만, 자동차용으로는 PEMFC가 운전온도, 크기, 실용성 측면에서 가장 적합하여 많은 연구가 진행되었다. 현재까지의 지속적인 연구개발에 힘입어 상용화 수준에 근접한 수소연료전지 자동차가 개발되었으며, 이미 초기 시장의 개척이 진행 중이다. 처음으로 수소 연료전지 자동차가 등장한 2000년대 초반에만 해도 수소 연료전지 자동차는 전용 부품을 이용하여 모두 수작업으로 제작되었으며 한 대의 가격이 10억원에 육박하였다. 현재에 와서는 부품의 양산화 및 생산 라인의 구축으로 현대자동차의 투싼 iX의 경우 가격이 대당 8,500만원, 일본 토요타자동차의 미라이의 경우는 이보다 더 낮은 가격에 판매가 진행되고 있다. 일본은 HySUT라는 프로그램을 통하여 다수의 자동차 회사, 수소 충전소와 관련된 회사들이 공동으로 수소연료전지 자동차 시대를 준비하고 있다.

또 다른 PEMFC의 응용으로는 천연가스를 연료로 사용하여 전기와 열을 동시에 생산하는 가정용 연료전지 시스템(RPG: Residential Power Generator 또는 Cogeneration system)이 제시되어 2000년 전후로 많은 연구가 진행되었다.

현재 기술이 가장 앞선 것으로 보이는 일본의 경우에는 1 kW 전후 출력을 가지는 RPG 시스템의 실증을 거쳐 보급이 활발히 진행 중이다.

연료전지 자동차에 있어서도 토요타, 닛산, 혼다, JARI (Japan Automobile Research Institute) 등을 중심으로 하여 연구를 선도하고 있다. 미국의 경우에는 미국 에너지성(DOE)과 국립연구소들을 중심으로 하여 수소·연료전지 프로그램이 진행 중이며, PEMFC 분야에 있어서는 발전용보다는 자동차용의 응용에 대해 많은 연구가 진행 중이다. 캐나다는 Ballard사에서 세계적인 자동차 회사와 연계하여 PEMFC용 스택 및 소재의 연구를 선도하고 있다. 유럽에서는 독일, 프랑스, 네덜란드, 영국, 이탈리아 등에서 RPG 시스템 및 연료전지 자동차에 대한 연구를 활발하게 진행하고 있다.

아시아권에서는 일본 다음으로 한국, 중국, 대만의 PEMFC 연구가 활발하며, 국내에서는 에스에너지, 두산퓨얼셀, 현대하이스코 등에서 가정용 RPG 시스템을 개발 및 생산하고 있으며, 이의 보급을 위한 실증이 진행 중이다.

2 고분자 전해질 연료전지의 구성

2.1 PEMFC 시스템 구성

실제로 사용되는 PEMFC 시스템의 구성요소는 크게 다음과 같이 나눌 수 있다.

① 연료공급 시스템: 수소를 직접 연료로 사용하면 간단하나, 가정용 발전시스템과 같이 수소가 아닌 천연가스 등을 연료로 쓸 경우는 이를 수소로 전환하기 위한 개질기가 필요하게 되며, 시스템이 복잡해진다.

② 공기공급 시스템: 연료전지 스택의 공기극으로 블로워를 이용하여 공기를 공급하며, 적절한 습도 유지를 위해 가습기를 포함하는 경우가 많다. 만약 개질기를 포함한 연료전지 시스템이라면, 한 개의 블로워를 추가하여 개질기의 버너에 공기를 공급하여야 한다. 이러한 블로워는 연료전지 시스템에서 상당히 많은 전력을 소모하는 부품이며, 저전력 고성능의 블로워 개발은 연료전지 시스템의 관점에서 중요한 요소이다.

③ 스택(Stack): 공급된 수소의 산화 및 산소의 환원 반응에 의해 직접 전력을 발생하는 부분이며, 연료전지의 성능에 가장 직접적인 영향을 미친다. 스택을 구성하는 핵심 소재들은 연료전지의 성능, 가격, 수명을 좌우한다.

④ 전력변환 시스템: 연료전지 스택에서는 직류가 생산되며, 이러한 직류전원을 적절한 전압의 교류전원으로 변환하는 기능을 한다. 고효율 전력변환 시스템의 개발이 중요한 요소이다.

⑤ 냉각 시스템: 연료전지 발전에서는 전기뿐만 아니라 열도 동시에 발생하며, 이를 적절히 냉각하지 않으면 스택이 과열되어 손상되게 된다. 공기를 불어넣어 냉각하는 공랭식과, 냉각수를 순환시켜 냉각하는 수랭식이 있다. 수랭식을 사용하는 경우에는, 가정용 연료전지 발전시스템에서 하듯이 외부의 온수탱크와 열교환을 함으로써 온수를 이용하는 것이 가능하다.

⑥ 컨트롤 시스템: 연료전지 전체 시스템의 운전을 조절하는 제어기능을 담당한다. 연료전지의 효율적이고 편리한 운전을 제공하는 것이 중요하며, 동시에 고장이 날 경우에 대비한 대응기능을 포함하고 있어야 한다.

2.2 PEMFC 스택 구성

일반적으로 PEMFC용 소재를 말할 때에는 연료전지 반응과 직접 관련되는 스택에 들어가는 소재를 뜻하며, 다음과 같은 소재들이 있다.

① 전해질막(polymer electrolyte membrane): 주로 내구성이 강한 나피온과 같은 불소계 수지로 구성된 고분자막을 사용하며, 연료극과 공기극 사이에서 수소이온이 이동할 수 있는 전해질의 기능을 한다.

② 전극촉매(electrocatalyst 또는 electrode catalyst): 전해질막을 가운데 두고, 양쪽으로 전극의 기능을 하는 전극촉매층이 존재한다. 이 전극촉매층을 구성하는 성분이며, 연료극에서는 수소 산화반응을 촉진하고, 공기극에서는 산소 환원반응을 촉진한다. PEMFC에서는 공기극의 산소 환원반응이 매우 어려운 반응이며, 상용화 수준의 제품을 만들기 위해서는 백금을 촉매로 사용하는 것이 필수적이다.

③ 이오노머 용액(ionomer solution): 이오노머 용액은 연료전지 스택의 직접적인 구성요소는 아니다. 하지만, 전극촉매층이 제대로 기능하기 위해서는 전극촉매와 이오노머 용액을 적절한 비율로 혼합하여 전극촉매층을 구성하여야 한다. 이오노머 용액은 주로 전해질막과 동일한 물질이 적절한 용매에 일정한 농도로 녹아 있는 용액상태로 공급된다. 전극촉매층 내에서 이오노머의 역할은 전극촉매층 내에서의 수소이온의 이동을 원활하게 하는 것이다.

④ 기체확산층(GDL, gas diffusion layer): 다공성의 탄소섬유로 구성된 종이나 천과 같은 형상을 띠는 소재로서 전극촉매층의 바깥을 덮어 전극촉매층의 유실을 방지한다. 유로를 따라 흐르는 수소와 공기를 확산을 통해 적절히 전극촉매층에 공급하는 기능과 반응에 의해 생성된 물을 역시 확산을 통해 유로로 배출하는 역할을 한다. 탄소섬유로 구성되어 있어, 전기를 잘 통하므로 전극촉매에서 발생한 전기를 외부로 전달하는 기능도 동시에 한다.

⑤ 막전극접합체(MEA, membrane electrode assembly): 〈그림 3-1〉에 보이듯이 한 개의 셀에는 한 장의 전해질막을 두고 양면에 전극촉매층이 있으며, 두 장의 기체확산층과 두 장의 개스킷이 있다. 스택 제조 시에 손쉽게 사용할 수 있도록 전해질막에 전극촉

매층을 미리 코팅하여 판매하는 것을 막전극접합체라고 한다. 막전극접합체의 변형으로는 기체확산층까지 미리 일체화한 것도 있다.

⑥ 개스킷(gasket 또는 sealing): 분리판과 MEA사이에 위치하여 스택내부의 반응물이나 생성물이 외부와 유통하지 않도록 밀봉하는 역할을 한다.

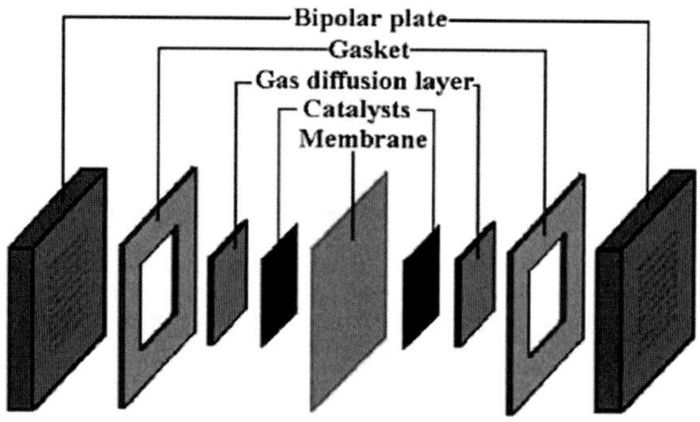

| 그림 3-1 | PEMFC 스택 내의 한 개 셀의 구조

⑦ 분리판(bipolar plate 또는 separator): 연료전지 셀을 구성하는 MEA들 사이에 위치하여 수소나 공기와 같은 반응기체가 서로 섞이지 않도록 하는 역할을 한다. 또한 셀 간의 전기적인 연결 통로를 제공하여야 하므로, 주로 흑연이나 내부식성이 강한 금속과 같은 전기전도성이 우수한 소재로 만든다. 보통 분리판의 양쪽에는 유로가 파여져 있으며, 이 유로를 통해 수소와 공기가 흐르게 된다.

⑧ 집전판(collector plate): 스택은 다수의 셀이 직렬로 연결되어 있으며, 각각의 셀은 분리판으로 나누어져 있다. 가장 처음과 마지막의 분리판은 한쪽 면에만 유로가 필요하며, 이 끝단의 분리판에는 외부로 전기를 뽑아내는 역할을 하는 〈그림 3-2〉에 보이듯이 집전판을 겹쳐 둔다. 〈그림 3-3〉에서는 노란색으로 튀어나온 부분이 집전판에 해당한다.

⑨ 절연판(insulation plate): 집전판을 통해 스택에서 발생한 전기가 외부로 공급되며, 스택을 구성하는 다른 부분으로는 전기가 누설되어서는 안 된다. 그러므로 기계적인 체결의 역할을 하는 끝판과 집전판 사이에 절연판을 두어 전기적인 연결이 되지 않게 한다.

⑩ 끝판(end plate): 스택의 양쪽 끝단에 위치하며, 전체의 스택의 형태를 유지시켜 주는 역할을 한다. 〈그림 3-3〉에 보이듯이 끝판 두 장을 볼트와 너트로 조여서 스택의 구성요소들이 적절한 압력으로 서로 포개져 있도록 한다. 스택 내부에 모든 면에 균일한 압력이 가해지는 것이 적절하므로, 끝판의 구조설계와 체결 장치의 배치는 많은 것을 고려하여 결정하여야 한다.

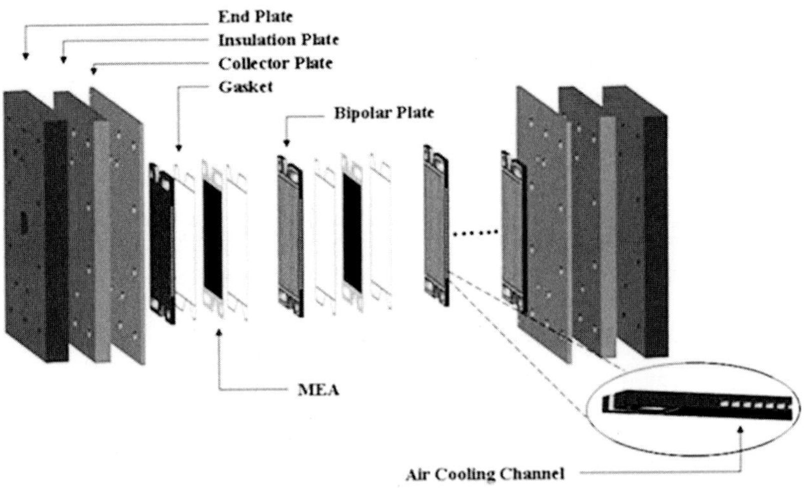

| 그림 3-2 | PEMFC 스택의 구성

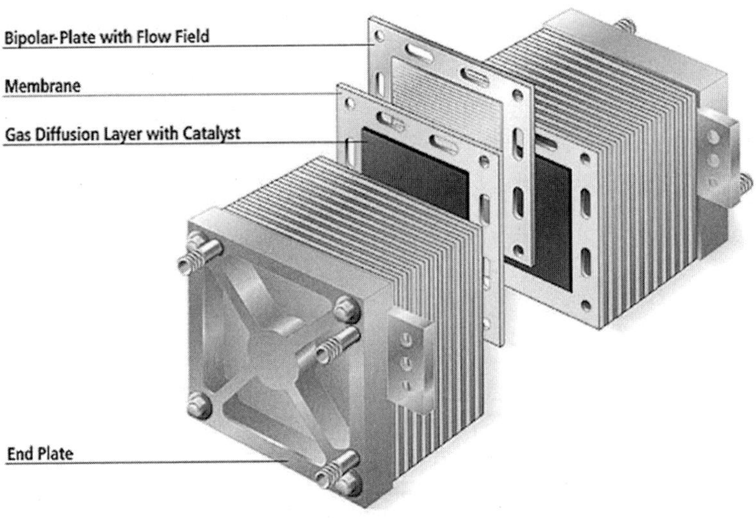

| 그림 3-3 | PEMFC 실물 스택의 모식도

⑪ 유체 연결 장치: 스택이 원활하게 작동하기 위해서는 각각의 셀에 수소와 공기가 원활하게 공급되고 배출되어야 한다. 이를 위해 〈그림 3-3〉에 보이듯이 끝판에는 외부와의 유체를 주고받을 수 있는 연결부가 설치되어 있다. 만약 수랭식 스택이라면 스택으로 냉각수도 흘려야 한다. 〈그림 3-3〉에 보이는 스택은 수랭식으로서 양쪽의 끝판에 각각 3개씩의 외부와의 연결부가 있다.

⑫ 체결 장치: 양쪽 끝판 두 개를 적절한 압력으로 조여 주는 역할을 하는 기능이 필요하다. 보통은 볼트와 너트를 많이 사용하나, 경우에 따라서는 외부에서 밴드를 이용하여 조여 주는 경우도 있다.

PEMFC의 동작 원리는 〈그림 3-4〉에 나타나 있다. 왼쪽의 연료극 쪽으로는 수소가 공급되며, 공급된 수소는 백금 성분의 연료극의 전극촉매층에서 산화되어 수소이온과 전자를 생성하게 된다. 생성된 전자는 도선을 타고 외부에서 전구를 켜는 것과 같은 전기적 일을 한 후, 공기극 쪽으로 들어가게 된다. 생성된 수소이온은 연료극과 공기극 사이에 끼어있는 전해질막을 투과하여 공기극으로 이동하게 된다. 공기극으로는 산소를 포함하고 있는 공기가 공급되며, 백금 성분으로 구성된 공기극의 전극촉매층에서는 산소, 수소이온, 전자가 만나서 산소의 환원반응이 일어나게 된다. 그 결과로서 물이 생성되며, 수소의 산화반응과 산소의 환원반응의 전위차인 1.23 V 만큼의 전압이 발생하게 된다.

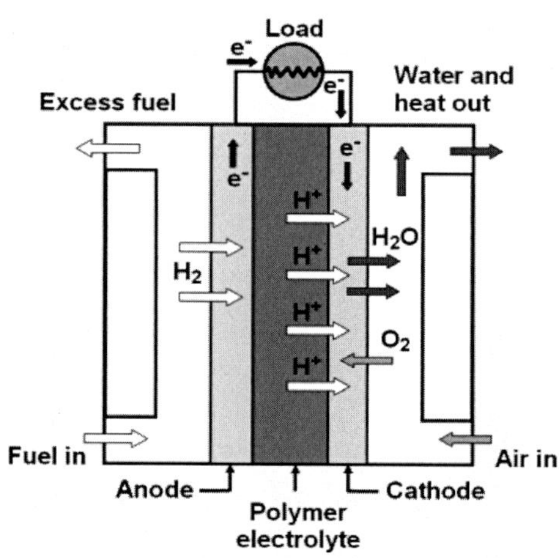

| 그림 3-4 | PEMFC의 동작 원리

즉, 전체적으로 볼 때, 수소와 공기가 PEMFC 시스템에 공급되어 수소와 산소가 소모되게 되고, 물과 전력이 생산된다. 만약 온수도 생산한다면, 연료전지 시스템의 효율은 더욱 높아지게 된다. 이러한 모든 반응은 70 ~ 80 ℃에서 일어나며, 이는 타 연료전지에 비해 매우 낮은 온도이다. 이러한 낮은 온도에서 충분한 반응활성을 나타내는 것은 현재까지는 백금 전극촉매가 유일하며, 많은 연구자들이 비백금계 전극촉매의 개발에 주력하고 있으나, 아직까지 백금을 대체하지는 못하고 있다.

3 고분자 전해질 연료전지의 소재

PEMFC에서 발전을 하는 기본 단위는 고분자 전해질 막 양쪽에 공기극 전극촉매와 연료극 전극촉매가 코팅된 막전극접합체이다. 막전극접합체의 구조는 〈그림 3-5〉와 같으며, 고분자 전해질 막 양쪽에 전극촉매층이 코팅된 것을 3-layer 막전극접합체라고 하며, 그 바깥쪽에 수소나 공기 같은 기체의 공급을 원활하게 하기 위해 기체확산층을 추가로 붙인 것은 5-layer 막전극접합체라고 한다. 5-layer 막전극접합체를 제조할 경우에는 공정의 편의를 위해 기체확산층에 전극촉매층을 먼저 코팅하고, 이것을 전해질막과 접합하기도 한다.

직접 전기를 생산하는 부분은 막전극접합체이지만, 그 이외에도 스택이 제 기능을 할 수 있도록 분리판, 개스킷 등의 부품들이 필요하다. 이후로는 이러한 PEMFC용 소재들의 특성에 대해 살펴보고자 한다.

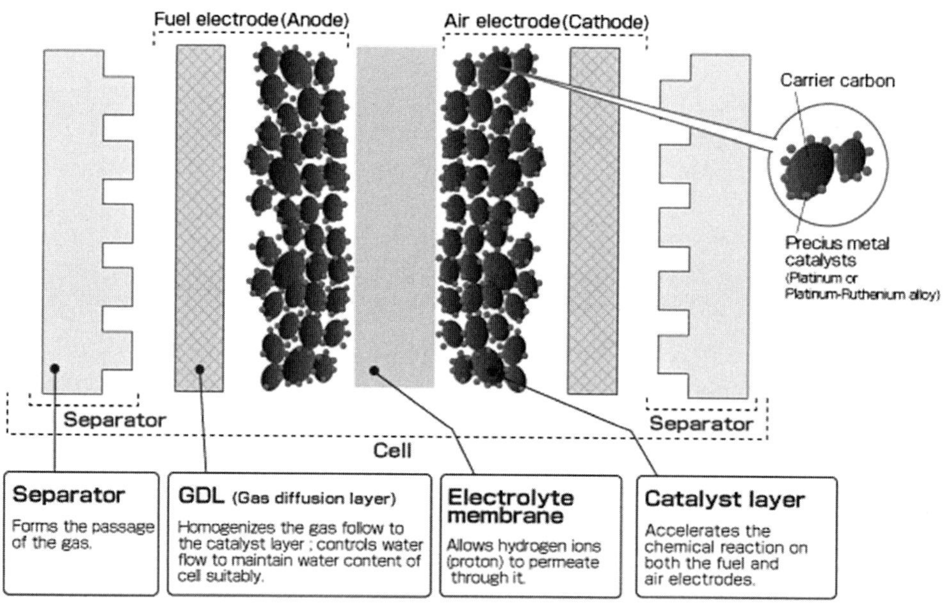

| 그림 3-5 | 막전극접합체의 구조

3.1 고분자 전해질막

고분자 전해질 막은 나피온(Nafion®)이 가장 대표적이며, 이는 술폰산 고분자의 모든 수소가 불소로 치환되어 우수한 내구성을 가진다. 나피온은 듀폰 (Dupont)사의 제품명이며, 학술명은 과불화술폰산(PFSA, PerFluorinated Sulfonic Acid)이다. 나피온의 화학구조는 〈그림 3-6〉과 같은데, 불소계 탄화수소를 주쇄(backbone)로 가지며, 이에 에폭시 결합을 통해 불소계 탄화수소 가지가 연결되어 있다. 이 가지의 맨 끝에는 황산기(Sulfone)가 붙어 있으며, 음이온을 띠는 황산기는 (+)전하를 띠는 수소이온과 상호작용을 하게 된다. 듀폰 이외에도 다우케미칼(Dow막), 아사히케미칼(Aciplex), 아사히글래스(Flemion) 등에서도 불소계 술폰산 고분자를 생산하고 있으나, 나피온이 가장 대표적으로 사용되고 있다.

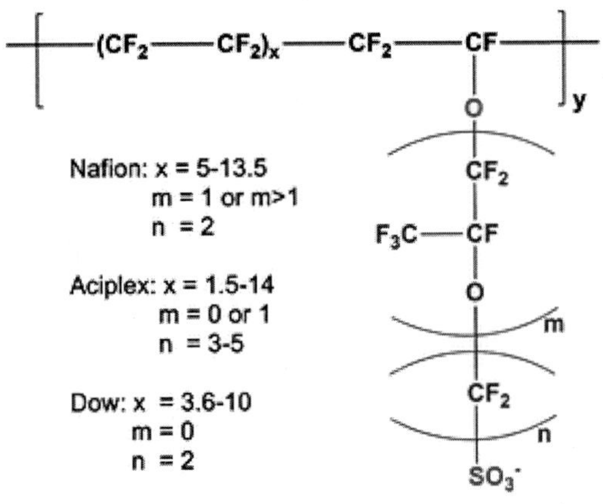

| 그림 3-6 | 다양한 PFSA 고분자의 구조

나피온의 실제 구조는 〈그림 3-7〉과 같다. 테플론 주쇄는 서로 얽혀 있는 상태이며, 황산기인 SO_3H기는 이온결합으로 구성되었으므로, 측쇄 말단은 H^+ 이온을 가진 SO_3^-이온이다. 이러한 이온 성질 때문에 측쇄들의 말단은 막의 전체 구조 내에서 서로 뭉치는 경향(cluster 형성)이 있다. 나피온 막을 보면 주쇄인 테플론은 불소계 탄화수소로서 소수성을 띠며, 측쇄의 황산기는 강한 친수성을 띤다. 따라서 친수성인 황산기끼리 서로 뭉치려는 경향이 생기고, 〈그림 3-7〉에 보이는 것과 같이 그 뭉친 주변에는 친수성 영역이 형성된다. 친수성 영역의 존재 때문에 다량의 수분을 흡수할 수 있게 되는데, 많게는 자기 질량의 50 %까지 수분을 흡수하는 경우도 있다. 이처럼 수화된 영역 안에서 H^+가

이동할 수 있게 되므로 나피온과 같은 형태의 물질은 수화될 경우 양이온 전도성을 가지게 된다.

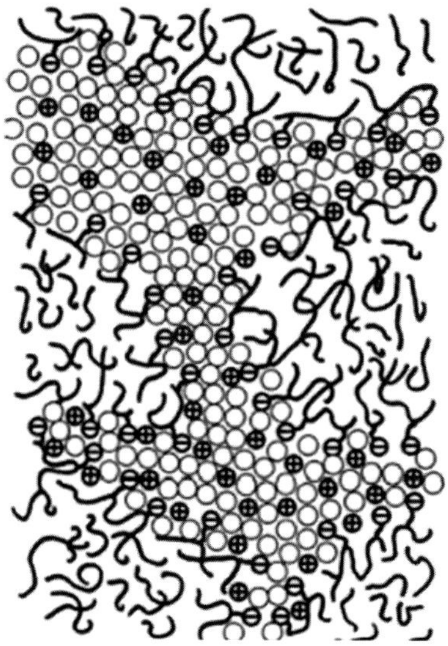

| 그림 3-7 | 나피온의 구조 모식도

전해질막이 갖추어야 중요한 특성은 다음과 같다. 전해질로서 기능하기 위해 수소이온 전도성을 가져야 하는데, 나피온은 완전히 수화된 상태에서 0.1 S/cm 정도의 수소이온 전도도를 가진다. 나피온 막이 얇을수록 이온 전도도는 높아지지만 이와 동시에 나피온 막의 기계적 특성이 나빠져 내구성이 낮아지므로, 최적의 두께를 결정하여야 한다.

나피온막은 사출 성형에 의해서 다양한 두께로 만들어진다. 듀폰사에서 판매하는 나피온막은 Nafion N117, Nafion N112와 같은 제품명으로 불리는데, 앞의 두 자리 숫자는 당량(EW, equivalent weight, 단위는 geq^{-1})을 100으로 나눈 값을 나타낸다. 즉 N112의 경우는 당량이 1,100인 나피온으로 제조된 막이다. 전해질막의 당량을 나타내는 식은 다음과 같다.

$$EW = 100n + 446$$

[n = (테플론기의 평균 숫자)/(황산기의 평균 숫자)]

즉, 당량값이 클수록 황산기의 양이 적은 것이며, 일반적인 나피온막의 당량은1,100이다. 황산기의 양을 더욱 높인 제품 중에는 당량을 700까지 낮춘 것도 있으나 널리 사용되지는 않는다. 또한 당량 1,500 짜리의 나피온막도 제조가 가능하나, 이러한 당량에서는 충분한 이온 전도도가 나오지 않아 PEMFC용 전해질막으로서의 사용이 불가능하다.

뒤의 셋째 자리 이후의 숫자는 나피온의 두께를 지칭하는 것이다. 마지막의 7이나 2와 같은 숫자는 mil(1/1,000 인치)을 뜻하며, Nafion 112는 2/1,000 인치의 두께를 가짐을 나타낸다. 1 mil은 약 25 μm 이므로 Nafion 112는 약 50 μm 의 두께를 가짐을 알 수 있다. 나피온막의 두께는 2, 3.5, 5, 7 mil 등이 있으며, 만약 당량 1,100 짜리의 나피온 소재를 사용한다면 각각 N112, N1135, N115, N117로 명명된다. 일반적으로 PEMFC에는 Nafion 112가 많이 사용되나, 전해질막의 두께가 얇을수록 사용되는 소재의 감소로 전해질막의 가격이 낮아지고, 이온 전도도도 좋아지므로 향후에는 기계적 물성이 강화된 더 얇은 두께의 전해질막을 사용하고자 하는 시도가 많이 되고 있다.

전해질막의 양이온 전도성은 막구조와 수분 함량에 의해 결정된다. 전해질막의 수분 함량은 주로 g(수분)/g(고분자) 또는 (물 분자수)/(고분자 중의 황산기수)로 나타낸다. 끓는 물에 담근 나피온과 같이 물과 평형상태에 있는 나피온막은 황산기 1개당 22개의 물분자를 흡수한다. 하지만 기상에서 수분을 흡수할 때는 황산기 1개당 14개의 물분자만 흡수한다. 〈그림 3.8〉에 양이온 전도성막의 수분흡수 특성을 나타내었다. 이를 보면 수분 흡수에는 두 단계가 있음을 알 수 있다. 즉, 수분 흡수에 있어서 물 분압이 15 ~ 75 %의 영역에서는 수분 흡수량이 서서히 증가하다가 75 % 이상의 영역에서는 빠른 속도로 증가함을 볼 수 있다. 이는 첫 번째 단계에서는 전해질막 안에 황산기에 용매화로 흡수되는 수분이 들어가는 것이며, 두 번째 단계는 전해질막의 세공에 직접 들어가 팽윤시키는 수분에 해당하는 것으로 판단된다. 이러한 현상은 BET 표면적 측정장비를 이용한 일반적인 미세기공 입자의 질소 흡착실험에서 질소 분압의 상승에 따라 서서히 흡착량이 증가하다가, 단분자층으로 질소의 흡착이 끝난 이후에 미세기공 내부를 급작스럽게 질소가 채우는 현상과 유사하다.

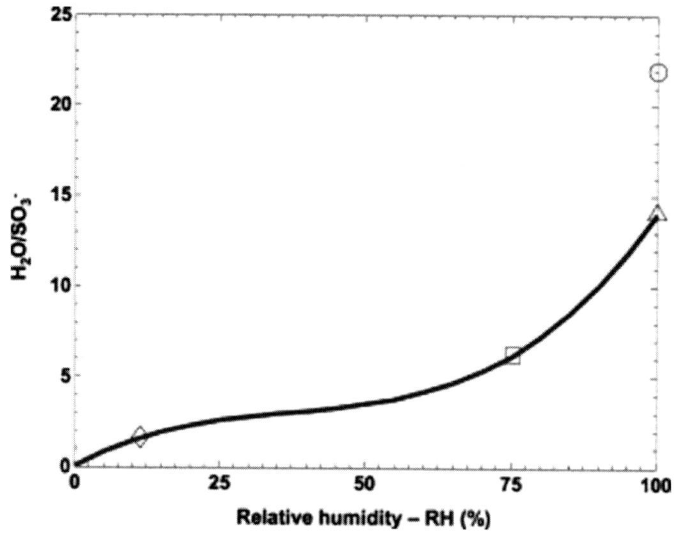

| 그림 3-8 | 상대습도에 따른 나피온의 수분 흡수량

나피온막의 수분함량에 따른 이온 전도도의 증가는 〈그림 3-9〉와 같다.

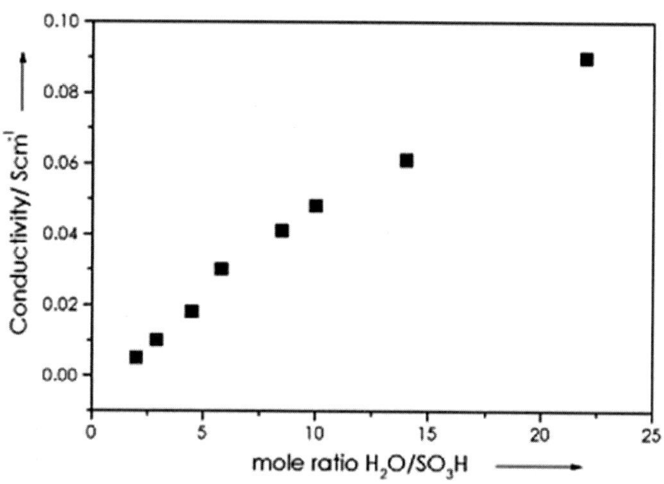

| 그림 3-9 | 나피온의 수분 흡수량에 따른 이온 전도도

나피온막의 물 분압에 따른 수분 함유량 λ는 황산기 1개가 흡수한 물의 분자수를 나타내며, 이는 다음과 같은 경험식으로 표시될 수 있다.

$$\lambda = N(H_2O) / N(SO_3H)$$

$$\lambda = 0.043 + 17.18a - 39.85a^2 + 36a^3$$

[a(water activity) = $P(H_2O$ 분압$)/P_{sat}(H_2O$ 포화수증기압$)$]

위와 같이 수분을 흡수하면 막이 팽윤되어서 막의 부피와 면적이 늘어나게 되는데, 이는 PEMFC의 설계 관점에서 바람직하지 않은 현상이다. 나피온막의 수분함유량에 따른 기계적 특성의 변화는 〈표 3-1〉과 같으며, 이를 보면 10 % 정도의 치수변화가 있으므로 PEMFC 설계 시 이를 고려하여야 한다.

〈표 3-1〉 나피온 전해질막 (1100 EW)의 기계적 특성

물성	50 % RH, 23 ℃	물에 함침, 23 ℃	물에 함침, 100 ℃
두께 변화 (%)[1]	-	10	14
선형 팽창 (%)[1]	-	10	15
인장계수 (kPa)	249	114	64
인장강도 (kPa)[2]	43 32	34 26	25 24
파괴신장율 (%)[2]	225 310	200 275	180 240

1. 50 % RH(상대습도)에 대한 상대적 두께 및 선형 팽창.
2. 윗줄은 기계 방향(machine direction) 특성, 아랫줄은 횡단 방향 특성임.

이러한 팽윤에 따른 치수안정성의 불안정성에 대한 해결책으로 고어(W. L. Gore & Associate)사에서는 비전도성의 다공성 테플론 (PTFE, PolyTetraFluoroEthylene) 지지체에 나피온을 함침한 강화전해질막인 Gore-Select막을 제조하였는데, 이는 우수한 기계적 강도를 가지고 있으면서 동시에 치수안정성을 가지고 있다. 테플론 지지체에 나피온을 함침하였기 때문에 전해질막의 본질적인 수소이온 전도성은 나피온에 비해 낮지만 우수한 기계적 특성으로 인해 나피온에 비해 얇은 막의 사용이 가능해 실사용에 있어서는 결과적으로 나피온보다 우수한 수소이온 전도성과 기계적 강도를 보이게 된다.

이러한 우수성으로 인해 현재는 가장 대표적으로 사용되고 있다. 한 가지 문제는 Gore-Select막은 판매하지 않으며, 고어사에서는 Gore-Select막을 적용한 막전극접합체인

PRIMEA 시리즈 제품으로만 판매하고 있다. 예외적으로 일본만이 Japan Gore사를 통해 Gore-select막을 공급받아 이를 이용한 막전극접합체의 자국 내 생산이 가능하다.

그 밖에 고려하여야 할 것은 전해질막을 통한 기체의 투과 정도인데, 실제 운전조건에서는 전해질막이 수분을 함유하고 있는 상태이므로, 미세 기공들이 모두 막히게 되어 기체의 투과는 일어나지 않는다. 단지 수분에의 기체 용해 및 확산을 통해서 아주 소량이 연료극과 공기극 사이를 이동할 수 있으나 이는 실제로는 문제가 되지 않는다.

전해질막에 바늘구멍과 같이 눈에 보이지 않을 정도의 작은 구멍이 생긴 것을 핀 홀(pin hole)이라고 하며, 이러한 핀 홀이 존재할 경우에는 이를 통해 기체의 투과가 일어날 수 있으며, 일단 기체의 투과가 일어나게 되면 그 주변에서의 급격한 산소와 수소의 반응에 의해 국부적인 발열이 일어나고 핀 홀이 점점 커지게 되어 막전극접합체의 성능이 급격하게 저하되게 된다.

전해질막의 연구에는 크게 세 가지의 방향이 있다.

첫 번째는 고가의 불소계가 아닌 탄화수소계 전해질막의 개발이다. 나피온의 경우, 현재 가격이 $300/m^2 이상이며, 대량생산을 통한 최대한의 원가절감을 실현하여도 $50/m^2 정도의 가격이 한계이다. 따라서 탄화수소계막의 개발은 전해질막의 가격을 저감하는데 크게 기여할 수 있다. 또한 사용한 막전극접합체로부터 백금을 회수하는 것에도 매우 유리하다. 막전극접합체로부터 백금을 회수하기 위해서는 이를 태워서 백금 이외의 성분을 모두 제거하는 것이 필요한데, 불소계 고분자의 경우 다량의 유해한 불소폐기물이 배출되므로, 이의 제거를 위한 후처리 비용이 많이 든다. 하지만 탄화수소계 전해질막을 사용하면, 간단한 연소공정으로도 백금의 회수가 가능하다.

두 번째 연구방향은 고온용 무가습 전해질막의 개발이다. 현재 PEMFC에 사용되는 나피온막은 수분을 함유하고 있을 때에만 수소이온의 이동이 가능하다. PEMFC는 100 ℃에서 물이 끓는 상압 조건에서 운전되므로, 이는 PEMFC 스택의 온도를 100 ℃ 이상으로 올리는 것이 불가능하다는 이야기이다. 실제로 PEMFC는 70~80 ℃ 사이에서 운전하면서 지속적으로 공기극으로 유입되는 공기에 가습장치를 통해 수분을 공급해 주어야 한다. 가습이 필요 없는 고온용 무가습 전해질막의 개발은 많은 회사와 연구자들이 도전하고 있으나, 아직까지 나피온 정도의 성능을 보여주는 제품이 개발되지 못하고 있다. 고온용 전해질막의 또 하나의 장점은 PEMFC의 운전온도가 증가함에 따라 전극촉매의 반응활성이 증가하여 더욱 소량의 백금을 이용하여도 충분한 성능과 내구성을 가질 수 있다는 것이다. 그 외에 뒤의 전극촉매 부분에서 설명되어질 일산화탄소에 의한 백금 촉매의 피독현상 또한 120 ℃ 이상에서 연료전지를 운전하면 완화될 수 있다. 이와 같이 고온용 무가습 전해질막의 개발은 PEMFC의 기술진보에 있어 매우 큰 역할을 할 수 있는 기술이다. 고온용 무가습 전해질막을 개발하는 회사는 PEMEAs사, FumaTech사 등이 있다. 국내에서는 LG화학, 코오롱 인더스트리, 동진 쎄미켐 등에서 탄화수소계 고온용 무가습 전해질막에 대한 연구를 수행한 바 있다.

세 번째 연구방향은 직접메탄올 연료전지에 적합한 나피온막의 개발에 관한 것이다. 일반적으로 나피온막은 수소이온과 물의 전도가 가능한데, 이 과정에서 상당히 작은 분자인 메탄올 연료도 자연스럽게 공기극쪽으로 전도가 일어나게 된다. 하지만 DMFC 운전에 있어서는 메탄올은 연료극에서만 소모되어야 하며, 공기극으로 이동되어서는 안 된다. 이러한 메탄올의 전도는 연료의 손실 및 공기극에서의 불필요한 메탄올 산화반응에 의한 연료전지 성능의 저하를 가져오며, 또한 공기극 배출구에서의 메탄올 배출을 통해 DMFC 시스템 외부로 메탄올이 배출될 수도 있다. 이러한 약점들을 해결하기 위한 일환으로 수소이온 전도성은 높으면서 메탄올의 전도를 억제하는 DMFC 전용 고분자 전해질막의 개발이 많이 연구되었다. 그러나 현재는 가격과 성능 면에서 DMFC 시스템 개발의 한계에 다다른 감이 있어, 최근에는 DMFC용 전해질막의 연구는 뜸한 상황이다.

나피온은 고분자량을 가지는 전해질막의 소재로 사용될 뿐만 아니라 전극촉매층 내부에도 저분자량 나피온이 소량 포함되어 있다. 이를 이오노머(ionomer)라고 하며, 이오노머는 전해질막과 전극촉매 사이 그리고 전극촉매층 내부에서 수소이온을 원활하게 전도하는 역할을 한다. 이러한 이오노머는 용액 형태로 판매된다. 즉 전해질막을 개발할 때에는, 단순히 전해질막 뿐만 아니라 이오노머 용액의 공급도 가능하게 연구되어야 하는 것이다. 예를 들어 고온 무가습 운전이 가능한 전해질막을 개발하더라도, 이오노머로 나피온 용액을 사용한다면 고온 운전시에 전극촉매층 내에서의 수소이온 전달 성능의 현저한 저하가 예상되므로 고온용 무가습 전해질막의 효과가 엄청나게 감소하게 된다.

전해질막의 비활성화는 대표적으로 다음과 같은 경우가 있다.

① 기계적인 충격에 의해 존재하던 핀 홀의 성장에 의한 손상

② 가습과 건조(즉 시동과 정지)의 반복에 의한 전해질막의 치수변화에 의한 전해질막의 기계적 손상

③ 전극촉매, 담체, 공급수분 등에 포함된 금속 성분들과 황산기와의 반응에 의한 황산기 양의 감소 및 상기 금속 성분의 침적에 의한 나피온막 내 수소이온을 전도하는 기공의 막힘 현상

④ 실리콘계 개스킷으로부터 용출된 Si의 침적에 의한 황산기 양의 감소

⑤ 연료전지 반응 중에 발생한 과산화수소 라디칼에 의한 전해질막의 화학적 분해

나피온과 같은 불소계 고분자가 비록 우수한 내구성을 가지고 있지만, 과산화수소 라디칼과 같이 반응성이 강한 물질에 지속적으로 노출되면 분해되게 된다. 연료전지 반응 과정에서 과산화수소 라디칼이 존재할 수 있는데, 이는 다음의 반응에 기인하는 것으로 생각되고 있다.

공기극에서의 산소 환원반응에 과산화수소가 아래와 같이 반응중간체로 관여하며, 특히 Fe^{2+}나 Cu^{2+}와 같은 전이금속 이온의 존재 하에서는 과산화수소가 분해되어 라디칼을 생성할 수 있다.

$$O_2 + 2H^+ + 2e^- \rightarrow H_2O_2$$

$$H_2O_2 + 2H^+ + 2e^- \rightarrow 2H_2O$$

$$M^{2+} + H_2O_2 \rightarrow M^{3+} + \cdot OH + OH^-$$

$$M^{3+} + H_2O_2 \rightarrow M^{2+} + \cdot OOH + H^+$$

전해질막을 통한 확산에 의해 연료극으로 산소가 넘어가게 되면, 아래와 같이 금속촉매와 반응하여 라디칼을 형성하는 반응이 일어나게 된다.

$H_2 \rightarrow 2H\cdot$ (Pt or Pt-M 촉매)

$H\cdot + O_2$ (전해질막을 통해 확산) $\rightarrow HOO\cdot$

$$HOO\cdot + H\cdot \rightarrow H_2O_2$$

$M^{2+} + H_2O_2 \rightarrow M^{3+} + \cdot OH + OH^-$

$M^{3+} + H_2O_2 \rightarrow M^{2+} + \cdot OOH + H^+$

$H_2O_2 + HO\cdot \rightarrow HOO\cdot + H_2O$

전해질막 제조회사 중 특이한 회사는 일본의 Tokuyama사인데, 당사는 양이온 전도성막이 아닌 음이온 전도성 막을 연구하고 있으며, 개발을 완료하여 현재 사용이 가능한 음이온 전도성 막과 음이온 이오노머 용액을 판매하고 있다. 이 전해질막은 OH^-를 전도하는 것으로서 알칼리형 연료전지와 같은 시스템에서 전해질막으로 사용이 가능하다. 이스라엘의 CellEra사의 경우에는 Tokuyama사의 음이온 전해질막을 이용하여, 비백금계 촉매를 사용하는 AEMFC(Anion Exchange Membrane Fuel Cell)를 개발하였으며, 현재보다 우수한 성능과 내구성을 가지는 시스템의 개발이 진행 중이다. 이는 백금을 사용하지 않으면서 저온에서 운전이 가능한 알칼리 연료전지의 장점을 가지고 있으나, 여전히 이산화탄소에 의한 전해질의 오염문제가 존재하기 때문에, 이를 해결하기 이전에는 상용화는 쉽지 않을 것으로 판단된다.

3.2 전극촉매

PEMFC의 연료극에서는 수소의 산화반응이 일어나고, 공기극에서는 산소의 환원반응이 아래와 같이 일어난다.

연료극 산화반응: $H_2 \rightarrow 2H^+ + 2e^-$	$E^0 = 0.00\ V$
공기극 환원반응: $1/2O_2 + 2H^+ + 2e^- \rightarrow H_2O$	$E^0 = 1.23\ V$
전체반응: $H_2 + 1/2O_2 \rightarrow H_2O$	$E^0 = 1.23\ V$

일반적으로 수소 산화반응은 HOR(Hydrogen Oxidation Reaction)로, 공기극의 환원반응은 ORR(Oxygen Reduction Reaction)로 표기된다. 두 반응 모두 백금을 촉매로 사용하나, 상온에서 백금촉매 상에서의 HOR 반응과 ORR 반응의 교환 전류밀도는 각각 10^{-1}

과 10^{-6} mA/cm^2-Pt로 ORR 반응이 훨씬 일어나기 어렵다. 수소 산화반응이 일어나는 연료극 쪽의 백금사용량은 많지 않아서 연료극 쪽의 전극촉매에 대해서는 연구가 적다. 반대로 산소 환원반응이 일어나는 공기극 쪽은 백금의 사용량이 상대적으로 많아 이를 줄이기 위한 많은 연구들이 진행되고 있다.

전극촉매 자체의 촉매 활성에 관련된 것뿐만 아니라, 기체확산층의 특성 또는 전극촉매층의 구조와 같은 부분에서도 공기극 쪽에 더 많은 연구가 진행되고 있는데, 그 이유는 단순히 100 %의 수소가 들어가서 소모되는 연료극에 비해 가습된 21 % 산소를 포함하는 공기를 전극촉매로 원활하게 공급하는 것과 반응 생성물인 수분의 원활하게 배출하는 것과 같은 복합적인 기능들을 동시에 충족시켜야하기 때문이다. 그러므로 공기극은 연료극에 비해 훨씬 많은 요소들을 고려하여 최적화하여야 한다.

수많은 물질 중에서 백금이 유일하게 100 ℃ 이하의 온도에서 실용화가 가능할 정도의 산소 환원반응 활성과 내구성을 보이는 물질이다. 그 외에 산소 환원반응에 활성을 가지는 물질들이 있기는 하지만 성능이나 내구성 측면에서 백금에 비해 훨씬 열악하다.

일반적으로 촉매반응은 물질의 표면에서 일어나기 때문에 단순한 촉매의 사용량보다는 촉매의 표면적이 더욱 중요한 요소이다. 예를 들어 동일한 무게의 백금을 전극촉매로 사용하더라도 20 nm 직경의 입자로 사용할 경우에 비해 2 nm 직경의 입자로 사용할 경우에 그 표면적은 10배가 증가하게 된다. 동일한 백금부피를 가지는 2 nm 직경의 입자와 20 nm 입자를 비교한 경우에 대한 상세한 계산은 〈표 3-2〉에 나타내었다. 즉 백금촉매의 입자 크기가 작을수록 반응유효표면적(ECA 또는 ECSA, ElectroChemical Area 또는 ElectroChemical Surface Area)은 증가하게 된다.

백금을 나노입자로 제조하는 것은 매우 어려우며, 5~10 nm 정도의 직경이 한계치이다. 백금을 더욱 작은 입자로 만들기 위해서는 백금이 담지될 수 있는 담체가 필요하며, 이러한 담체는 아래와 같은 특성이 필요하다.

① 백금입자의 고분산이 가능할 것

② 우수한 전기 전도성을 가질 것

③ 적절한 기공구조 및 입자크기를 가질 것

④ PEMFC의 산성조건 하에서 화학적 반응성이 없을 것

⑤ PEMFC 운전조건에서 전기화학적인 반응성이 없을 것

⑥ 적절한 가격을 가질 것

〈표 3-2〉 2 nm 직경 및 20 nm 직경의 백금입자의 입자부피, 입자수 및 표면적 비교

형상	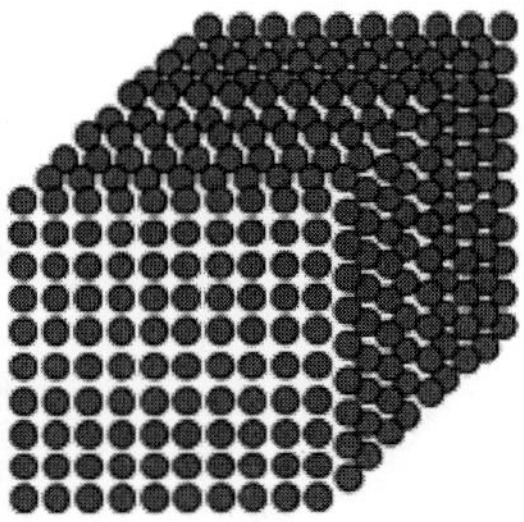		
직경	2 nm	20 nm	10 배
입자 부피	$4/3\ \pi(1nm)^3$	$4/3\ \pi(10nm)^3$	$4/3\pi r^3$
동일 부피 입자수	1,000개	1개	1,000배
입자 표면적	$4\pi(1nm)^2$	$4\pi(10nm)^2$	$4\pi^2$
전체 표면적	$4\pi \times 1000\ nm^2$	$4\pi \times 100\ nm^2$	10 배

위의 조건을 만족하는 담체로는 전도성 카본블랙이 가장 적합하며, 수백 종의 전도성 카본블랙 중에서 Cabot사의 Vulcan XC-72가 가장 대표적으로 사용되고 있다. 이러한 담체를 사용할 경우에, 백금 입자의 크기는 직경 1 nm 이하까지도 만들 수가 있어 백금의 사용효율을 매우 높일 수 있다. 하지만 백금의 입자크기의 감소에 의한 반응 유효표면적의 증가가 무조건 좋은 것은 아니다. 이는 백금의 입자크기가 수 nm로 작아지게 되면, 백금입자의 표면특성이 입자크기에 따라 변화하여, 백금 단위 표면적당의 본질적인 촉매활성이 변화하기 때문이다. 담체로 Ketjen black 300J와 같이 비표면적이 800 m^2/g으로 Vulcan XC-72보다 훨씬 큰 것을 사용하면, 보다 작은 크기의 백금입자를 담지할 수 있다. 즉, 동일한 백금담지량을 사용할 경우에 Ketjen black 300J가 Vulcan XC-72보다 훨씬 큰 백금 비표면적을 가지게 된다. 하지만 실제 연료전지 성능을 평가해 보면, Vulcan XC-72를 사용한 것보다 나쁜데, 그 이유는 연료 및 공기가 잘 이동할 수 있도록

전극촉매의 기공구조를 최적화하는 특성이 나쁘고 전극촉매의 전기전도성 등에서 열악하기 때문이다.

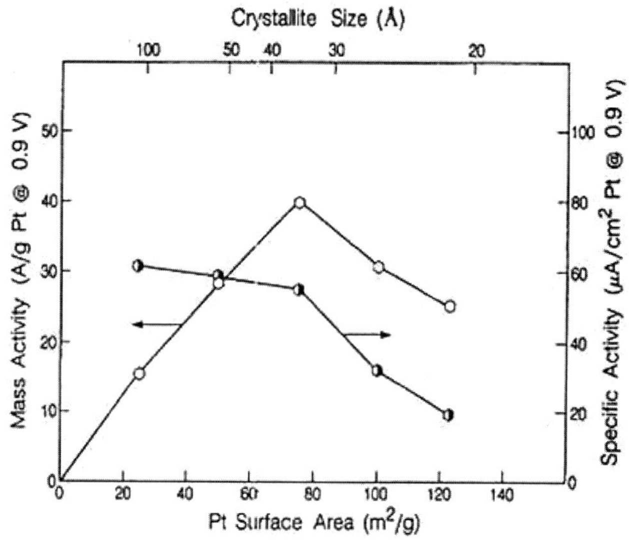

| 그림 3-10 | 백금입자크기에 따른 반응 유효표면적, 단위표면적당 반응활성, 단위무게당 반응활성의 변화

〈그림 3-10〉을 보면 알 수 있듯이 백금 입자의 크기가 작아지면 단위무게당 반응 유효표면적은 증가하지만, 단위 표면적당의 반응활성은 감소한다. 입자크기의 감소에 따른 단위 표면적당의 반응활성 감소는 백금의 표면이 결정구조를 띠다가 2nm 이하에서 점차로 결정성이 사라져서 표면의 결정특성이 비결정질로 변화하기 때문이다. 그 결과로서 〈그림 3-10〉에 나타난 것과 같이 3 nm 전후의 입자크기에서 최고의 단위무게당 반응활성을 보이게 된다. 실제로는 다른 여러 가지 요소들이 복합적으로 작용하여 2 nm 전후의 입자크기로 백금촉매를 제조하여 사용하는 것이 가장 적합하다.

카본블랙에 담지된 백금촉매의 TEM 사진을 〈그림 3-11〉에 나타내었으며, HR-TEM으로 더 크게 확대하여 보면 백금원자 및 결정구조의 관찰이 가능하다.

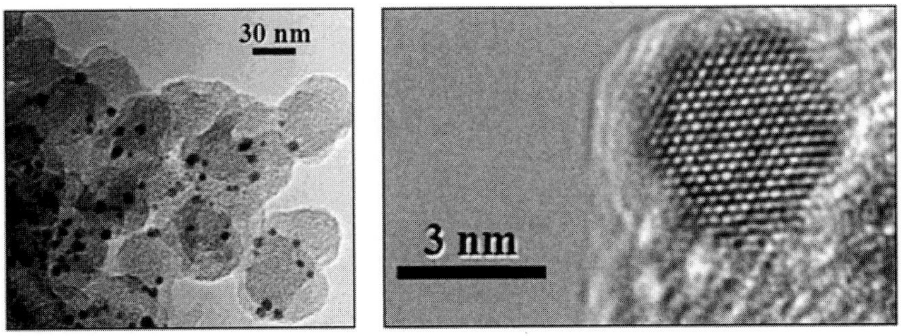

| 그림 3-11 | 백금입자가 담지된 전극촉매의 TEM 및 HR-TEM 사진

백금은 귀금속으로서 면심입방격자구조(FCC, face-centered cubic)의 결정구조를 가지고 있으며, 백금입자의 표면은 다양한 결정면을 노출하게 된다. 이러한 노출된 결정면의 종류에 따라 그 반응활성이 변화하게 된다. 백금 전극촉매의 결정면에 따른 산소 환원반응의 활성은 〈그림 3-12〉와 같다. 나노크기의 백금입자를 모델링하여 그 표면의 결정구조를 〈그림 3-13〉에 나타내었으며, 이는 실제 HR-TEM 사진과 비교가 가능하다.

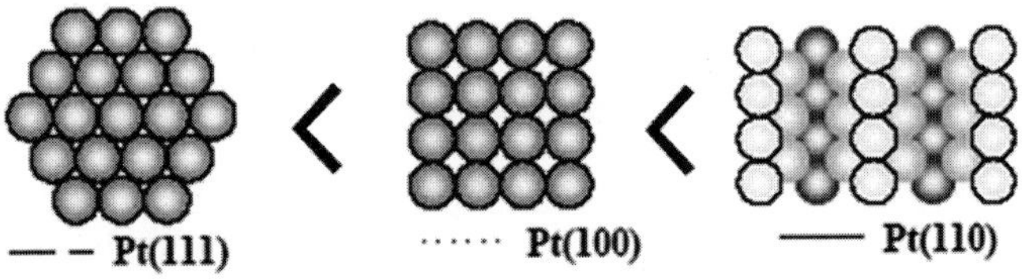

| 그림 3-12 | 백금결정면에 따른 산소환원반응의 활성순서

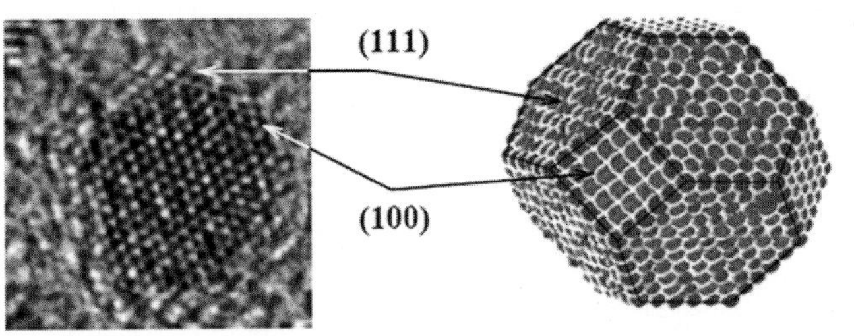

| 그림 3-13 | 백금 입자의 원자배열 및 표면에 노출된 결정면

PEMFC는 수소이온이 전하운반체로 작용하며, 고분자 전해질 막도 황산기를 포함하고 있다. 그 결과 연료전지 내부는 pH 2 이하의 강한 산성을 띠게 된다. 즉 실제로 연료전지가 작동하는 동안은 강한 산성조건 하에서 많은 전류의 이동이 발생하게 되는데, 전극촉매가 이러한 가혹한 환경에 노출되면 성능의 저하가 발생하게 된다.

그 외에 탄화수소를 개질하여 얻은 수소 또는 메탄올을 연료로 사용하는 경우에는 연료극에 일산화탄소(CO)가 일부 존재하게 된다. 일산화탄소 또는 황과 같은 성분들은 촉매반응에 사용되어야 할 백금표면의 반응활성점에 흡착하여 백금이 촉매작용을 못하도록 피독시키는데, 이는 촉매 성능 저하의 원인이 된다. 전극촉매 성능저하의 주된 원인을 정리하면 다음과 같다.

① 전극촉매 금속(백금을 포함한 금속 성분)의 용출에 의한 촉매의 손실

② 전극촉매 금속의 소결(sintering)에 의한 촉매의 반응 활성표면적의 감소

③ 일산화탄소 및 황과 같은 피독물질의 화학흡착에 의한 백금의 반응 활성면적 감소

소결에 의한 백금의 입자크기 증가는 〈그림 3-14〉에 나타나 있으며, 공기극 전극촉매의 경우에 4,000시간의 운전 이후에 백금 입자의 크기가 현저히 커졌음을 볼 수 있고, 연료극 전극촉매의 경우에는 4,000시간 운전 이후에도 백금 입자 크기의 변화가 별로 없음을 볼 수 있다. 이로부터 공기극 쪽 백금촉매에서 소결현상이 훨씬 심하게 일어남을 알 수 있는데, 이는 산소 환원반응에서 발생하는 국부 반응열이 백금입자가 담체 표면에서 이동할 수 있도록 에너지를 공급하고, 이후에 설명될 공기극 쪽에서 담체인 탄소부식이 훨씬 잘 일어나는 것에 의해 백금이 담지된 담체의 표면적이 줄어들어, 백금입자가 서로 뭉칠 확률이 높아지기 때문인 것으로 생각된다.

가정용 연료전지 발전시스템에 사용되는 PEMFC는 개질기로부터 공급되는 수소가 수 ppm의 CO를 포함하고 있고, 메탄올을 연료로 사용하는 DMFC의 경우에는 연료극 쪽에서의 메탄올 분해과정에서 CO가 필연적으로 발생하게 된다. 이러한 CO는 백금표면에의 강한 흡착에 의해 백금촉매를 피독시키고 결과적으로 촉매성능을 떨어뜨린다.

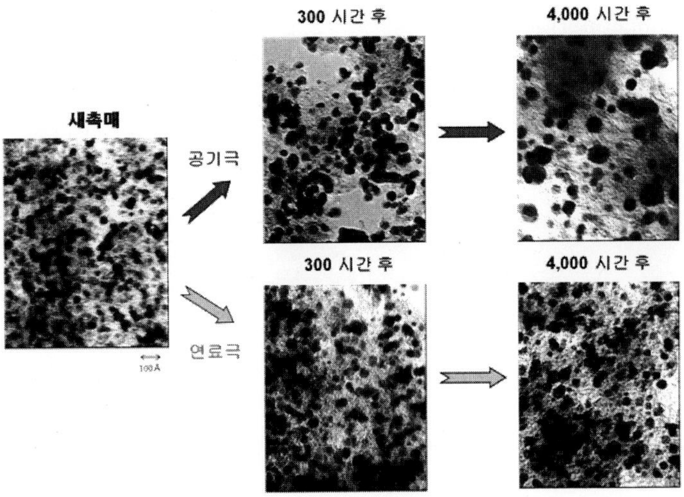

| 그림 3-14 | PEMFC 운전시간에 따른 백금촉매의 소결 현상

황에 의한 백금촉매의 피독이 비가역적인 것에 반해 CO에 의한 백금촉매의 피독은 가역적인 피독이어서, 설사 CO로 피독되었다고 하더라도 고순도의 수소로 일정시간 운전하면 흡착하였던 CO가 탈착하거나 물과의 반응에 의해 이산화탄소로 전환되어 탈착하게 된다. 즉, CO에 의한 백금촉매 피독은 완전히 회복이 가능한 비활성화이다. 하지만 CO에 의한 피독도 전극촉매의 활성을 상당히 떨어뜨리기 때문에 이를 방지하기 위해 Pt-Ru 또는 Pt-Sn의 합금 촉매가 개발되었으며, 주로 Pt-Ru 촉매가 상업적으로 많이 사용되고 있다.

CO 저항성을 가지는 전극촉매에서 최적의 Pt와 Ru의 원자비는 1:1이며, 이는 무게비 2:1에 해당한다. Ru의 조촉매 작용에 대한 모식도를 〈그림 3-15〉에 나타내었다. Ru의 기능은 백금 표면에 흡착한 CO와 반응할 수 있는 OH기를 원활하게 공급함으로써 CO를 CO_2로 전환시키는 반응을 촉진하여 CO를 제거한다는 bi-functional mechanism과 Ru에서 Pt로의 전자 공급에 의해 Pt와 CO의 결합력이 약해져서 결과적으로 CO의 탈착을 용이하게 한다는 electronic effect 두 가지가 제안되었다. 실제로는 두 기능이 복합적으로 작용하는 것으로 생각된다.

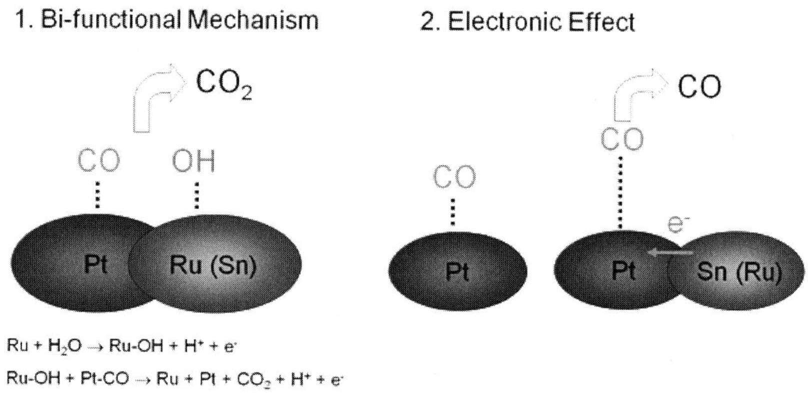

| 그림 3-15 | Pt-Ru 합금 촉매에서의 Ru의 작용에 대한 모식도

일반적으로 DMFC의 경우는 메탄올에 대한 반응활성이 낮아 담지된 백금촉매를 쓰지 못하고, PtRu black을 연료극에, Pt black을 공기극에 직접 사용한다. Metal black은 나노크기의 금속입자를 표현하는 용어이며, 백금과 같은 귀금속의 경우에도 10 nm 이하의 나노입자로 되면 육안으로 관찰 시에 그냥 검은색으로 보이게 되는데, 이러한 특성을 따라 Pt black이라고 부른다. 일반적으로 판매되는 Pt black은 입자크기가 5~10 nm 정도이다. 나노입자의 제조 시에 계면활성제를 나노입자의 표면에 부착하여 입자간의 뭉침을 막는 방법을 많이 사용하는데, 연료전지용 Pt black 전극촉매의 경우에 계면활성제를 사용하면, 백금 표면에 부착된 계면활성제가 촉매작용을 방해하므로 Pt black의 제조에서는 계면활성제의 도움 없이 나노입자를 합성하여야 하는 어려움이 있다.

PEMFC 촉매에서 또 하나 고려하여야 할 것은 도전성 카본블랙 담체에 얼마만큼의 백금을 담지하는 것이 적당한가이다. 일반적으로 촉매를 논할 때, 담체에 대한 금속 성분의 담지량은 2 wt% Pt/carbon과 같이 표시하며, 이는 담체를 포함한 촉매 성분의 2 wt%가 백금으로 구성되어 있음을 뜻한다. 연료전지용 전극촉매에 있어서도 동일한 표기를 사용하며, 보통 10 wt% 이하의 금속을 담지하는 석유화학 촉매와 달리 20~80 wt%의 높은 '백금 담지량'을 가진다. PEMFC에서는 사용한 촉매의 양을 나타내는 단위로 막전극접합체 단위면적당의 '백금 사용량'을 표기하며, 이는 0.5 mg-Pt/cm^{2}와 같은 식으로 표시된다. 이로부터 설사 동일한 백금 사용량을 가지는 전극이라도 20 wt% 백금촉매를 사용할지, 60 wt% 백금촉매를 사용할지를 결정할 수 있으며, 이러한 선택에 의해 막전극접합체의 물성과 활성은 크게 변화할 수 있다. 정리하면, 막전극접합체를 제조할 경우에 전체적인 관점에서 전극촉매의 활성, 전기전도성, 물질전달 특성 등을 고려하여 백금촉매의 담지량과 사용량을 최적화하게 된다.

담체의 선택에 있어서는 Vulcan XC-72가 가장 널리 사용되는데, 이는 경험상 최적으로 선정된 것이며 실제로는 Vulcan XC-72 이외에도 수많은 전도성 카본블랙 제품이 있다. Vulcan 계열 말고는 Ketjen black이나 Black pearl 시리즈의 전도성 카본블랙들이 연구되고 있으며, 그 외의 다공성 나노카본, 탄소 나노튜브(CNT, carbon nanotube), 흑연계 나노파이버 (GNF, graphitic nanoFiber), 그래핀(graphene) 등이 담체로 연구되고 있다. 이러한 담체가 가져야 할 특성은 다음과 같다.

① 높은 표면적을 기반으로 작은 크기의 백금입자 담지가 가능할 것

② 전극촉매층 형성 시 적절한 기공 구조를 가질 것

③ 전기화학적 부식에 강할 것

④ 전기전도성이 좋을 것

수명 측면에서 볼 때, 담체가 전기화학적 부식에 강한 것은 매우 중요한데, 이를 위해서는 비정질(amorphous) 탄소보다는 흑연과 같은 결정질 구조를 가지는 탄소를 사용하는 것이 유리하다. PEMFC 운전시간의 경과에 따른 공기극 전극촉매층의 두께 감소를 〈그림 3-16〉에 나타내었다.

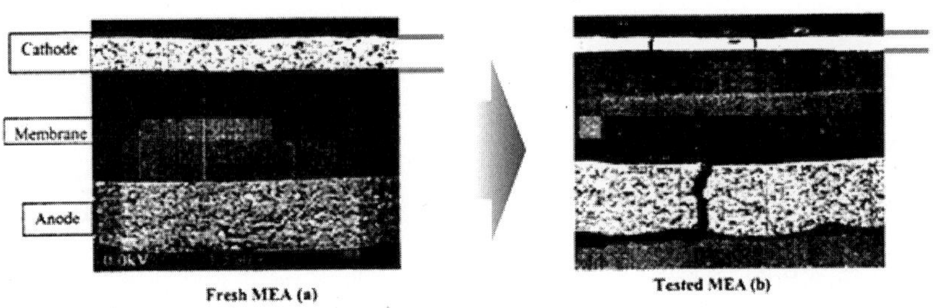

| 그림 3-16 | 운전시간의 경과에 따른 공기극 전극촉매층의 두께 감소

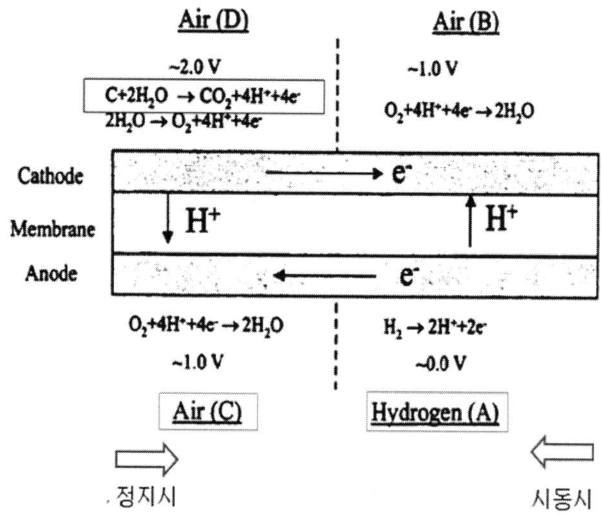

| 그림 3-17 | 연료전지의 시동 및 정지 시의 탄소 부식 메커니즘

이러한 두께 감소는 연료전지의 시동과 정지 시에 연료극 쪽으로의 공기 유입에 의해, 연료극 쪽에서 수소와 산소가 동시에 존재하게 되고, 그 결과 막전극접합체에 내부회로가 형성되어 공기극 쪽에서 탄소담체의 부식반응이 일어나기 때문이다. 내부 전기회로의 형성 및 반응식은 〈그림 3-17〉과 같다. 이를 보면 부하가 걸리지 않은 상황에서 시동과 정지 시에 연료극을 보면 수소와 산소가 존재하는 영역이 분리되어 있어 두 영역 사이에서 수소의 산화 및 산소의 환원에 의한 회로가 형성된다. 동시에 공기극 쪽에서는 이와 동기하여 담체인 탄소의 산화 및 산소의 환원 반응이 일어나게 된다. 이러한 과정에서 담체인 탄소가 이산화탄소로 전환되는 영구적인 손실이 발생하게 된다.

PEMFC에 사용하는 백금촉매의 사용량이 많으므로 백금의 공급에 대한 우려가 많이 있다. 실제로 백금의 연간 공급량은 200 ~ 300톤 정도이며, 이 정도의 양만으로는 전 세계에 PEMFC를 보급하기에는 무리가 있다. 하지만, 현재 자동차의 배기가스 정화용 촉매시스템에 대당 20 ~ 30 g의 백금이 사용되고 있는 실정이며, 연료전지 자동차의 경우는 이러한 배기가스 정화시스템이 필요가 없고, 또한 한 대당 수십 g의 백금촉매를 사용하면 되므로 연료전지 자동차용 백금의 공급은 어느 정도 수급의 균형을 맞출 수 있을 것이다. 또한 연료전지 시스템에서 백금촉매의 가격 때문에 전체 가격이 올라가는 것은 향후에 폐기된 연료전지 시스템에서 백금을 추출해 재활용한다면 어느 정도 상쇄가 가능할 것이다. 결론적으로 현재의 제한된 백금 공급량이나 백금 가격은 PEMFC의 보급에 있어서 큰 걸림돌이 되지는 않을 것이다.

연료전지 전극촉매 제품을 생산하는 곳은 일본의 다나카(Tanaka) 귀금속이 대표적이며 2000년도 이전부터 연구개발을 활발히 진행하였으며, 현재 널리 보편적으로 사용되고 있다. 유럽에서는 전통적인 촉매회사인 Johnson-Matthey에서 주로 생산하고 있다. 2000년대 초반에 미국의 E-Tek사에서 백금전극 촉매를 생산하였으나, 현재는 타 회사에 흡수되었다. E-Tek사의 촉매제조법은 염화백금산(H_2PtCl_6)을 원료로 사용하는 일반적인 침전법이 아니고, 고가의 Platinum sulfite acid를 사용하는 콜로이드법으로 제조하는 것이라 상업적으로는 성공하기가 어려운 기술을 보유하고 있었다. 그 외에 소규모 회사로는 일본의 Ishifuku, 미국의 CCC(Columbian Chemicals Company)사 등이 연구하고 있는데, 미국의 CCC사는 자사의 카본블랙 제조기술의 강점을 활용하여 카본블랙의 결정성을 향상시킨 카본블랙 담체를 제조하였으며, 이를 이용하여 탄소부식에 강한 전극촉매를 개발하였다고 보고한 바 있다. 국내에서는 LG화학, 희성금속, 오덱 등에서 백금 전극촉매의 제조 및 회수 등에 대해 연구를 수행한 바 있다.

백금은 유일하게 100 ℃ 미만의 온도에서 수소를 산화시켜 전자와 수소이온으로 분해하고, 산소를 환원시켜 물로 전환할 수 있는 촉매이다. 산소를 환원시키는 반응이 훨씬 일어나기 어려우므로 공기극 쪽의 백금촉매 사용량이 훨씬 많다. PEMFC의 공기극에는 보통 전극 1 cm^2 당 0.2 ~ 0.4 mg, 연료극에는 0.05 ~ 0.2 mg의 백금을 사용하며, DMFC에서는 메탄올의 산화반응이 더욱 어려우므로 백금의 사용량이 PEMFC에 비해 약 10배 더 많이 필요하게 된다.

연료전지의 가격저감을 위해서는 백금의 사용량을 줄이는 것이 매우 중요한 요소이다. 백금을 사용하지 않는 비백금 전극촉매 또는 소량의 백금만을 사용하는 저백금 전극촉매들이 연구되고 있으나, 아직 상업적으로 가능성 있는 전극촉매는 개발되지 못하고 있다.

3.3 전극촉매 잉크

전극촉매 잉크(전극촉매 코팅액을 보통 잉크로 부름)는 전극촉매층을 전해질막이나 기체확산층과 같은 기재에 코팅하기 위해 제조하는 용액이다. 전극촉매 잉크는 다음과 같은 특성을 가지고 있어야 한다.

① 전극촉매와 이오노머를 잘 분산시킬 수 있을 것

② 사용하는 코팅방법에 적합한 점도를 가지고 있을 것

③ 전극촉매 잉크의 분산 안정성이 좋을 것

④ 건조가 용이할 것

⑤ 친환경 용제를 사용할 것

전극촉매의 분산에 있어서 단순히 용매에 전극촉매를 넣은 후, 이를 교반하거나 일반적인 초음파 수조에서 분산시키는 것은 불충분하다. 전극촉매는 수십 nm의 탄소담체에 백금이 담지되어 있는 것인데, 〈그림 3-18〉에 보이는 것과 같이 이러한 탄소담체는 각각 떨어져 있는 것이 아니라, 포도 알갱이처럼 여러 개가 뭉친 이차입자 형태로 존재한다. 이러한 이차입자를 수십 nm 크기의 일차입자 수준으로 모두 분산하기 위해서는 초음파 분쇄기(ultrasonic homogenizer) 또는 수 천에서 수 만 RPM까지 교반이 가능한 기계식 분쇄기(mechanical homogenizer)와 같은 고에너지 분산장비가 필요하다. 일단 분산된 전극촉매 잉크도 시간의 경과에 의해 재응집이 일어나게 되므로, 이를 막기 위해서는 재응집이 일어나지 않도록 첨가제를 넣거나, 기계적으로 계속 에너지를 가해주어 분산상태를 유지하게 하는 것이 필요하다.

담지된 백금촉매의 경우에는 탄소가 있어서 촉매의 비중이 많이 높지 않지만, DMFC용 전극촉매 잉크를 제조할 경우에는 Pt black의 비중이 매우 높기 때문에 전극촉매 잉크의 안정성이 낮다. 따라서 PEMFC용 전극촉매 잉크에 비해 더욱 많은 주의가 필요하다.

사용하는 코팅방법에 적합한 점도를 가지는 것은 매우 중요한 요소이다. 코팅기술은 일반적으로 매우 발달되어 있으며, 막전극접합체 제조에 사용 가능한 코팅법만 하여도 콤마 코팅, 스프레이 코팅, 브러시 코팅, 스크린 프린팅, 슬롯 다이 코팅, 잉크젯 코팅, 이형

필름에서의 전사를 이용하는 데칼 코팅 등이 있다. 이러한 코팅은 모두 각자의 특성에 맞는 잉크의 점도범위가 있으므로 코팅 방법의 선정에 따라 전극촉매 잉크는 적합한 점도를 가지도록 설계되어야 한다.

전극촉매 잉크의 용매로는 이소프로필 알코올(IPA, iso-propyl alcohol) 성분이 주로 사용되나, 요구되는 잉크의 특성에 따라 다른 알코올이나 알코올과 물 등의 혼합물이 사용되기도 한다.

실험실 규모에서 막전극접합체를 제조할 때에는 위에 언급한 5가지 특성 중에서 몇 가지가 빠져도 상관없지만, 막전극접합체 생산을 고려할 경우에는 3번의 전극촉매의 분산 안정성 유지와 5번의 친환경 용제를 사용하는 것도 매우 중요한 요소가 된다. 또한 공정속도를 향상시키기 위해서는 4번의 건조속도도 중요한 요소가 된다.

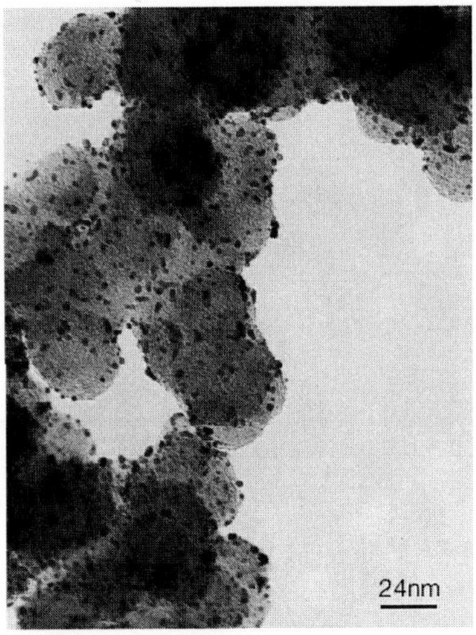

| 그림 3-18 | 전극촉매의 TEM 사진

3.4 막전극접합체

막전극접합체는 일반적으로 MEA(membrane electrode assembly)로 불리며, 그 구조는 고분자 전해질 막을 중심으로 아래의 〈그림 3-19〉와 같이 양면에 전극촉매층, 기체확산층, 개스킷층이 순서대로 위치하게 된다. 전해질막과 양쪽의 전극촉매층만으로 이루어진 것을 3-layer MEA라고 한다. 이의 제조를 위해서는 전극촉매층을 전해질막 위에 직접 코팅해야 하는데, 이를 CCM (catalyst-coated membrane)이라 한다. 3-layer MEA 위에 추가로 양쪽에 기체확산층을 접착한 것을 5-layer MEA라고 한다. 5-layer MEA를 생산하는 경우에는 코팅공정의 편의를 위해 기체확산층에 전극촉매층을 먼저 코팅한 후 이를 전해질막에 접착할 수도 있는데, 이것을 CCS(catalyst-coated substrate)라고 부른다. 5-layer MEA의 양면에 추가로 분리판과의 체결 시 기체를 밀봉하는 개스킷을 부착한 것을 7-layer MEA라고 한다.

이러한 MEA의 제품 차이는 사용자인 스택 메이커에서 요구하는 사양에 따라 다르나, 일반적으로 스택 메이커의 기술 수준이 높을수록 3-layer MEA를 원하는 경향이 있다.

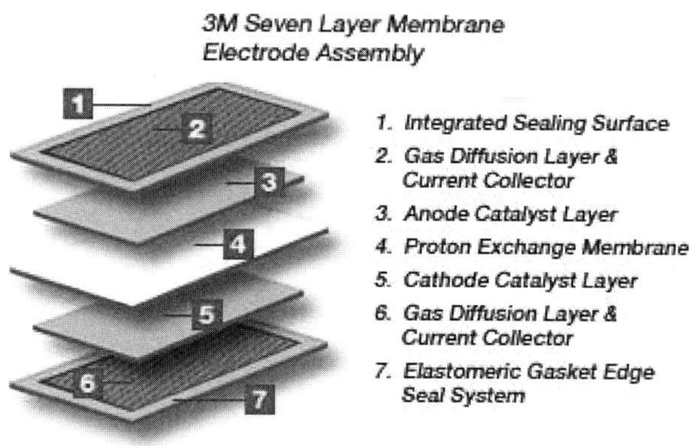

| 그림 3-19 | 막전극접합체의 구성도

기체확산층의 선정에 있어서 주의할 사항은 막전극접합체의 특성 및 스택의 운전 조건에 따라 다른 특성을 요구하므로 경우에 따라서는 목표 스택에서 최적의 성능을 보이는 기체확산층을 새로이 선정하여야 한다.

먼저 생각하기 쉬운 CCS에 대하여 알아보면, CCS는 CCM에 비하여 그 제조가 훨씬 용이하다. 그 이유는 코팅의 기재가 되는 기체확산층의 치수안정성이 나피온막에 비해 훨씬 우수하기 때문이다. 즉 나피온막은 코팅 중에 팽윤에 의해 면적의 변화가 생기는데 비해 기체확산층은 부피나 넓이의 변화가 없어 전극촉매층을 코팅하기가 매우 용이하다.

CCS 제조에 있어 가장 먼저 하여야 할 일은 전극촉매 잉크의 제조이다. 전극촉매 잉크는 이소프로필 알코올과 같이 적절한 끓는 점을 가지는 유기용매에 일정한 농도로 전극촉매를 분산시켜 제조한다. 이 때 전극촉매 외에 이오노머를 전극촉매에 대해 일정한 비율로 소량 첨가한다. 이오노머는 저분자량의 나피온 고분자를 용매에 분산시킨 것이다. 전극촉매, 나피온 이오노머, 용매로 이루어진 전극촉매 잉크를 기체확산층에 코팅한 후에 건조시킨다. 그러면 용매는 휘발되고 전극촉매층이 기체확산층 위에 형성되는데, 이 때 나피온 이오노머는 전극촉매층에서 전극촉매끼리 서로 잘 달라붙도록 하는 바인더 역할을 한다. 이오노머의 더욱 중요한 기능은 전해질막을 투과한 수소이온을 전극촉매층 내에 형성된 이오노머 채널을 통해 각각의 전극촉매 입자에 원활히 전달하는 역할을 수행한다. 이러한 나피온 이오노머의 도입으로 단순히 백금 전극촉매만을 코팅한 것과 비교하여 현저히 백금의 사용량을 줄이게 되었다.

실제로 공기극 전극촉매층을 확대하여 보면, 〈그림 3-20〉과 같은 형상을 하고 있다. 먼저 담체인 카본블랙 입자들이 전기가 통할 수 있도록 모두 물리적으로 접촉되어 있으며, 최종적으로는 접촉해 있는 기체확산층을 통해 외부와 전자를 주고받는 것이 가능하다. 담체로 공급된 전자는 담체표면의 백금촉매 표면으로 전달되어 산소의 환원반응에 사용된다.

다음은 담체 표면 및 백금촉매에 붙어 있는 나피온 이오노머이다. 이러한 나피온 이오노머와 물이 전극촉매층의 기공에 적절하게 분포하여 수소이온이 전도할 수 있는 채널을 전극촉매층 내에 형성하여야 하며, 이오노머 채널을 타고 이동한 수소이온은 최종적으로 백금촉매 표면으로 전달되어 산소 환원반응에 사용된다.

마지막으로 반응물인 공기가 원활하게 이동할 수 있도록 전극촉매층 내에 기체가 투과할 수 있는 기공 채널이 형성되어야 하며, 기공을 통해 이동한 산소는 백금촉매 표면에 흡착하여 산소 환원반응에 사용된다. 기공 채널은 그 외에 공기극의 산소 환원반응에 의해 발생한 물의 원활한 배출이 이루어지는 통로의 역할도 한다.

즉, 고체인 백금촉매 표면에 존재하는 전자, 액체인 수분에 존재하는 수소이온, 기체 중에 존재하는 산소의 세 가지가 동시에 만나야만 공기극의 산소 환원반응이 일어나게 된다. 이와 같이 백금(고체), 물(액체), 공기(기체)의 세 가지가 동시에 만나는 계면을 삼상계면(three-phase boundary)이라고 하며, 성능이 우수한 공기극 전극촉매층을 만들기 위해서는 이러한 삼상계면의 형성이 잘 되어야 한다. 이러한 삼상계면의 형성에는 전극촉매층 내의 이오노머의 함량이 중요한 역할을 하며, 〈그림 3-21〉에 보이는 바와 같이 전극촉매층의 이오노머 함량이 25 ~ 35 % 사이일 때, 최적의 활성을 보인다. 저전압 운전으로 연료전지에서 흐르는 전류밀도가 높아질수록 이오노머 함량의 최적화가 더욱 중요해짐을 알 수 있다.

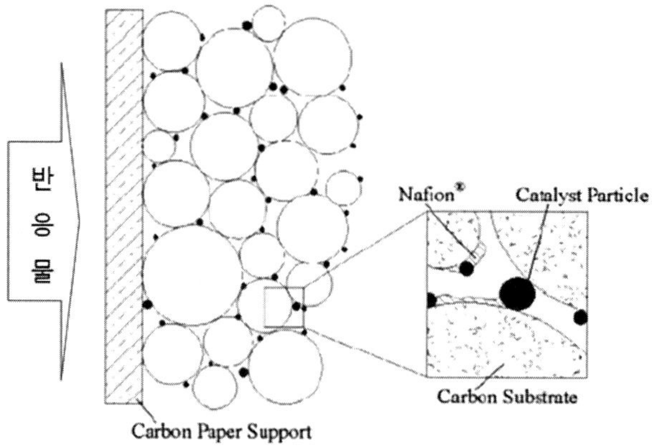

| 그림 3-20 | 공기극 전극촉매층을 확대한 구조 및 삼상계면의 모식도

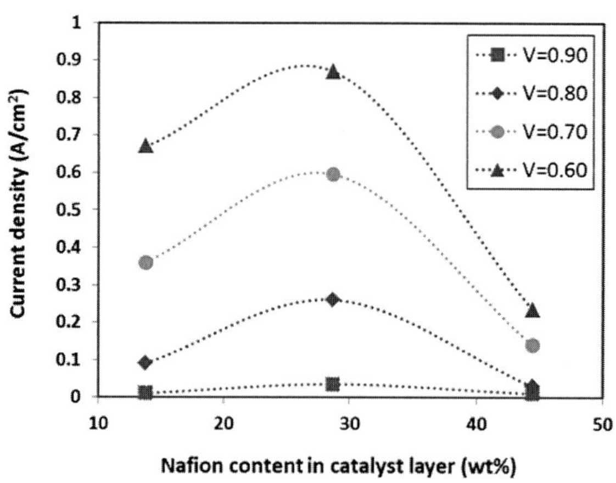

| 그림 3-21 | 전극촉매층의 이오노머 함량에 따른 연료전지 성능

위와 같이 전극촉매가 코팅된 연료극 기체확산층과 공기극 기체확산층을 각각 만든 후, 전해질막을 사이에 끼우고, 고온에서 프레스기로 압축하면 연료극 기체확산층-연료극 전극촉매층-전해질막-공기극 전극촉매층-공기극 기체확산층으로 이루어진 5-layer 막전극접합체가 완성되게 된다. 〈그림 3-22〉에 이와 같이 제조한 막전극접합체의 사진 및 그 구조를 나타내었다.

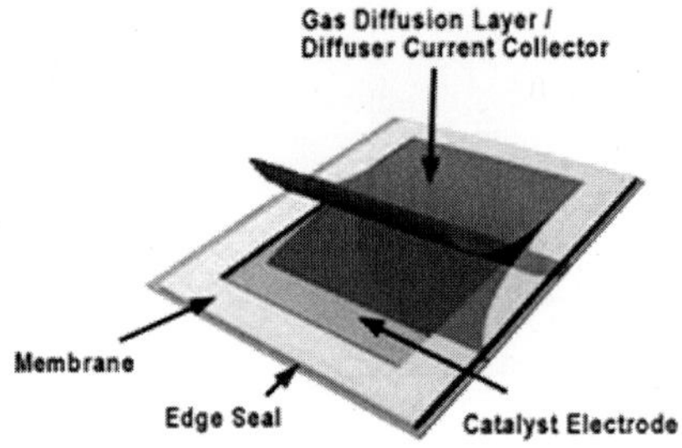

| 그림 3-22 | 5-layer MEA 실물 사진 및 7-layer MEA의 구조도

CCM의 경우에는 나피온막의 팽윤현상 때문에 안정적인 코팅을 하기가 매우 어렵다. 나피온막이 팽윤되는 것을 최대한 억제하기 위해 나피온막을 적당한 온도의 가열판 위에 올린 채로 전극촉매 용액을 코팅하는 방법도 있으며, 다양한 방법들을 고안하고 있다.

CCS와 CCM을 비교하면, CCS는 전극촉매층과 GDL의 계면접촉이 우수하며, CCM의 경우에는 반대로 전극촉매층과 전해질막의 계면접촉이 우수하다. 따라서 막전극접합체 성능의 관점에서는 CCM이 유리하고, 막전극접합체 제조의 관점에서는 CCS가 유리하다. 〈그림 3-23〉은 5-layer 막전극접합체의 계면을 확대한 SEM 사진이다. 단면이미지를 보면 가운데의 약 50 μm 두께를 가지는 전해질막의 양쪽에 전극촉매층이 코팅된 것을 볼 수 있는데, 더 두껍게 코팅된 면이 공기극 전극촉매층이다. 전극촉매층 바깥의 검은 색 부분은 기체확산층 부분이다. 또한 전극촉매층-전해질막 경계면의 확대사진을 보면 전극 촉매입자들의 형상을 볼 수 있다.

막전극접합체는 단독으로의 성능만을 고려하는 것은 불충분하며, 반드시 적용되어질 스택의 운전조건에 최적화된 물성을 가지고 있어야 한다. 또한 최적의 조합을 가지는 기체확산층과 함께 사용될 때에 최상의 성능과 내구성을 발휘할 수 있다.

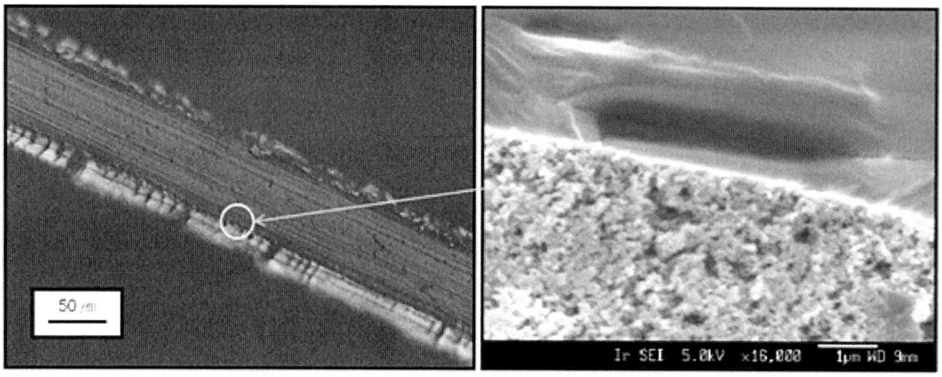

단면이미지　　　　　　　　전극-막 계면 확대 이미지

| 그림 3-23 | 막전극접합체에서의 전해질막과 전극촉매층 사이 계면의 SEM 사진

3.5 기체확산층

기체확산층은 고분자 전해질 막에 전극촉매층을 코팅한 이후에 그 바깥쪽을 샌드위치와 같이 덮어주는 전도성을 띠는 다공성의 판상 소재이며, 전극촉매층과 분리판 사이에 위치하여 분리판에 의해 전극촉매층이 손상되지 않도록 완충작용도 한다. 기체확산층은 보통 GDL(gas diffusion layer)로 줄여 부른다. 앞에서 언급된 바와 같이 연료극 쪽 기체확산층은 별 문제가 되지 않으며, 공기극 기체확산층 쪽이 요구특성이 훨씬 많은데 공기극 기체확산층이 가져야 할 기능은 다음과 같다.

① 공기극 전극촉매층의 외곽을 덮어 공기 또는 수분의 흐름에 의한 전극촉매층의 손상을 방지할 것

② 우수한 전기전도성을 가질 것

③ 공기극 전극촉매층과 전기전도성이 우수한 접촉계면을 형성할 것

④ 분리판과 전기전도성이 우수한 접촉계면을 형성할 것

⑤ 공기극 전극촉매층으로의 공기의 공급이 원활하게 될 것

⑥ 공기극 전극촉매층에서 생성되는 수분의 배출이 원활하게 될 것

⑦ 공기극 전극촉매층 및 전해질막의 습도를 일정하게 유지할 것

⑧ 막전극접합체의 체결 및 분리 시에 일정한 치수 안정성 및 복원특성을 가질 것

⑨ 내화학성을 가질 것

⑩ 소재의 품질관리가 용이할 것

위와 같이 복합적인 요구 특성들이 있는데, 이를 충족시키고자 하면, 일단 내화학성을 가지면서 시트 형태로 제조가 가능한 탄소계 소재가 적절하다. 이러한 탄소계 소재로는 〈그림 3-24〉에 보이듯이 직물(cloth), 펠트(felt), 페이퍼(paper)가 있는데, 이 중 카본 펠트가 가장 우수한 특성을 보이고 있다. 탄소 직물의 경우에는 전극촉매층 또는 분리판과의 계면접촉 특성이 좋지 않다. 페이퍼의 경우는 탄소섬유(carbon fiber)가 주로 이차원적으로 연결되어 있고, 제조가 용이하나 두께 방향의 탄성특성이 좋지 않아 기체확산층으로서의 기능이 약하다. 펠트의 경우는 탄소섬유가 3차원적으로 서로 엉켜 있어, 두께 방향의 탄성특성이 좋아 성능에서 우수하다. 하지만 제조공정이 보다 까다롭고 제품의 품질관리가 어려운 단점이 있다. 또한 가격적인 측면에서도 펠트가 페이퍼보다 고가이다.

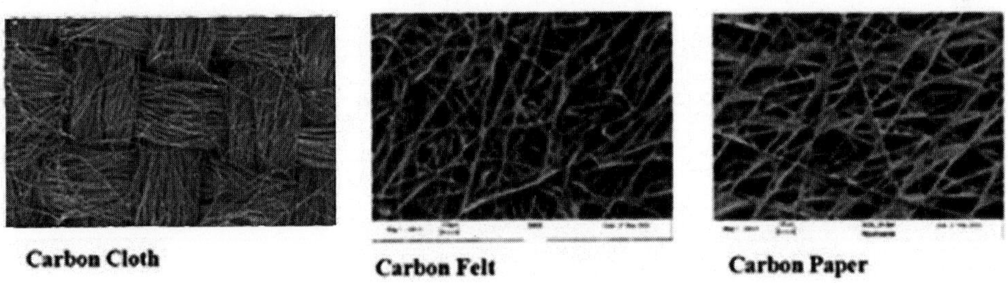

| 그림 3-24 | 카본 직물, 카본 펠트, 카본 페이퍼의 현미경 사진

일반적인 기체확산층은 〈그림 3-25〉와 같은 구조를 가진다. 카본 펠트로 이루어진 다공성의 판상 기본 소재가 바탕이 되며, 수분의 배출과 공기의 유입을 원활히 하기 위해 적절한 발수성을 가지도록 이 기본 소재에 불소계 고분자(PTFE, PloyTetraFluoroEthylene) 함침을 한다. 이러한 불소계 고분자 함침은 기체확산층의 발수성을 증가시키지만, 함침이 과도하게 될 경우는 전기전도성이 떨어지고 기체확산층의 기공이 감소하여 유입 기체의 확산 또는 물의 배출을 저해하므로 주의하여야 한다.

또한 기본 물질의 경우 커다란 기공들이 존재하므로 전극촉매층과의 계면 접촉저항 감소, 전극촉매층의 습도 유지, 전극촉매의 보호 등의 기능이 더 잘 되도록 기체확산층의

한 쪽 면에 카본블랙을 기본물질에 스며들도록 코팅한다. 이렇게 형성된 카본 블랙층은 미세기공층(MPL, microporous layer)이라고 부른다. 이 미세기공층은 CCS 타입의 막전극접합체를 제조할 경우에 기체확산층 표면에만 전극촉매층을 형성하게 하는 역할도 한다. 만약 미세기공층이 없다면, 기체확산층 내부에도 전극촉매가 코팅되게 되어 촉매활성의 손실이 발생하게 된다.

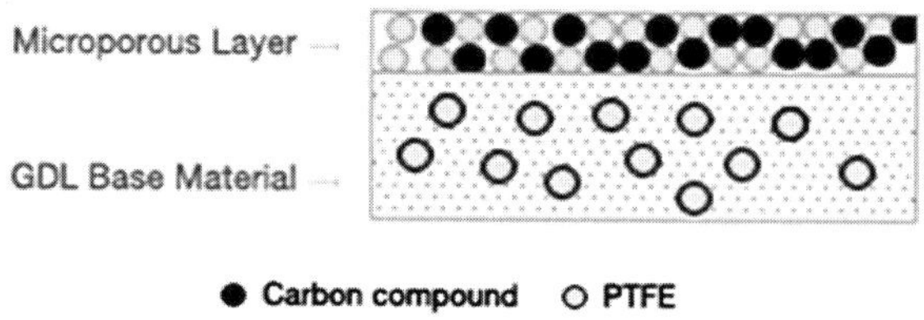

| 그림 3-25 | 일반적인 기체확산층의 구조

기체확산층을 테플론과 같은 불소계 고분자를 이용하여 발수처리를 하지 않을 경우에 연료전지의 작동에 따라 기체확산층이 완전히 물로 젖는 현상이 일어날 수 있는데 이를 '젖음(flooding)'이라고 부른다. 젖음이 일어나면, 전극촉매층 내에서의 삼상계면의 형성이 되지 않아, 백금촉매로의 산소의 공급이 매우 어려워진다. 발수처리를 한 경우와 하지 않은 경우의 연료전지 성능은 〈그림 3-26〉과 같으며, 전류량이 증가함에 따라 생성되는 물의 양이 증가하므로, 발수 처리되지 않은 기체확산층을 쓸 경우 더욱 낮은 전류밀도에서 일찍 물질전달 저항 영역에 도달하는 것을 볼 수 있다.

기체확산층의 두께가 너무 얇으면 전극촉매층과 분리판 사이에서 전기적인 접촉이 잘 일어나지 않으며 또한 스택 체결 시의 압축에 대해 충분한 완충작용을 하지 못한다. 반대로 기체확산층이 너무 두꺼워지면 기체확산층을 통한 반응물이나 생성물의 이동이 어려워지고 전기저항이 증가하게 된다. 그러므로 기체확산층은 적정수준의 두께를 유지하여야 한다.

기체확산층의 일반적인 제조 공정은 〈그림 3-27〉과 같다. 먼저 탄소 섬유를 잘게 자른 후 이를 적절한 용매에 분산시킨다. 이와 같이 하여 제조한 탄소 섬유 슬러리를 이용하여 펠트 또는 페이퍼 타입으로 기본물질의 성형을 한다. 이후에 탄소 섬유 사이의 접촉을 강하게 하고 바인더 및 잔류물을 제거하기 위한 고온 소성을 실시한다. 기체확산층에 발수성을 주기 위해 테플론을 함침시킨 후 건조시킨다. 마지막으로 미세기공층을 코팅한 후 건조시키면 기체확산층 제품이 완성된다. 이상의 공정에서 테플론 함침과 미세기공층 코팅의 순서는 상황에 따라 바뀔 수도 있다.

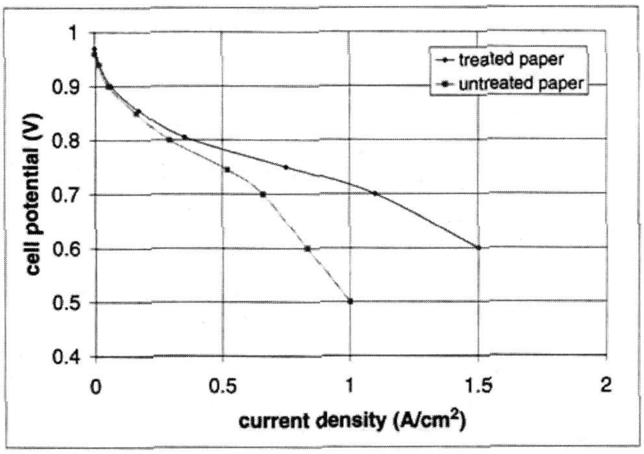

| 그림 3-26 | GDL의 발수처리 여부에 따른 연료전지 성능

일반적으로 기체확산층으로 동일한 기본물질을 사용하여도 미세기공층의 두께가 증가함에 따라 기체확산층의 두께가 증가하고, 동시에 공기투과도가 감소함을 볼 수 있다. 전기저항 역시 두께의 증가에 따라 증가한다.

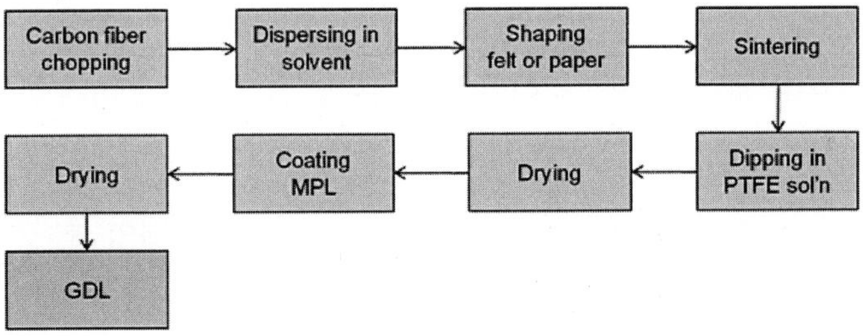

| 그림 3-27 | 일반적인 GDL 제조 공정

기체확산층은 일반적으로 롤 형태로 판매하며, 소량의 경우에는 시트 형태로 공급하기도 한다. 대표적인 기체확산층 회사로는 독일의 SGL사와 일본의 Toray사가 널리 알려져 있다.

| 그림 3-28 | 롤 형태 기체확산층

| 그림 3-29 | 시트 형태의 기체확산층

SGL사에서는 SIGRACET라는 제품명의 기체확산층을 생산하고 있으며, 이는 1X, 2X, 3X 시리즈로 나뉜다. 1X 시리즈는 펠트 타입으로서 두께가 가장 두꺼운 편(300 μm 후반에서 400 μm 초반)이고, 2X와 3X 시리즈는 페이퍼 타입으로 각각 200 μm, 300 μm 대의 두께를 가지고 있다. 펠트 타입은 3차원 구조로 탄소섬유 조직이 매우 복잡하게 모든 방향으로 얽혀 있으며, 페이퍼 타입은 이차원 방향으로 펠트 타입에 비해 탄소섬유 조직이 선형의 층상구조를 이루고 있다. 따라서 펠트 타입은 페이퍼 타입에 비해 압축성과 탄력성이 뛰어나다. 이러한 장점 때문에 펠트 타입은 PEMFC 시스템이 동작하는 동안 전해질막의 팽윤과 같은 부피 변화를 상쇄하면서 균일한 전기접촉을 유지하는데 있어 페이퍼 타입에 비해 유리하다. SGL에서 처음 생산한 10, 20, 30 기체확산층은 1세대 기체확산층으로서 두께의 편차가 40~70 μm로 꽤 큰 편이다. 이후 생산된 21, 31 기체확산층은 2세대 기체확산층으로서 1세대 20, 30 기체확산층에 비해 기공률(porosity)을 늘린 것이다. 즉 20, 30 기체확산층은 약 80~85 %의 기공률을 가지고 있는데 비해, 21, 31 기체확산층은 85~90 %의 기공률을 가지고 있다. 24, 25, 34, 35 기체확산층은 3세대 기체확산층으로서 두께 편차가 30 μm로 많이 향상되었다.

SGL사의 기체확산층은 고유의 표기양식을 가지고 있는데 〈그림 3-30〉과 같은 의미를 가지고 있다. 예를 들면 10BC는 두께 400 μm 정도의 펠트 타입으로 테플론 처리가 5 wt% 되고 미세기공층 코팅이 타입 C(약 4.8 mg/cm^2)로 되어 있는 기체확산층을 뜻한다. 테플론 함침량은 5 wt%가 표준으로 적정한 양이다.

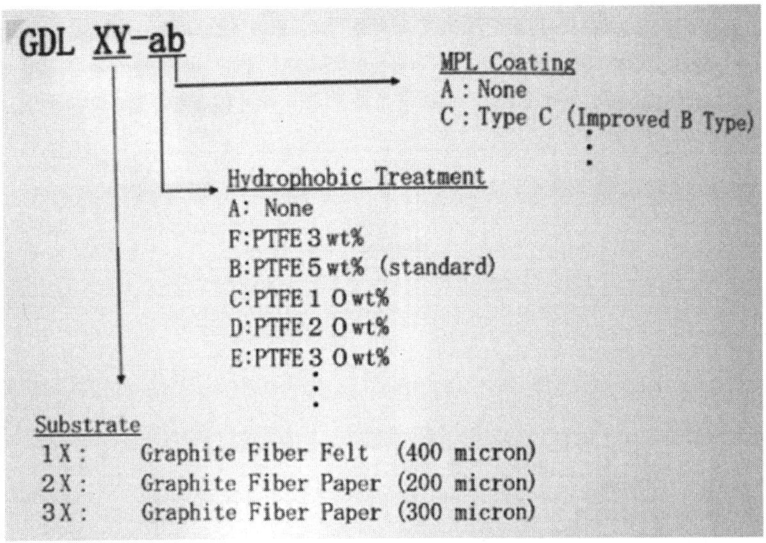

| 그림 3-30 | SGL사 기체확산층의 명명법

SGL사에서 판매하는 기체확산층의 경우에 동일한 제품명임에도 의외로 물성의 편차가 존재한다. 이는 실제 기체확산층 제조공정에서의 품질관리가 매우 어려움을 뜻하며, 동일한 제품명의 기체확산층이라도 사용하기 이전에 정확한 물성을 재차 확인하여야 함을 뜻한다. 이러한 기체확산층 물성의 차이는 비단 판매하는 롤마다 뿐만이 아니고, 동일한 롤에서도 종방향(machine direction) 및 횡방향으로 편차가 존재할 수 있다.

기체확산층은 다양한 물성을 충족시켜야 하며, 국내의 JNTG사에서는 〈그림 3-31〉에 보이듯이 무게, 두께, 전기 전도도, 기체 투과도, 기계적 강도, 접촉각, 기공도, 유연성과 같은 다양한 항목에 대해 기체확산층의 품질관리를 하고 있다.

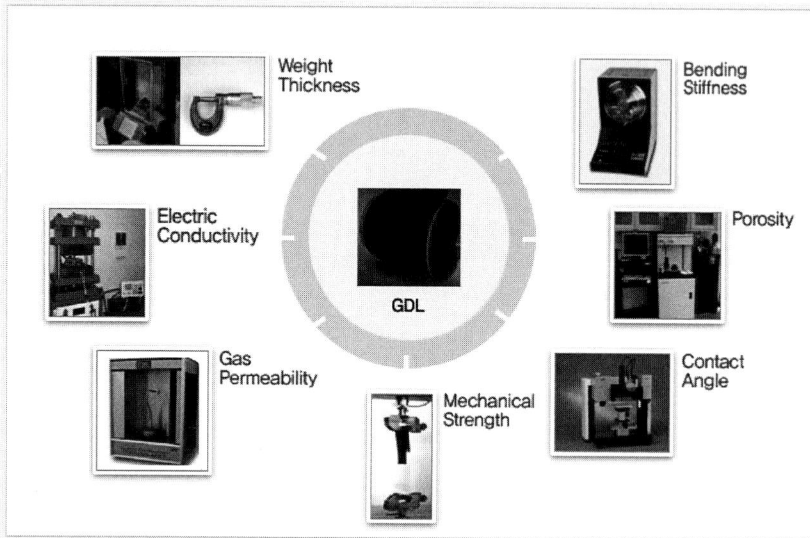

| 그림 3-31 | JNTG사의 기체확산층 품질 관리 항목

Ballard Materials사에서 출발한 AvCarb사에서도 독자적인 공법을 이용한 저가의 기체확산층을 제조하고 있으나 아직 성능이 미흡하여 시장에서 인정받지는 못하고 있다. AvCarb사의 기체확산층 제품인 AvCarb는 탄소 섬유에서 출발하지 않고, PAN(PolyAcryloNitrile) 섬유를 이용하여 먼저 기체확산층 형태를 만든 후 나중에 소성하여 이를 탄화시키는 공정이다. 이러한 제조방법은 제조단가는 매우 낮으나 아직까지 만족할만한 성능을 보여주지는 못하고 있다. 그 외에 E-Tek사의 기술을 인수한 NuVant사에서는 탄소 직물 및 탄소 페이퍼를 이용한 ELAT 기체확산층을 생산하고 있다.

일반적으로는 SGL사의 것이 가장 많이 쓰이며, 그 뒤로 Toray사의 기체확산층도 많이 사용되고 있다. 국내에서는 제이앤티지(JNTG, 예전의 협진)사에서 기체확산층을 생산하고 있다. 하지만 기체확산층의 원재료인 탄소 섬유는 수입하여 제조하고 있다.

가격적인 면에 있어서 기체확산층의 가격은 전해질막에 비교될 정도로 고가이며, 막전극접합체 1장을 제조할 경우에 전해질막은 1장이 기체확산층은 2장이 소요되므로 실제 PEMFC 스택의 원가 구성에서 기체확산층의 가격비중은 매우 높다, 따라서 이의 가격 저감이 필수적이다.

3.6 분리판

분리판은 스택의 제조 시에 막전극접합체로 구성된 각각의 셀을 분리하는 역할을 한다. 직렬로 연결된 셀들에 공급되는 수소와 공기가 섞이지 않게 하면서, 셀 간의 전기적 연결은 원활이 이루어지게 한다. 분리판은 영문명으로는 separator 또는 bipolar plate라고 부른다. 〈그림 3-32〉에 분리판의 예를 들었다. 왼쪽 위와 오른쪽 아래는 기체가 흐르는 구멍이며, 선들은 분리판에 파여진 홈으로 된 유로를 나타낸다. 예를 들면 왼쪽 위의 유입구로 공기가 흘러 들어와서 유로를 통해 흐르고 오른쪽 아래의 배출구로 공기가 흘러 나가게 된다.

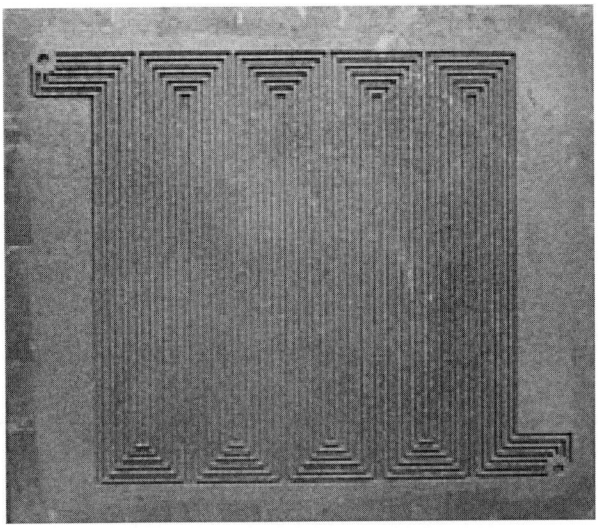

| 그림 3-32 | 7-channel serpentine 분리판

PEMFC용 스택의 분리판에서 중요한 것은 어떠한 유로(flow field)를 사용할 것인가인데, 예전에는 〈그림 3-33〉에 보이는 것과 같이 평행형(parallel type), 맞물림형(interdigitated type), 사행형(serpentine type) 등의 다양한 유로가 고안되었다. 맞물림형 유로의 경우에는 유입구와 배출구가 직접 연결되지 않지만, 기체확산층을 통해 기체가 스며들었다가 나오는 형태로 기체 흐름이 연결되게 된다. 현재는 대부분 serpentine 형태의 구불구불한 유로 또는 이의 변형된 형태를 사용하고 있다.

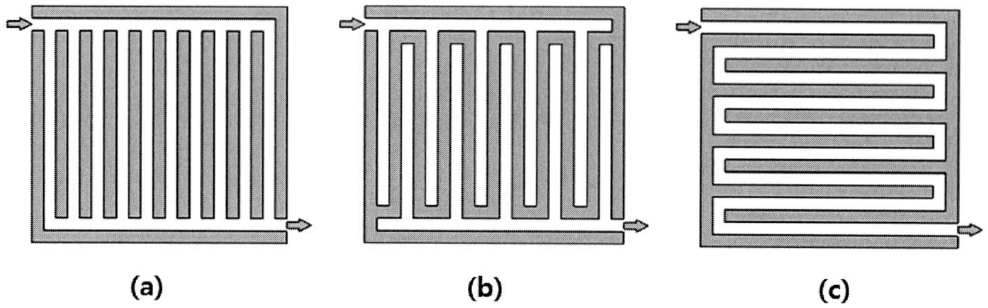

| 그림 3-33 | 다양한 유로 형태: (a)parallel, (b)interdigitated, (c) serpentine

Serpentine 형태의 유로의 예를 〈그림 3-34〉에 나타내었는데, single-channel serpentine 유로의 경우는, 한 개의 경로로만 기체가 흘러가며, 3-channel serpentine 유로의 경우에는 3개의 경로로 기체가 흐르는 것을 볼 수 있다. 이처럼 multichannel-serpentine 유로의 경우에는 채널의 수에 따라 이름을 부르며, 이 외에도 다양한 변형된 serpentine 유로가 존재한다.

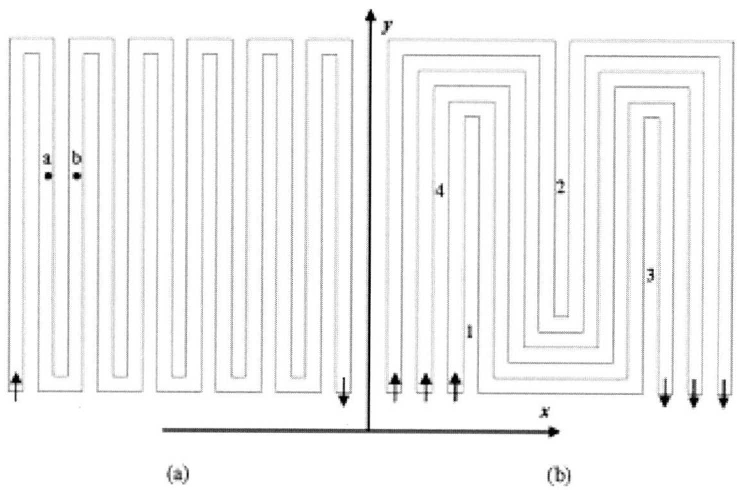

| 그림 3-34 | (a) 1-channel serpentine, (b) 3-channel serpentine

분리판의 소재로는 흑연을 사용하지만, 흑연에는 미세한 기공이 있어 기체가 투과할 수 있다. 이를 막기 위해 흑연에 고분자 수지를 함침한 것을 많이 사용한다. 분리판 상에 유로의 가공은 일반적인 기계 가공으로 수행할 수 있으나, 기계 가공은 작업성이 좋지 않으며 가격 또한 고가이다. 이를 보완하기 위하여 흑연분말을 도전성 고분자와 함께 압축 성형하여 분리판을 찍어내는 공정이 더욱 널리 사용되고 있다.

분리판은 전도성, 기체의 비투과성, 그리고 내부식성을 동시에 가져야 하므로 흑연을 주로 소재로 많이 사용한다. 하지만 흑연을 분리판의 소재로 사용할 경우에, 두께가 두꺼워지고 가공성의 문제가 항상 존재하므로, 이를 해결하기 위하여 금속 분리판을 사용하고자 하는 시도도 많이 되고 있다. 최근에는 자동차용 PEMFC 스택에 스테인레스강 계열의 금속분리판이 적용되고 있다. 이러한 금속 분리판은 위에서 아래로 누르는 스탬핑(stamping)에 의해 손쉽게 찍어낼 수 있으므로 그 가격이 현저하게 감소하게 된다. 하지만 금속 분리판의 내부부식성을 향상시키기 위해서는 표면에 질화크롬이나 탄소와 같은 소재로 내부식성 코팅을 추가적으로 하여야 한다.

3.7 개스킷

막전극접합체와 분리판을 적층하여 그냥 사용하면, 외부로 기체가 누출되게 된다. 이를 막기 위해 고무재질의 개스킷을 분리판과 막전극접합체 사이에 사용한다. 개스킷 또한 우수한 내구성 및 내화학성이 요구된다.

개스킷의 실물 사진을 〈그림 3-35〉에 나타내었으며, 사진에 보이는 것과 같이 별도의 개스킷을 제작하여 사용하거나, 〈그림 3-36〉과 같이 분리판에 개스킷이 일체형으로 부착된 것을 사용하기도 한다.

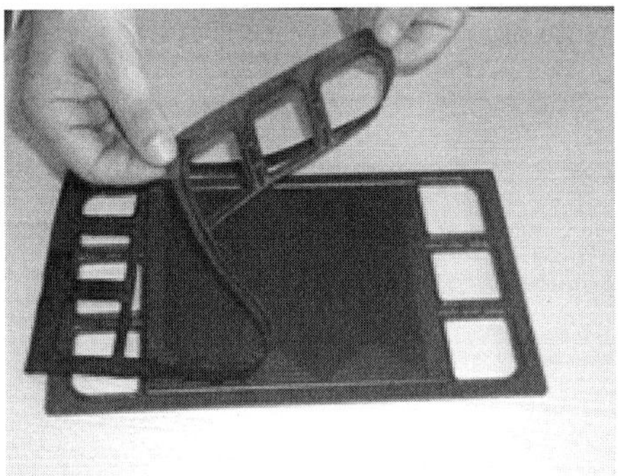

| 그림 3-35 | 개스킷 설치 모습

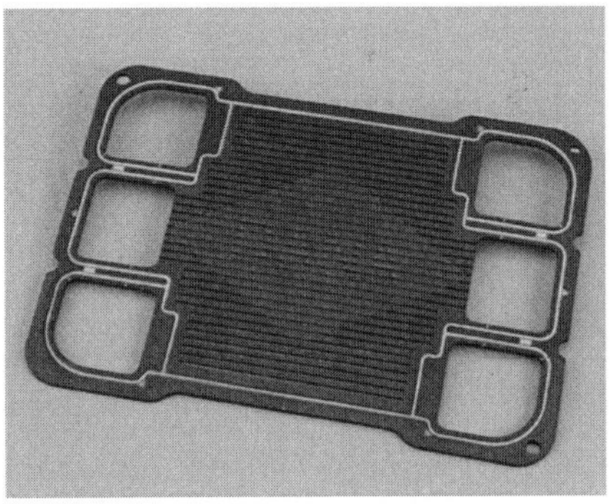

| 그림 3-36 | 분리판 일체형 개스킷

일반적인 PEMFC 스택의 사진을 〈그림 3-37〉에 나타내었다. 연료전지 반응에서는 전기뿐만 아니라 열도 발생하므로, 이의 제거를 위해 스택에 공기(공냉식) 또는 물(수냉식)을 흘려서 냉각을 하게 된다. 〈그림 3-37〉을 보면 위쪽에 전기를 뽑아내기 위한 단자가 있고, 외곽 부분에는 스택을 체결하기 위한 볼트가 있으며, 그 안쪽으로 세 개의 연결부위가 있는 것을 볼 수 있다. 이 연결부위는 각각 수소, 공기, 냉각수를 흘리기 위한 통로이다.

| 그림 3-37 | 수랭식 PEMFC 스택

단원정리

1. PEMFC는 연료공급 시스템, 공기공급 시스템, 스택, 전력변환 시스템, 냉각 시스템, 컨트롤 시스템으로 구성된다.

2. PEMFC에서 직접 발전이 이루어지는 부분은 스택이며, 스택은 전해질막, 전극촉매, 기체확산층, 개스킷, 분리판, 집전판, 절연판, 끝판, 유체 연결 장치, 체결 장치로 구성된다.

3. 고분자 전해질 막은 불소계 고분자인 나피온이 대표적으로 사용되며, 나피온은 황산기를 띠고 있어 수분으로 함침되면 우수한 수소이온 전도성을 가진다.

4. 전극촉매는 이오노머와 함께 코팅되어 전극촉매층을 형성하며, 실제로 연료전지 전기화학 반응이 일어나는 소재이다. 탄소에 담지된 백금을 전극촉매로 사용하며 이를 대체하기 위한 많은 연구가 진행되고 있다.

5. 백금계 전극촉매는 CO나 황에 의해 피독이 되게 되며, 이러한 피독에 의한 성능저하가 우려될 경우에는 이에 대해 저항성을 가지는 Pt-Ru 합금촉매를 사용한다.

6. 이오노머는 전극촉매층 내에서 수소이온이 전달되는 채널을 형성한다.

7. MEA(막전극접합체)는 주로 전해질막에 전극촉매층이 코팅된 제품을 말하며, 기체확산층까지 합쳐진 것은 5-layer MEA라고 한다.

8. MEA의 제조법에는 전해질막에 전극촉매를 코팅하는 CCM과 기체확산층에 전극촉매를 코팅하는 CCS가 있다.

9. 기체확산층은 탄소섬유로 만들어진 판상 소재이며, 기체의 확산, 전기전도, 전극촉매층의 유실방지 등의 기능을 한다.

10. 분리판은 스택에서 직렬로 연결된 셀들에 공급되는 수소와 공기가 섞이지 않게 하면서, 셀 간의 전기적 연결은 원활이 이루어지게 한다. 분리판은 보통 serpentine 유로를 사용하며, 소재는 흑연이나 내부식성 코팅이 된 금속을 사용한다.

11. 고무재질의 개스킷을 분리판과 막전극접합체 사이에 적용하여 기체의 누출을 방지한다.

CHAPTER 4

고체산화물 연료전지

1. 고체산화물 연료전지의 작동 원리
2. 고체산화물 연료전지의 구조 및 특성
3. 고체산화물 연료전지의 구성 재료
4. 고체산화물 연료전지 시스템 기술

고체산화물 연료전지는 주요 구성품들이 세라믹 소재로 되어 있어 매우 높은 온도에서 작동되어진다. 수소 연료전지 반응의 특성상 열역학적으로는 온도가 증가함에 따라 기전력(열역학적 자유에너지 변화 절대치에 해당)이 감소하나, 고온으로 인해 전기화학 반응 속도가 빨라져 에너지 변환 효율이 높게 나타난다. 이것은 온도가 증가함에 따라 전기화학적 에너지 손실인 과전압이 감소하기 때문이다. 실제 고체산화물 연료전지는 60 %의 높은 전기 발생 효율을 나타내고 있다. 그래서 연료전지의 효율을 높이기 위해서는 열역학적인 구동력 보다는 전기화학적인 반응속도가 우선적으로 고려되어야 함을 알 수 있다.

고체산화물 연료전지의 특성은 기존의 화력발전에 비해 효율이 높고 공해가 적으며, 복합발전이 가능하다는 것이다. 연료전지의 원리는 1839년 영국 Grove경에 의해 최초로 수용액인 황산전해질에서 보고되었으며, 고체산화물의 경우는 1899년 Nernst 이론의 발견 후 1937년 Baur와 Preis에 의해 최초로 고체산화물 연료전지의 작동 가능성이 보고되었다. 저온형 연료전지는 기하학적으로 평판형 연료전지만 기술이 개발되고 있으나, 고체 산화물 연료전지는 셀 지지체의 기하학적인 모양에 따라 원통형, 평판형, 평관형 등 다양한 모양의 기술이 개발되고 있다. 이것은 세라믹 소재의 특성상 열충격에 대한 저항성을 최소화하고 대형 전지 제작을 쉽게 하기 위한 목적 때문이다. 또한 지지체 형상 외에 전지구조에 따라서 전해질 지지형, 연료극 지지형, 공기극 지지형, 세라믹 지지형, 금속 지지형 등으로 분류하여 기술 개발이 진행되고 있다.

고체산화물 연료전지는 저온형 연료전지에 존재하는 용액 부식 문제, 고가 전극촉매, 전해질 제어, 외부 개질기 도입 등의 단점은 없으나, 고온에서 작동되기 때문에 재료간의 반응문제, 소재 성능 향상, 스택 내구성, 열사이클 등이 주요한 이슈로 대두되고 있다. 대부분의 문제들은 재료와 관련되어 있으며, 특히 고체산화물 연료전지를 실용화하기 위해서는 수명이 길고 성능이 우수한 전해질, 전극, 단전지, 스택 기술이 필요하다.

본 장에서는 고체산화물 연료전지의 원리, 특성을 기술하고 종류별, 각 구성요소, 기술 연구개발 현황을 검토하였으며, 나아가 앞으로 해결되어야할 과제들을 기술해 놓았다. 이를 통하여 고체산화물 연료전지의 원리를 이해하고 기술 개발을 촉진하는데 도움이 되고자 한다.

1 고체산화물 연료전지의 작동 원리

1.1 SOFC의 원리

고체산화물 연료전지(solid sxide fuel cell)는 700~1,000 ℃의 고온에서 높은 산소 이온 전도도를 갖는 지르코니아와 같은 세라믹 전해질을 사용한다. 고체산화물 연료전지는 〈그림 4-1〉과 같이 전해질의 양면에 다공성 전극을 부착하고 연료극(anode)쪽에는 도시가스, 바이오가스, 석탄가스 등과 같이 수소를 포함한 연료를 흘러 주고 공기극(cathode)쪽에는 산화제로 공기를 흘러 보내어 전기화학 반응을 일으켜 전기를 발생시킨다.

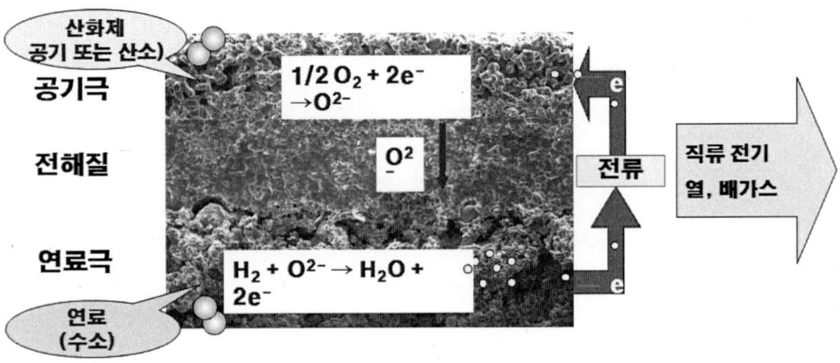

| 그림 4- | 고체산화물 연료전지의 기본 구성 및 원리

이때 고체산화물 연료전지 반응을 살펴보면, 공기극에서는 외부 회로를 통해 연료극으로부터 이동해 온 전자가 공기 중의 산소와 만나 산소이온이 되고 산소이온은 전해질을 통해 연료극으로 이동하게 된다. 연료극으로 공급된 수소는 수소이온이 되면서 전자를 내어놓고 전해질을 통해 이동해 온 산소이온과 만나 물을 형성하면서 연료전지 반응을 완료하게 된다. 또한 연료극에서는 메탄의 내부개질로 인해 존재하는 일산화탄소도 전해질을 통해 이동해 온 산소와 만나 이산화탄소가 되면서 전자를 내어놓고 연료전지 반응에 기여를 한다. 고체산화물 연료전지의 연료극에서 발생하는 산화반응식과 공기극에서 발생하는 환원반응식 및 전체의 전기화학반응식을 다음에 나타내었다.

연료극 반응: $H_2 + O^{2-} \rightarrow H_2O + 2e-$

$CO + O^{2-} \rightarrow CO_2 + 2e-$

공기극 반응: $O_2 + 4e- \rightarrow 2O^{2-}$

전체반응 : $H_2 + 1/2O_2 \rightarrow H_2O$

$CO + 1/2O_2 \rightarrow CO_2$

고체산화물 연료전지의 기본적인 구성소재는 단전지를 구성하는 전해질, 공기극, 연료극과 단위전지를 전기적으로 연결해주고 연료와 공기의 분리역할을 하는 연결재의 4가지가 핵심 구성요소이다. 각 구성요소의 역할을 간단히 요약하면 다음과 같다.

① 전해질

전해질은 공기극에서 생성된 산소이온을 연료극으로 이동시키는 기능을 하며 산소이온의 이동으로 전해질을 통해 전기흐름이 발생하게 된다. 산소이온은 전해질의 산소공공(oxygen vacancy)을 통해 이동하게 되며, 산소이온의 이동은 산소이온과 공공의 위치 교환을 통해 이루어진다. 산소이온 이동 속도는 전기적으로 전해질 저항으로 나타나며, 계측기를 통해 측정이 가능하다. 산소이온 이동속도는 전해질에 존재하는 공공의 농도와 공공과 산소이온의 위치 이동 속도에 의존한다.

산소공공 ↔ 산소이온

전해질의 재료는 산소이온 전도성 물질이어야 하며, 전자 전도성은 없어야 한다. 만약 전자 전도성이 존재하게 되면 전류 누설이 발생하여 연료전지의 효율을 떨어뜨린다. 전해질은 연료극의 환원성 분위기와 공기극의 산화성 분위기에 안정하여야 하며, 산소이온 이동을 쉽게 하도록 치밀한 박막으로 만드는 것이 좋다.

② 공기극

공기 중의 산소가 전극 표면에 흡착되어 산소원자가 되고 흡착된 산소 원자가 3상계면에서 전자와 만나 산소이온을 형성한다. 산소원자는 산소공공의 위치로 이동하여 전해질

내로 들어간다.

산소 + 산소공공 + 전자 → 산소이온

공기극의 반응 속도를 좌우하는 것은 전극 표면에서의 산소 흡착과 산소원자의 표면 확산이며, 빠른 속도로 전자가 이동할 수 있어야 한다. 공기극 소재는 산화분위기에서 안정하여야 하고, 산소의 확산을 쉽게 하기 위해 다공성이어야 한다. 또한 반응이 일어나는 3상계면을 많이 만들기 위해 공기극 촉매와 전해질의 복합체로 만들어야 한다.

③ 연료극

공급된 수소가 산소이온과 반응하여 수증기와 전자를 생성하는 반응영역이 연료극이다. 연료극에 공급된 수소는 전극에 흡착하여 수소 원자 형태로 되고 3상계면으로 이동하여 전해질을 통해 이동해 온 산소이온과 만나 물을 형성하면서 전자를 내어놓는다. 생성된 산소공공은 전해질을 통해 산소이온과 반대로 공기극 쪽으로 이동한다.

수소 + 산소이온 → 물 + 산소공공 +전자

연료극은 환원성 분위기에서 안정하여야 하기 때문에 Ni과 같은 금속 촉매를 사용할 수 있다. 연료극은 수소의 확산과 생성된 물을 쉽게 배출하기 위해 다공성이어야 한다. 또한 산소이온과 수소가 만나 반응을 일으키는 연료극촉매/전해질/기공이 만나는 3상계면을 많이 만들기 위해 전해질과 촉매의 복합체로 이루어져야 한다.

④ 연결재(interconnect)

연결재는 단전지 사이에 위치하여 단전지를 전기적으로 연결시켜주고 연료와 공기를 분리시키는 역할을 수행한다. 연결재는 셀의 구조에 따라 별도의 형태로 제조된다. 즉 평판형의 경우는 가스채널이 형성된 금속분리판 형태로 제작되어지고 관형의 경우는 다공성 단위전지의 한쪽 표면에 치밀막으로 코팅되어진다. 연결재는 전자전도성을 가져야 하고, 이온전도성이 있으면 연료손실이 발생하기 때문에 이온전도성은 없어야한다. 산화와 환원의 양쪽 분위기에서 사용되므로, 화학적으로 안정하여야 한다.

고체산화물 연료전지의 전기화학 반응 시 자유에너지의 변화 $\Delta G(J/mol)$는 일반적인 화학반응에서와 같이 표준 자유에너지 변화와 반응에 참여한 물질의 활동도의 함수로 표현된다. 고체산화물 연료전지의 경우 반응물인 수소, 일산화탄소, 산소 및 생성물인 수증기는 모두 가스 형태이기 때문에 활동도는 각 가스들의 분압의 함수로 표현할 수 있다. Nernst식을 적용하면 고체산화물 연료전지 반응의 자유에너지 변화와 전기화학반응에 수반되는 전위차 E(V) 사이에는 다음과 같은 관계가 성립한다.

$$\Delta G = \Delta H - T\Delta S = \Delta G^0 + RT\ln K = -nFE$$

[ΔG^0: 표준상태 연료전지 반응의 자유에너지 변화, R: 기체상수, T: 절대온도,

n: 전기화학 반응 시에 참여한 전자의 수, F: Faraday 상수, K: $P_{H2O}/(P_{H2}P_{02}^{\frac{1}{2}})$ 또는 $P_{CO2}/(P_{CO}P_{02}^{\frac{1}{2}})$

위의 식으로부터 연료전지 전기화학 반응의 전위차 식을 다음과 같이 구할 수 있다.

$$E(V) = -\frac{\Delta G^0}{nF} - \frac{RT}{nF}lnK = E^0 - \frac{RT}{nF}lnK$$

위 식에서 E^0는 표준 평형전위차이며, $E(V)$를 Nernst 전위차라 하는데 연료전지에서 얻을 수 있는 이론적인 최대 전위차를 의미한다. Nernst식으로부터 실제 연료전지의 반응에 참여하고 있는 물질의 분압을 고려할 경우 연료전지에서 얻을 수 있는 전위차를 구할 수 있으며, 연료전지에서 외부로 흐르는 전류가 없을 때 발생하는 개회로 전압(OCV, open circuit potential)이 이러한 Nernst 전위차에 근거를 하고 있다.

연료전지의 기전력, 즉 연료전지 작동 전압은 전류가 증가함에 따라 전기화학적인 반응 손실에 의해 이론적인 기전력 또는 개회로 전압보다는 항상 낮은 값을 나타낸다. 이러한 전기화학적인 손실을 과전압이라고 하며, 2장에서 설명된 바와 같이 3종류의 과전압인 활성화 과전압, 저항 과전압, 농도 과전압이 있다. 활성화 과전압과 농도 과전압은 연료전지의 공기극과 연료극의 전기화학반응에 의해 나타나며, 저항 과전압은 전해질 저항, 전극 자체의 전기적 저항 및 전극면의 접촉저항에 의해 나타난다. 공기극 환원반응에 의해 발생하는 과전압을 공기극 과전압(η_c), 연료극 산화반응에 의해 나타나는 과전압을 연료극 과전압(η_a)이라 하며 이들 두 과전압의 합은 연료전지의 전극반응에 의해 발생하

는 전극반응 과전압이라 부른다.

공기극의 활성화 과전압은 산소 분자의 흡착, 흡착된 산소원자의 전극 표면을 통한 확산, 전자와의 반응으로 산소이온이 생성될 때 발생하며, 연료극 과전압은 수소 분자의 흡착 및 수소 원자로의 해리, 흡착된 수소 원자의 산소이온과의 반응을 통한 수증기를 생성할 때 발생한다. 농도 과전압은 공기극 및 연료극 내에 산소 및 수소가 원활히 공급되지 않을 때 발생한다. 고체 산화물 연료전지는 반응 온도가 높기 때문에 이들 기체의 확산이 쉽게 일어나기는 하나, 전류가 높을 때는 반응에 참여하는 기체의 공급양이 부족하여 농도 과전압이 발생한다. 또한 전극 내 기공의 양이 적을 때도 반응 기체의 공급이 원활하지 않기 때문에 농도 과전압이 발생하게 된다. 공기극 과전압과 연료극 과전압은 모두 전극에서의 활성화 과전압과 농도 과전압에 의해 다음과 같이 나타내어진다.

$$\eta_c = \eta_{conc(c)} + \eta_{act(c)}$$

$$\eta_a = \eta_{conc(a)} + \eta_{act(a)}$$

따라서 실제로 고체산화물 연료전지에서 발생되는 기전력(V)은 이론적인 기전력에서 전체 전기화학적인 손실인 전체 과전압을 뺀 값으로 나타난다.

$$V = E - (\eta_c + \eta_a + \eta_{ohm})$$

고체산화물 연료전지의 전형적인 전지 성능 곡선을 〈그림 4-2〉에 나타내었다. 연료전지의 성능 곡선에 미치는 전기화학적 전압손실은 낮은 전류 밀도 영역에서는 활성화 과전압이 지배하며, 높은 전류밀도 영역에서는 농도 과전압이 지배한다. 중간 전류 밀도영역에서는 저항 과전압이 전지성능을 좌우하게 된다. 이것은 이론적인 과전압식으로 잘 설명되어진다. 일반적으로 반응은 두 가지 기구(mechanism)에 의해 일어나는데, 하나는 계면반응 율속 단계(interface-controlled reaction)이고 다른 하나는 확산 율속 단계 반응(diffusion-controlled reaction)이다. 활성화 과전압은 물질 이동이 비교적 자유로운 낮은 전류밀도에서 일어나는데, 이러한 반응은 전극의 계면에서 일어나기 때문에 계면반응 율속단계(rate-controlling step)에 해당된다. 반면에 농도 과전압은 물질 이동이 지배하는 높은 전류밀도 영역에서 발생하며, 이 영역에서의 반응은 전극 계면반응 보다는 물질의 이동 속도에 의해 전체반응이 지배되기 때문이다.

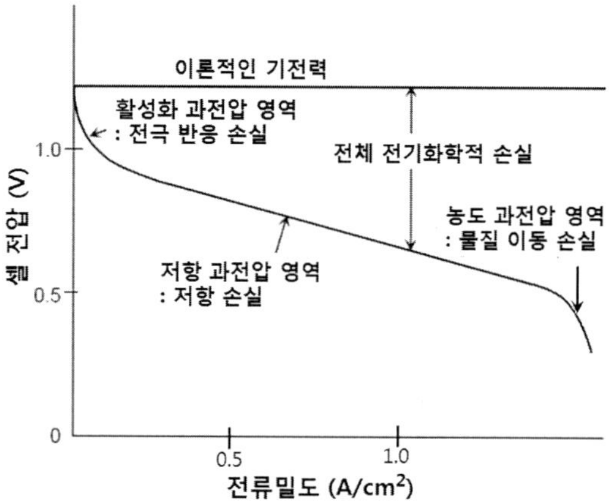

| 그림 4-2 | 고체산화물 연료전지의 전형적인 전류-전압 곡선

활성화 과전압은 전극과 전해질, 기체가 동시에 만나는 3상계면의 크기에 의존하며, 3상계면 반응 부분의 밀도가 높아지면 계면반응이 쉽게 되어 활성화 과전압은 감소하게 된다. 농도 과전압은 물질의 이동에 의존하므로 기체의 압력을 증가시켜 확산 공급량을 늘리거나 물질이동을 쉽게 하기 위해 기공도를 증가시키면 농도 과전압은 감소하게 된다. 농도 과전압은 전지의 한계 성능을 결정하는 가장 중요한 요인이다. 전류밀도가 계속해서 증가함에도 불구하고 반응 기체의 공급이 원활히 이루어지지 않으면, 결국 전극 반응 계면에서 반응 물질은 고갈되게 된다. 그 결과로 농도 과전압은 급격히 증가하게 되어 결국에는 한계 전류밀도(limiting current density)에 도달하게 된다. 따라서 한계 전류밀도는 고체산화물 연료전지가 생산할 수 있는 최대의 전류밀도에 해당된다. 연료전지가 농도 과전압 영역에 도달하면, 과전압의 급격한 증가가 발생할 수 있기 때문에 연료전지는 가급적 농도 과전압 영역보다 작은 전류밀도에서 운전하는 것이 바람직하다.

실제 고체산화물 연료전지는 농도 과전압이 발생되지 않는 전류밀도 영역(또는 전압 영역)에서 운전되고 있기 때문에 연료전지 운전 시 중요한 것은 활성화 및 저항 과전압이다. 활성화 과전압은 전극의 교환 전류밀도 또는 전하 이동저항(charge transfer resistance)에 의해 정의되어지고, 저항 과전압은 전지의 내부저항에 의해 정의되어진다. 그래서 연료전지의 성능곡선은 교환 전류밀도 및 전지 내부저항에 의해 여러 가지 형태로 특징지어질 수 있다.

① 전지 내부저항이 같고 교환 전류밀도가 높은 경우: 낮은 전류밀도에서의 전지 전압 강하량은 작아서 전지의 성능은 높게 나타난다. 이것은 동일한 내부저항을 갖는 전지의 경우 교환 전류밀도가 작게 되면 전지의 성능은 낮게 된다는 것을 의미한다.

② 교환 전류밀도는 같고 전지 내부저항이 낮을 경우: 내부저항이 높은 전지는 전압은 높게 나타나고 전지 내부저항이 작은 것은 전류가 증가함에 따라 빠른 속도로 전지 전압이 감소하여 한계 전류밀도에 도달하기 전에 전압은 제로에 도달하게 된다.

③ 전지 내부저항과 교환 전류밀도가 모두 높은 경우: 낮은 전류밀도에서는 전지 전압의 감소 속도가 크지 않고 전지 전압도 우수하나 어떤 임계 전류밀도를 경계로 해서 내부저항이 작은 전지의 성능이 높아지게 된다. 즉 전지의 교환 전류밀도가 큼에도 불구하고 전지 내부저항이 높은 전지의 경우 높은 전류밀도에서는 전지 전압의 감소 속도가 매우 커서 전지성능이 낮아지게 된다.

따라서 우수한 연료전지의 개발을 위해서는 전지의 교환 전류밀도는 높고 전지 내부저항이 작은 전지를 만드는 것이 중요하게 되며, 특히 교환 전류밀도가 높은 전지를 만드는 것보다는 내부저항이 작은 전지를 만드는 것이 더욱 중요함을 알 수 있다.

1.2 SOFC의 특징

〈그림 4-3〉에 고체산화물 연료전지의 에너지 흐름도를 나타내었다. 화력발전, 원자력발전과 같은 재래식 중앙발전 시스템은 대부분 연료를 태우거나(연소반응), 핵융합반응을 일으켜 발생된 열을 이용하여 증기 터빈과 같은 열기관을 작동시키고 그 다음 발전기를 돌려서 전기를 생산하게 된다. 반면에 연료전지는 연료가 갖는 화학에너지를 열에너지 및 기계에너지로 변환하는 단계가 없이 전기 화학반응에 의해 직접 전기를 생산한다. 재래식 중앙발전의 경우에는 열기관에 대한 카르노 순환(Carnot cycle)의 제한뿐만 아니라 에너지 변환단계의 복잡성으로 인한 에너지 손실이 크나, 연료전지는 에너지 변환단계가 적어 에너지 효율이 높게 나타난다. 그래서 고체산화물 연료전지는 최대 단위면적

당 수 W 이상의 높은 출력과 높은 효율을 나타낸다. 연료 측면에서는 수소와 함께 일산화탄소를 연료로 사용이 가능하여 연료의 제한 없이 대부분의 가스 연료 및 액체 연료도 사용이 가능하다. 석탄가스화 시스템과 연계하여 석탄가스화 시스템-연료전지 발전-가스터빈 발전-증기터빈 발전과 같은 복합발전이 가능하다는 이점이 있다.

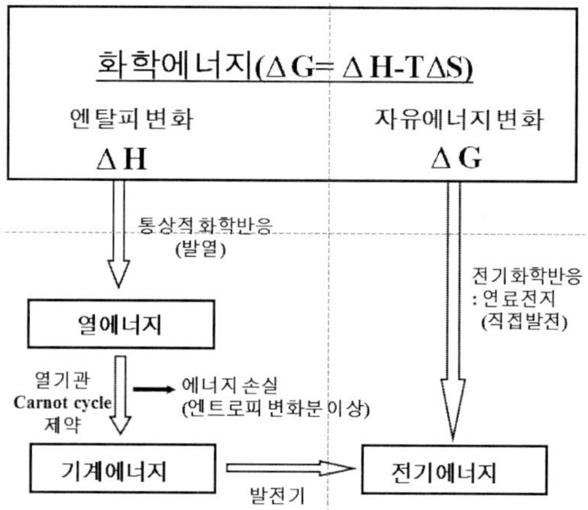

| 그림 4-3 | 고체산화물 연료전지에서의 에너지 흐름도

또한 700-1,000 ℃의 고온에서 작동되기 때문에 전극 반응속도가 빨라 백금과 같은 귀금속 촉매의 사용이 불필요하고 Ni 또는 Ni 산화물과 같은 저가의 촉매를 사용한다. 메탄 등 연료의 내부개질이 가능하여 발전장치의 소형화, 고효율화가 가능하며, 고온의 배열을 효과적으로 이용할 수 있다는 이점이 있다. 배가스에 존재하는 수소와 같은 배가스 연료의 대부분을 회수하여 재사용할 수 있기 때문에 연료 이용율의 극대화가 가능하다.

전해질이 세라믹으로 고체이기 때문에 저온형 연료전지에서 발생하는 액상 전해질에 의한 재료의 부식 문제가 없고 전해질 제어 문제도 제기되지 않는다. 예를 들면 고분자 연료전지의 경우 전해질에 수분이 공급되지 않으면 이온 전도도가 상실되고 수분에 의한 탄소 부식 등이 발생한다. 인산형 연료전지 및 용융탄산염 연료전지의 경우에는 액상 전해질에 의한 부식 문제가 크게 대두되고 있다. 반면에 고체산화물 연료전지는 깨지기 쉬운 세라믹을 구성 재료의 사용하기 때문에 열응력에 의한 재료 파괴가 쉽게 일어나기 때문에 재료 간의 열팽창 계수 차이를 최소화하여야 하고 열충격에 따른 손실을 방지하기 위해 연료전지 내의 온도 편차를 최소화 하여야 한다.

그리고 고체산화물 연료전지는 전지의 구조가 다양하여, 여러 가지 형태로 제조를 할 수 있으나, 기하학적인 모양에 따라 스택 기술의 난이도가 달라진다. 원통형의 경우 비교적 적층이 용이한 반면에 평판형의 경우 강도가 좋은 대면적 전해질 및 분리판의 제조가 어려워 적층이 쉽지 않다.

고체산화물 연료전지는 고온에서 작동되기 때문에 구성 재료 간의 계면반응이 쉽게 일어나므로 화학적으로 안정한 소재의 개발이 요구된다. 또한 고온에서는 전극의 소결에 의한 미세구조의 변화와 금속 부품의 산화 등의 문제가 있어, 내구성이 우수한 소재의 개발이 필요하다. 응용 분야로는 발전용 전원, 가정용 전원, 휴대용 전원, 수송용 전원 등 여러 분야가 가능하다.

2 고체산화물 연료전지의 구조 및 특성

고체산화물 전해질은 액상전해질 및 고분자 전해질에 비해 비교적 이온전도도가 낮은 편이다. 고체산화물 연료전지의 전해질로 사용되는 가장 일반적인 소재인 8 mol% yttria-stabilized zirconia(8YSZ)의 전도도는 1,000℃ 에서 약 0.1 S/cm 이다. 온도가 감소함에 따라 이온전도도가 급격하게 감소하는데, 액상 전해질을 사용하는 인산형 연료전지와 용융탄산염형 연료전지의 전해질에 비해 이온 전도도가 낮기 때문에 작동 온도를 높여야만 연료전지로서 동작할 수 있다. 또한 8YSZ 전해질의 저항을 최소화하기 위해 가능한 전해질의 두께를 수 ~ 수십 μm 이하로 낮추는 것이 중요하다. 반면에 전극의 경우 반응을 원활하게 하기 위해서는 3상계면을 극대화하여야 하며, 이를 위해서는 일정한 전극의 두께를 가져야 한다.

전극을 통한 전류의 흐름은 전지 구조에 따라 전극 면의 두께 방향으로 흐르는 경우와 길이 방향으로 흐르는 경우가 발생하기 때문에 전지 구조에 따라서 전극의 두께를 적절히 제어하여야 한다. 고체산화물 연료전지는 기하학적인 구조에 따라서 원통형, 평판형, 평관형, 세그먼트형으로 나뉘어 기술이 개발되어져 왔다. 평판형 구조로만 기술이 개발되고 있는 저온형 연료전지와 달리 이렇게 여러 가지 모양의 전지 구조가 발달된 이유는 주요 구성 요소가 열충격에 취약한 세라믹 소재이기 때문이다. 지금까지 개발되고 있는 고체산화물 연료전지 형태를 종류별로 나누어 특징을 요약하여 〈표 4-1〉에 기술하여 놓았다.

〈표 4-1〉 고체산화물 연료전지의 기하학적인 구조별 특징

특징	종류			
	원통형 구조	평판형 구조	평관형 구조	세그먼트형 구조
지지체	공기극/연료극	연료극/전해질	연료극	절연성 세라믹
내부저항	큼	낮음	낮음	큼
열충격 저항성	높음	낮음	중간	낮음(원통형) 중간(평관형)
밀봉부	원통형관 끝부분	셀 모서리 전부	관 끝부분	관 끝부분

2.1 원통형 구조

원통형 구조(Tubular design)는 1980년 Siemens-Westinghouse가 개발한 공기극 지지체 원통형과 1998년 한국에너지기술연구원이 개발한 연료극 지지체 원통형 구조가 있다. 공기극 지지체 원통형은 공기극의 낮은 전자 전도도로 인해 900 ℃ 이상의 높은 온도에서 작동하여야 한다. 반면에 연료극 지지체 원통형은 전자 전도도가 높기 때문에 800 ℃ 이하의 비교적 낮은 온도에서 작동된다. 공기극 지지체 원통형은 250 kW급까지 기술 개발이 진행되었으나, 현재 상용화 진전이 거의 없는 상태이며, 원통형 구조의 전력밀도를 향상시키기 위해 공기극 지지체 평관형 구조의 고체산화물 연료전지도 개발되었다. 연료극 지지체 원통형은 낮은 작동 온도로 10 kW급까지 기술이 개발되었으며, 가정용 1 kW급은 현장에서 실증되었다. 연료극 지지체 원통형의 경우에는 작동 온도가 낮아 직경이 수 mm로 작은 마이크로 관 형태로 제작되면 급속 기동이 가능하기 때문에 휴대용 전원으로도 개발되어져 있다.

〈그림 4-4〉에 공기극 지지체 원통형 연료전지의 구조를 나타내었으며, 원통형 구조의 공기극을 압출공정으로 제조한 후 그 위에 전해질과 연료극을 순차적으로 코팅하여 연료전지를 제조한다. 원통형 구조는 내부에 들어있는 원통관의 길이 방향과 원주 방향으로 전류가 흐르기 때문에 전지의 내부 저항이 매우 높다. 그래서 지지체 관의 전기저항을 감소하기 위해 공기극 지지체 원통관위에 띠 모양으로 연결재를 코팅하여 전류를 집전한다. 이러한 개선에도 불구하고 여전히 전류의 흐름이 원주면을 따라 흐르기 때문에 내부저항 감소에 한계를 갖게 된다. 이 구조의 단전지 시험은 7만 시간까지 행하여졌으

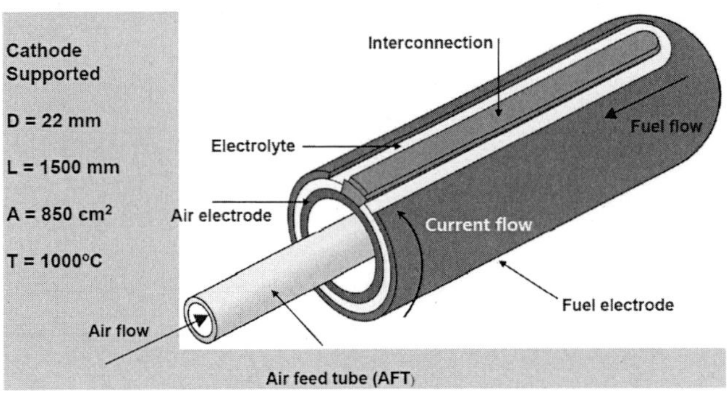

| 그림 4-4 | Siemens사의 공기극 지지체 원통형 SOFC

며, 안정하고 우수한 성능을 나타내었다.

공기극 지지체 구조의 구성요소들을 요약하여 〈표 4-2〉에 나타내었다.

〈표 4-2〉 공기극 지지체 원통형 고체산화물 연료전지 구성요소의 특성

구성요소	두께	제조 공정	기공율(%)	소재	소결온도(℃)
공기극 지지관	길이: 1.5 m 직경: 2.2 cm	압출	35	Doped $LaSrMnO_3$	1,100~1,200
전해질	수 십 μm	대기 플라즈마 용사 코팅	< 5	$ZrO_2(Sc_2O_3)$	1,400
연료극	수 십 μm	대기 플라즈마 용사코팅	40	Ni/YSZ	1,400
연결재	수 십 μm	대기 플라즈마 용사코팅	< 5	Doped $LaCrO_3$	1,400

소재의 특성을 보면 연료전지 제조에 공기극 소재인 $La_{0.9}Sr_{0.1}MnO_3$(LSM)이 가장 많이 소요되며, 공기극 소재는 값비싼 희토류 원소를 포함하고 있기 때문에 연료전지 제조 시 소재 비용이 높다. 또한 각 구성요소의 제조 공정을 살펴보면 공기극 지지체관을 압출 공정으로 제조하고 소결 후 그 위에 전기화학 증착(EVD, electrochemical vapor deposition) 또는 플라즈마 코팅 공정을 사용하여 전해질과 연료극을 코팅한다. 이때 연결재가 코팅될 부분은 마스킹하여 남겨둔다. 그 다음 연결재를 용사 플라즈마로 코팅하게 된다. 이와 같은 코팅 공정은 비교적 가격이 비싼 공정이다.

공기극 지지체 구조의 경우에 값싼 습식 공정을 사용할 수 없는 이유는 소결 온도가 낮은 공기극 지지체를 가장 먼저 제조하기 때문이다. 즉 공기극 지지체에 이어 제조되는 구성 요소들이 최소한 공기극 지지체 소결 온도보다 낮거나 같아야 습식 소결 공정을 채택할 수 있다. 그런데 현재까지 개발된 소재들은 모두 공기극 지지체보다 소결 온도가 높기 때문에 부득이 플라즈마 용사법과 같은 물리적 코팅공정으로 제조하게 되다.

공기극 지지체 원통형 고체산화물 연료전지 시스템의 개략도를 〈그림 4-5〉에 나타내었다.

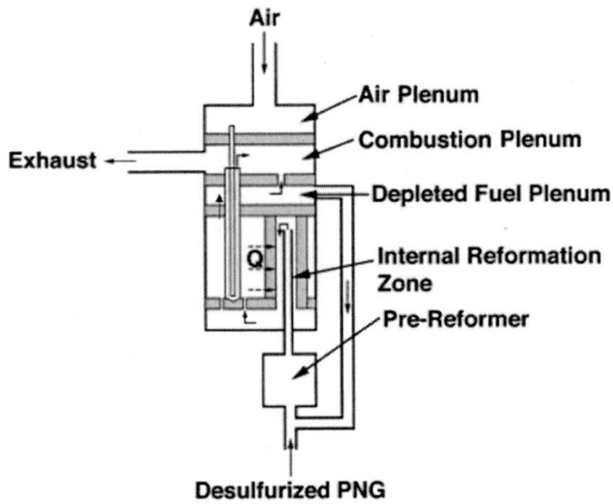

| 그림 4-5 | Siemens사의 공기극 지지체 원통형 SOFC 스택

스택은 원통형 전지의 다발로 이루어진 다수의 번들로 구성된다. 시스템은 원통형 고체 산화물 연료전지 스택과 내부 개질장치, 연소기, 가스 공급관, 열교환기로 구성된다. 산화제인 공기는 연료전지 시스템의 상부를 통해 예열을 위해 연소기를 관통한 후 보조관을 통해 원통형 전지 내부로 깊숙이 흘러 들어가 원통형 전지 아래쪽에서 연료전지 반응을 시작하여 다시 연료전지의 상부를 통해 배출된다. 따라서 전지의 전극면을 기준으로 보면 공기의 흐름은 스택 내 단전지 원통관의 아래쪽 공기극에서 위쪽 공기극으로 흐르는 모양을 하게 된다. 연료는 탈황장치를 거쳐 스택 외부에 설치된 개질기(prereformer)를 통해서 1차 개질반응을 한 후 스택 내부 번들 사이에 놓인 2차 내부개질기를 통해 또 한 번 개질반응이 진행한다. 이렇게 하여 수소와 일산화탄소로 개질된 연료는 원통형 전지의 원통관의 벽면을 따라 아래에서 위쪽으로 흐르게 된다.

전기화학 반응을 끝낸 폐연료는 다공성 세라믹층을 통해 연소 구간(combustion zone)으로 이동하고 여기서 공기 배가스와 반응하여 열을 발생시킨다. 이 열은 연료전지에 공급되는 공기를 예열하기 위해 사용된다. 연소 후 배가스는 약 900 ℃ 온도로 연소 구간으로부터 배출된다. 연료전지 스택과 배가스 연소에 의해 발생된 열은 연료전지 시스템의 온도 유지를 위해 사용된다. 즉 시스템 내의 온도 분포는 스택 내의 연료전지 전기화학 반응으로부터 발생된 열과 연소 구간에서의 연소열에 의해 유지되며, 대부분의 고체산화물 연료전지 시스템의 경우에는 기동을 제외하고 정상 운전 시에는 발생된 열이 과잉으로 존재하기 때문에 공급되는 공기량 제어를 통해 냉각을 하게 된다.

공기극 지지체 원통형 구조의 장점은 강도가 높고 열충격 저항성이 우수하며, 효율이 높다는 것이다. 또한 가스 밀봉이 원통형 끝 부분에서만 이루어지기 때문에 밀봉제로 인한 가스 누설 문제가 많지 않다는 것이 특징이다. Siemens사의 시스템의 특이한 점은 배가스의 직접 연소이며, 연료의 출구 부분과 연소 구간은 단지 다공성 세라믹으로 분리되어 있다. 다공성 세라믹의 아래 부분은 연료 농도가 낮은 배가스 연료가 놓이고 이 배가스 연료는 다공성 세라믹을 통해 연소 구간에서 공기와 만나 연소하게 되는데 이때 공기가 역류하지 않도록 주의하여야 한다.

공기극 지지체 원통형 전지는 원통관 바깥쪽으로 환원성의 연료가 흐르기 때문에 단전지와 단전지를 전기적으로 연결하기 위해 금속 소재를 사용할 수 있다는 장점이 있다. 공기극 지지관의 부피와 두께는 평판형의 것에 비해 크기 때문에 단위 부피당 전력 밀도를 감소시키며, 두꺼운 지지관은 산소의 이동속도를 제한시킬 수 있다.

〈그림 4-6〉은 연료극 지지체 원통형 구조를 나타낸다. 공기극 지지체 원통형 구조와 달리 연료극 지지체 원통형은 연료극을 지지체로 사용한다. 구조를 보면 두꺼운 지지체관이 원통형 전지의 가장 안쪽에 놓이고 그 위에 전해질이 코팅되어 있으며, 그 다음 공기극이 코팅되어 진다. 따라서 연료는 원통형관의 안쪽으로 흐르고 공기는 원통관의 외부 표면을 따라 흐르게 된다. 이 구조의 특성은 전자전도도가 높은 연료극 지지체를 원통관으로 사용하기 때문에 작동온도를 낮게 할 수 있다는 특징을 갖는다. 또한 연료극 지지체 원통형 구조는 소결온도가 높은 연료극이 맨처음 제조되고 그 위에 전해질 및 공기극을 코팅하기 때문에 가격이 저렴한 습식 소결공정을 적용할 수 있다. 제조공정을 좀더 자세히 살펴보면 연료극 지지체관을 압출 공정으로 제조한 후 가소결하여 다공성으로 만든 후 슬러리 코팅 공정을 이용하여 전해질을 10μm 이하의 두께로 코팅한다. 이렇게 제조된 전지는 고온에서 소결하고 그 다음 소결온도가 낮은 공기극을 코팅하고 소결하여 전지를 완성한다. 연료극 지지체 원통형 전지의 특성은 낮은 온도에서 작동이 가능하면, 원통형 구조로 인해 열충격 저항성이 우수하다.

연료극 지지체 고체산화물 연료전지는 발전용으로 10 kW급 기술이 개발되었으며, 가정용으로 1 kW급 제품이 개발되어 실증되었다. 연료극 지지체 원통형 구조는 공기극 지지체 구조에 비해 낮은 온도에서 작동될 뿐만 아니라 지지체의 전자 전도성이 우수하고 전해질 두께를 얇게 할 수 있기 때문에 성능이 우수하다.

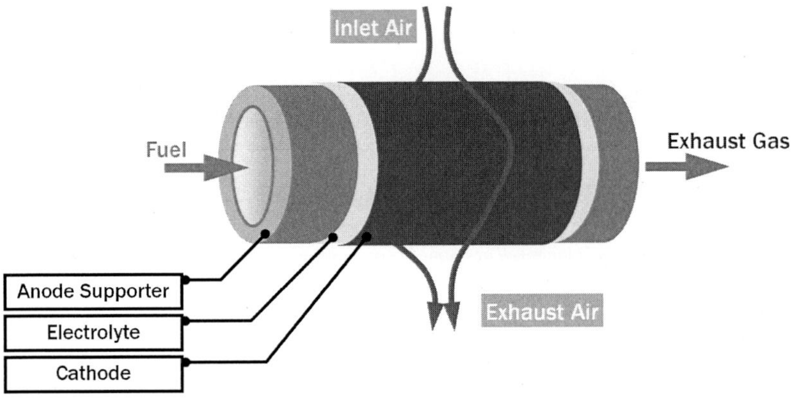

| 그림 4-6 | 한국에너지기술연구원에서 개발한 연료극 지지체 원통형 SOFC

더욱이 직경이 작은 마이크로 관으로 제작할 경우 급속 기동이 가능하다. 즉 마이크로 원통형 고체 산화물 연료전지는 단위부피당 전력 밀도를 극대화시키기 위해 기존에 사용하고 있는 직경 수십 mm의 원통형 셀의 직경을 수 mm로 직경을 감소시킨 것을 말하며, 용량 면에서는 특별한 정의는 없으나 대략 kW급 이하의 것이 이에 해당된다.

이론적으로 마이크로 SOFC의 전력밀도 상승은 〈그림 4-7〉과 같이 유도된 다음의 식에 의해 쉽게 이해할 수 있다. 즉 원통형 연료전지의 단위부피당 전력밀도(W/cm^3) = π P/(D+t)로 표현된다. 여기서 P는 연료전지의 단위면적당 전력 밀도(W/cm^2)에 해당된다. 이 식으로부터 P(=0.35 W/cm^2)와 t(=0.6 cm)를 일정하게 두었을 때 원통형 연료전지의 단위부피당 전력 밀도는 원통형 연료전지의 직경에 반비례하게 된다. 원통형 연료전지의 직경이 1.5 cm일 때 원통형 연료전지의 단위부피당 전력밀도는 약 0.5 W/cm^3 정도가 되고, 연료전지의 직경을 0.5 cm로 감소시켰을 때 1 W/cm^{3}에 근접하는 단위부피당 전력 밀도의 상승을 예측할 수 있다.

반면에 평판형의 경우에는 분리판의 두께와 단위면적당 전력밀도가 원통형과 같다고 가정하고, 그리고 모두 전지의 두께가 연료극 지지체일 경우 0.1 cm 라 두면, 연료극 지지체식 평판형연료전지의 단위 부피당 전력밀도는 0.5 W/cm^3 정도가 된다. 이것을 원통형 연료전지와 비교해보면, 약 원통형 연료전지의 직경이 1.5 cm일 경우에 해당되며, 직경이 더 작아져 원통형의 직경이 0.5 cm일 때는 평판형에 비해 단위부피당 전력밀도는 두 배가 증가한다. 즉 원통형 연료전지의 직경을 수 mm로 감소시켰을 때 단위부피당 연료전지의 전력밀도는 기존의 원통형 및 평판형 연료전지에 비해 2 ~ 3배 증가시킬 수 있다. 여기서 주어진 가정은 원통형 연료전지의 전류집전 손실이 없다는 조건이며, 실제는 원통형의 경우 평판형에 비해 저항이 커서 전류 집전 손실이 크다는 점이 고려되어야 한다.

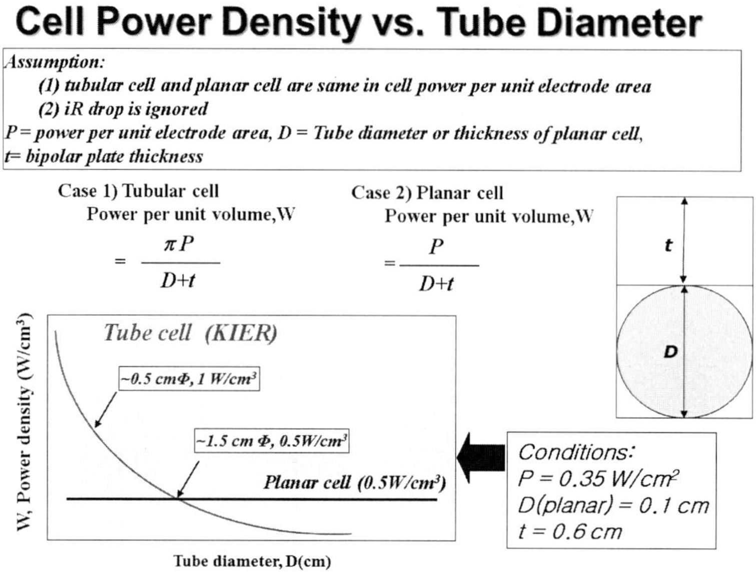

| 그림 4-7 | 원통형 SOFC의 직경에 따른 단위부피당 전력밀도

〈그림 4-8〉에 직경 3 mm의 연료극 지지체 마이크로 원통형 연료전지와 이를 이용한 급속 기동형 발전장치를 나타내었다. 연료극 지지체 위에 약 5 μm 두께의 치밀한 나노 전해질이 코팅되어지며, 전해질 두께의 감소로 인한 전해질 저항의 감소는 저항 손실을 감소시켜 연료전지의 작동 온도를 낮출 수 있는 요건을 제공한다. 작동 온도의 저하는 기동시간을 감소시킬 뿐만 아니라, 주변 장치에 소요되는 부품을 상용 소재로 만들 수 있는 장점을 갖는다. 그러나 작동 온도의 저하는 연료전지 반응 측면에서 반드시 좋은 것만은 아니다. 온도가 낮아짐에 따라 전극의 활성도가 감소하기 때문에 새로운 고성능 전극을 개발해야 하는 과제를 갖게 된다. 또한 작동 온도의 저하는 SOFC의 커다란 장점인 연료의 직접 개질반응에 영향을 미치기 때문에 적절한 작동온도를 유지할 필요가 있다. 급속기동 장치는 부탄 가스를 직접 연료전지에 공급하고 부탄 일부는 연료전지를 가열시키는데 사용된다. 실제 급속 기동형 발전장치 내의 마이크로 원통형 SOFC는 수십 초~수 분 내에 기동이 가능하며, 이것은 원통형 연료전지의 직경이 감소함에 따라 열충격 저항성이 극도로 증가함을 의미한다.

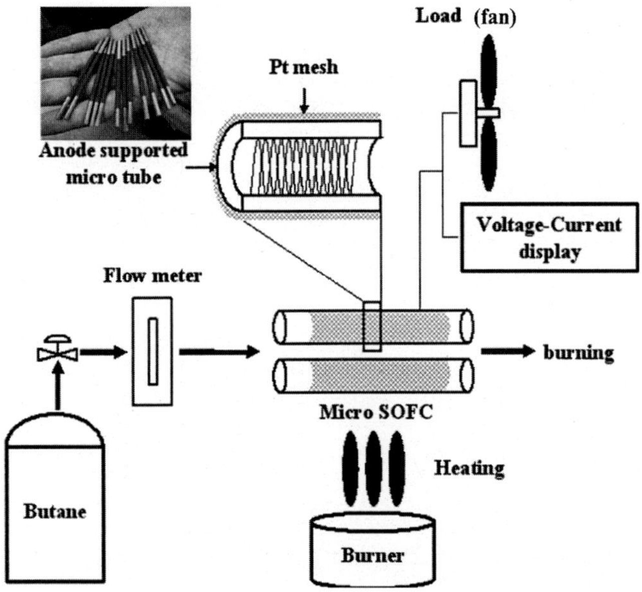

| 그림 4-8 | 급속기동형 연료극 지지체 마이크로 원통형 SOFC 개략도

이 장치는 연료로 부탄을 사용하며 가스의 공급을 멈추면, 약 1분 뒤에는 연료전지를 손으로 만질 수 있을 정도의 온도까지 자연 냉각된다. 발전효율을 무시한 실험이기는 하지만 마이크로 원통형 SOFC가 급속기동 및 정지에 대한 높은 잠재력을 보여 준다는 사실을 알 수 있으며, 이러한 원리를 이용하여, 휴대용 전원으로 기술이 개발되고 있다.

현재 이러한 마이크로 원통형 SOFC 기술의 실용화를 위해서는 발전 효율을 고려한 적층 기술의 개발이 중요한 과제이다. 또한 마이크로 원통형 SOFC를 1~2 시간 운전했을 때 연료극 쪽에 탄소 침적이 심각한 상황이며, 이는 원통형관 내부를 완전히 봉쇄시켜 연료극 내로의 가스 공급이 원활히 이루지지 못할 정도이다. 따라서 휴대용 및 이동용 전원으로 사용을 위해서는 연료의 직접 공급이 중요하나, 이에 수반되는 연료 직접 열분해 문제는 반드시 해결해야 하는 과제이다. 원통형 구조 SOFC의 장점은 견고한 지지체로 인해 연료전지 스택 자체가 튼튼한 세라믹 구조를 이루고 있다는 점이다. 이러한 구조는 열팽창 차이에 대한 저항성이 우수하여, 열응력에 의해 발생되는 균열생성을 최소화 할 수 있다.

2.2 평판형 구조

평판형 구조(Planar design)의 SOFC는 PEMFC 등과 같은 저온형 연료전지에서 일반적으로 사용되고 있는 판형 모양의 전지를 적층하여 만드는 구조이다. 〈그림 4-9〉에 전형적인 평판형 고체 산화물 연료전지 구조를 나타내었다.

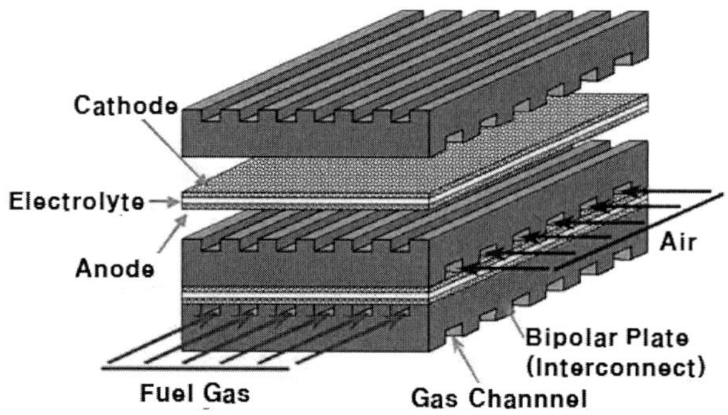

| 그림 4-9 | 평판형 고체 산화물 연료전지

평판형 SOFC는 전해질 지지체 구조와 연료극 지지체 구조의 전지로 나누어진다. 전해질 지지체형 평판형 구조는 Bloom energy사에서 100 kW급, 200 kW급이 기술이 개발되어 보급되고 있다. 연료극 지지체 평판형은 독일 율리히 연구소를 비롯해서 여러 곳에서 기술이 개발되고 있다. 평판형 구조는 구성 요소들이 얇은 층으로 이루어져 있으며, 사각형 또는 원형 모양을 하고 있다. 일반적으로 평판형 연료전지에서 구조재 역할을 하는 것은 단전지와 연결재이다. 전해질 지지체형의 경우 100 ~ 200 μm 두께의 두꺼운 전해질을 중심으로 전해질 양면에 두께 약 20 μm로 코팅된 형태로 연료전지가 구성된다. 이 경우 전해질의 두께가 두껍기 때문에 전해질을 통한 전기저항을 낮추기 위해 높은 온도에서 작동하게 된다.

전해질 두께를 낮추기 위해 두꺼운 다공성 전극 위에 전해질을 얇게 코팅하는 형태의 전극 지지체형 연료전지가 개발되었다. 전극 지지체형의 경우 공기극 지지체 및 연료극 지지체 두 가지가 원리적으로 가능하다. 공기극 지지체의 경우 공기극에 함유된 희토류 원소로 인해 소재 비용이 높고 기계적 강도가 낮을 뿐만 아니라, 공기극의 낮은 전기저항으로 작동 온도가 높고 소결 공정을 적용할 수 없다는 단점(앞선 부분의 공기극 지지체 원통형 SOFC 내용 참조)이 있다. 그래서 제조가 비교적 쉽고 낮은 온도에서 작동이 가능한 연료극 지지체형 구조가 발달하였다.

연료극 지지체 제조 및 구성을 보면 먼저 전해질 소재와 연료극 금속 촉매를 혼합한 복합체를 약 0.3 ~ 1 mm 두께로 제조한 후 가소결을 통해 기공을 부여한 후 전해질을 10 ㎛ 두께 이내로 코팅하고 소결한 후 마지막으로 소결온도가 낮은 공기극을 코팅하고 소결한다. 지지체 제조공정을 제외하고 이러한 연료극 지지체형 평판형 구조의 제조과정은 연료극 지지체 원통형과 유사하다.

평판형 구조의 SOFC 스택은 단전지와 가스 채널이 형성된 연결재를 번갈아 가면서 반복적으로 적층하여 일정한 용량의 스택을 만든다. 연결재는 공기와 연료 가스를 분리시키고, 이웃하는 단전지 사이를 전기적으로 이어주는 역할을 한다. 또한 연결재는 가스 채널을 갖고 있어 연료와 공기를 공급해 주기도 한다. 일반적으로 연결재는 금속 소재로 구성되어 있으며, 상세한 것은 뒷부분에서 별도로 기술하겠다.

〈표 4-3〉은 평판형 SOFC에 사용되는 구성 재료의 특성을 나타내며, 평판형 구조의 SOFC는 구성 소재의 전체 두께가 얇기 때문에 소재 비용이 가장 저렴하고 단순한 구조로 인해 제조가 쉽다는 특성을 갖고 있다. 그러나 세라믹 소재의 특성상 열충격에 대한 내성이 약하기 때문에 열화 방지를 위한 노력이 필요하다.

〈표 4-3〉 평판형 고체산화물 연료전지 구성요소의 특성

구분		재료	두께
전해질 지지체	전해질	8YSZ, Stabilized ZrO_2	100 ~ 250 ㎛
	연료극	Ni/8YSZ 등	~ 20 ㎛
연료극 지지체	전해질	8YSZ, Stabilized ZrO_2	〈 10 ㎛
	연료극	Ni/8YSZ 등	0.3 ~ 1 mm
공기극		Doped $LaMnO_3$, $LaSrCoFeO_3$	~ 20 ㎛
연결재		Coated Ferritic Steel	2 ~ 6 mm

평판형 스택 구조는 외부 가스 매니폴드(manifold)형과 내부 가스 매니폴드형으로 나누어진다. 외부 매니폴드형 스택 구조는 저온형 연료전지와 마찬가지로 반응가스를 공급

하고 배출하기 위해 단전지를 적층한 후 옆면에 외부 매니폴드를 부착한다. 내부 매니폴드형 구조는 단전지 또는 연결재에 가스가 머무를 수 있는 공간을 형성한 후 이것을 적층하여 스택을 만든다. 일반적으로 SOFC는 단전지의 크기가 저온형 연료전지에 비해 작기 때문에 스택 구조를 단순화하고 밀봉을 쉽게 하기 위해 내부형 매니폴드 구조를 선호한다. 평판형 구조의 특징 가운데 하나는 단전지의 모든 모서리가 가스 밀봉이 되어야 하고, 가스 매니폴드 부분도 엄격한 밀봉을 요구한다는 것이다. 스택 구조는 가스 매니폴드의 설계 형상에 따라 cross-flow(교차 방향 흐름), co-flow(동일 방향 흐름), counter-flow(역류 방향 흐름) 등 다양한 가스 흐름구조로 제작이 가능하다. 또한 평판형의 기체밀봉 문제 등을 개선하기 위해 가스의 출구와 입구가 각각 연료전지 중앙부와 모서리 부분에 위치한 원형구조의 평판형 SOFC도 개발되었다.

평판형 SOFC 스택의 전류 흐름을 보면, 전류는 공기극, 전해질, 연료극, 연결재 순으로 각 구성요소들의 면에 수직 방향으로 흐른다. 따라서 원통형 구조에 비해 전류의 흐름경로가 짧으며, 원통형구조에 비해 높은 성능과 전력밀도를 제공한다. 전류의 흐름이 구성요소의 면에 수직 방향으로 흐르기 때문에 연료전지 내부저항은 연료전지 면적에 의존하지 않으며, 전지 저항은 구성요소의 두께에만 의존하게 된다. 원통형에 비해 평판형 구조는 사각형, 원형, 육각형 등 여러 가지 형태로 쉽게 만들 수 있다. 또한 평판형 구조의 전해질과 연결재는 고밀도로 독립적으로 제조될 수 있어, 원통형에서 발생할 수 있는 연결재와의 공소결로 발생할 수 있는 문제를 해결할 수 있다. 즉 공소결시 일어나는 연결재와 구성 요소간의 계면반응, 수축율 차이의 문제점을 제거할 수 있다. 더욱이 평판형 SOFC 단전지는 공기극을 제외한 연료극 및 전해질은 공소결로 제조될 수 있어 공정단축이 가능하고, 연료극 지지체의 경우 저온 작동이 가능하기 때문에 금속 연결재 등 재료 활용 범위가 증대된다.

평판형 구조의 경우 전해질 지지체형은 전해질의 높은 전기저항으로 작동온도를 높여야 하기 때문에 내구성이 취약하다. 따라서 금속 분리판 소재의 선택과 내산화성 방지가 중요하다. 연료극 지지체의 경우 연료극의 높은 열팽창계수로 인해 작동온도를 최대 800 ℃ 이하로 하여야 하기 때문에 효율 상승에 한계를 갖는다. 대신에 낮은 작동 온도로 상용 소재를 사용할 수 있는 이점이 있다. 평판형 구조의 밀봉기술은 압축 밀봉, 유리 밀봉, 유리와 세라믹 복합 밀봉 기술들이 개발되고 있으나, 몇 가지 개선해야 할 점이 있다.

압축 밀봉의 경우 세라믹 구성 요소에 불균일한 응력분포를 초래하여 균열을 발생시키기도 한다. 유리를 함유한 밀봉은 고온에서 전지 구성 요소와 반응하여 내구성을 저하시킨다. 또한 평판형 스택의 경우에는 구성 요소 간의 전기적 접촉에 주의하여야 한다. 이처럼 열사이클 및 부하 변동에 따른 내구성 저하가 문제가 되기 때문에 이를 개선하기 위한 노력이 필요하다. 그리고 제조 공정상 대면적 SOFC의 제조가 용이하지 않기 때문에 스택의 크기가 제한되며 주로 단위용량이 1 kW급 ~ 10 kW급 정도의 모듈이 적합하다. 그러므로 대용량 SOFC를 만들기 위해서는 이들을 적절히 조합하여야 한다.

평판형 구조의 SOFC 제조는 매우 간단하다. 일반적으로 알려진 평판형 구조의 제조 공정은 테이프 캐스팅(tape casting)법이다. 테이프 캐스팅 법으로 제조된 전해질 또는 연료극 지지체를 1,300 ~ 1,400℃ 범위에서 소결한다. 일반적으로 테이프 캐스팅 공정은 슬러리 제조 공정, 캐스팅, 건조 및 하소, 소결 공정을 포함하고 있다.

전해질 지지체 제조의 한 예를 들면 다음과 같다. 용매로서는 메탄올 등의 혼합물을 사용하고, 가소제(plasticizer)와 분산제(dispersant)등을 첨가하고 결합제(binder)와 혼합하여, 볼 밀(ball mill)을 실시한다. 그 다음 점도 제어를 위해 용매를 적당량 휘발시킨 후 성형한다. 테이프 형태로 제조된 지지체를 적절한 크기로 잘라서 건조한 후 결합제와 유기첨가물을 태워 제거한 후 소결하여 지지체를 만든다.전극은 소결된 전해질 위에 테이프 캐스팅, 슬러리 코팅, 스크린 인쇄법 등으로 코팅한다. 소결된 전해질에 영향을 미치지 않기 위해서 전극의 소결 온도는 전해질 소결 온도이하로 하는 것이 좋다. 제조 공정에 따라서는 전해질과 연료극은 비슷한 소결온도를 갖기 때문에 공소결하는 것이 바람직하다.

연료극 지지체의 경우 전해질 지지체와 유사한 공정으로 지지체를 제조한 후 전해질을 치밀하게 코팅하며, 이때도 연료극과 전해질은 공소결을 주로 실시한다. 이렇게 제조된 전해질과 연료극 위에 최종적으로 소결 온도가 낮은 공기극을 코팅하고 소결한다.

현재까지 주로 연료극 지지체 평판형과 전해질 지지체 평판형 구조가 개발되어 왔으며, Bloom Energy사의 수백 kW급 전해질 지지형 평판형 구조는 950 ℃에서 작동되며, 효율이 50 % 이상으로 매우 높은 편이다. 사용된 단전지 면적은 100 cm^2 크기이다. 전해질 지지체형의 구조의 내부 저항을 감소시키기 위해 이온전도도가 높은 스칸디아 안정화 지르코니아(scandia-stabilized zirconia)를 전해질로 사용한다. 연료극 지지체의 경우 현재 수십 kW급의 평판형 단전지와 스택이 개발되었으며, 전지의 면적은 약 500 cm^2 크기로 스택을 제조한다. 평판형의 경우 대면적화를 위해서는 소형 전지판을 바둑판 모양으로 같은 면에 여러 개 배열하여 적층하는 구조를 취하기도 한다.

전반적으로 평판형의 구조는 연료전지 성능의 열화속도가 원통형에 비해 높고, 열사이클 저항성이 취약하다고 보고되고 있다. 그러나 연료전지 성능 면에서는 원통형에 비해 높으며, 현재 많은 수 ~ 수십 kW 규모의 SOFC 시스템이 성공적으로 운전되고 있다.

2.3 세그먼트형 구조

세그먼트형 구조(segmented-cell in-series design)의 SOFC는 1960년대 초에 개발되었으며, 하나의 원통형 지지체관 또는 평관형 지지체관 위에 단전지가 직렬로 여러 개 배열된 구조로 형성된다. 세그먼트형 구조는 원통형 세그먼트형과 평관형 세그먼트형 구조로 나누어진다. 이들의 차이는 전력밀도와 내구성에 있으며, 원통형 구조가 평관형 구조에 비해 단위부피당 전력밀도는 떨어지나, 우수한 열사이클 특성으로 인해 내구성이 우수하다.

〈그림 4-10〉은 일본 MHPS(Mitsubishi Hitachi Power Systems)의 원통형 구조의 세그먼트형 SOFC를 나타내고 있다. 현재 세그먼트형 구조는 250 kW급이 개발되어 있으며, 발전효율은 약 55 %이다. 이러한 구조의 연료전지는 하나의 원통관 지지체 위에 여러 개의 단전지를 형성할 수 있다는 특징이 있다. 다공성 원통관 위에 연료극, 전해질, 연결재, 공기극을 순차적으로 띠 모양으로 형성한다. 이와 같이 단전지를 원통관 위에 형성하기 때문에 지지체 원통관은 절연성 물질로 이루어져야 한다. 연결재는 원통관 위에 형성된 이웃 전지 간의 전기적인 연결선과 가스 밀봉제 기능을 수행한다. 연결재를 통해 단전지 사이에는 전기적으로 직렬 연결을 이루기 위해 이웃 단전지 사이에 공기극과 연료극이 연결된다. 연료가스는 원통관의 내부를 통해 이동하고 공기는 원통관의 바깥쪽으로 흐르게 된다.

원통형 구조의 세그먼트형 외에 LGFCS(LG Fuel Cell Systems)사는 평관형 형태의 세그먼트 구조의 전지를 개발하였다. 절연성의 다공성 평관형 지지체 위에 단전지를 형성시킨다. 형성된 단전지는 평관형 지지체 한 면에 60개씩 총 120개의 단전지가 평관형 지지체 위에 형성된다. 단전지는 전기적으로 직렬로 연결되며, 연료는 평관형 지지체 내부로 공급되고 공기는 관의 외부로 공급된다.

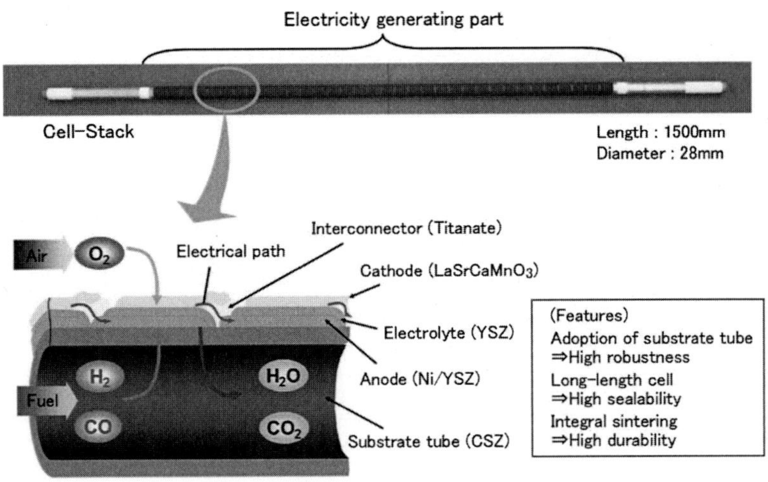

| 그림 4-10 | 원통형 구조의 세그먼트형 SOFC

전류의 흐름을 살펴보면, 먼저 전류는 공기극을 통해 흐르고 그 다음 전해질을 거쳐 연료극으로 전류가 흘러간다. 그리고 연결재를 통해 이웃 단전지의 공기극으로 전류가 흐르는 과정을 반복하게 된다. 전류의 흐름 방향을 좀 더 세밀히 살펴보면, 전류는 공기극의 면 방향으로 흐르다가 면의 수직방향으로 방향을 전환해서 전해질을 통해 흐른 후 연료극 면의 수직 방향으로 흐른다. 그 다음 연료극의 면 방향으로 전류가 흐르고 다시 연결재의 면 방향으로 전류가 흘러 이웃 전지의 공기극으로 이어진다. 따라서 전극의 전류 흐름을 원활히 하기 위해서는 전극의 면 방향과 수직 방향 모두에서 전기 저항이 작아야 한다. 그런데 전극의 두께를 증가시키게 되면 전극 면 방향의 전기 저항은 감소하나, 전극면의 수직 방향의 전기 저항은 증가하게 된다. 그런데 전극의 두께 증가가 전극면의 수직 방향의 전기 저항 증가에 미치는 영향보다는 전극의 가스 확산을 느리게 하는 효과가 더 크게 작용한다. 그러므로 전극의 길이 방향의 전기 저항을 감소하기 위해서는 전극의 길이, 즉 단전지의 폭을 최소화하는 것이 바람직하다. 세그먼트형 전지의 성능을 증대하기 위해서는 일정한 두께의 전극과 전지 폭이 최소화된 단전지를 여러 개 형성하는 것이 중요하다. 또한 연결재는 가능한 전자 전도도가 우수한 소재로 길이를 최소화해서 전기 저항을 감소시켜야 한다.

〈표 4-4〉는 MHPS사의 세그먼트형 SOFC의 구성 요소의 특징을 요약하여 기술하였다. 길이는 1.5 m이고 절연성 소재를 지지체로 사용하며, 연료전지에 사용되는 전극, 전해질은 다른 구조의 소재와 유사하나, 두께는 더 두껍다. 이것은 전류의 면 방향 흐름 저항을 최소화하기 위한 것이다.

〈표 4-4〉 세그먼트형 고체산화물 연료전지 구성 요소의 특성

구분	재료	두께
지지체관	CaO-stabilized ZrO_2	2 ~ 3 mm
전해질	YSZ	수십 μm
연료극	Ni/YSZ	110 ~ 150 μm
공기극	$LaSrCaMnO_3$	80 ~ 110 μm
연결재	Titanate	200 ~ 250 μm

세그먼트형 구조의 내구성은 지지체의 형상에 의존한다. 원통형 구조의 세그먼트형 전지는 전극지지체 원통형 구조와 마찬가지로 기계적 강도가 우수하고 열응력에 대한 저항성이 뛰어나다. 그러나 전극의 길이 방향의 전류 흐름으로 인해 전지의 내부 저항이 커서 전지 성능의 저항 손실이 크며, 지지체관을 통해 연료가 확산되어야 하기 때문에 연료가스 확산 손실이 발생하게 된다. 세그먼트형 구조는 폭이 좁은 얇은 띠 모양으로 단전지를 제작하여야 하기 때문에 제조공정이 비교적 정밀하여야 하며, 현재 사용되고 있는 공정은 전사공정 및 스크린 인쇄공정이다. 특히 연결재 소재 및 치밀막 형성은 중요한 이슈이다.

2.4 평관형 구조

평관형 구조(flat tubular design)는 원리적상으로는 연료극 지지체, 공기극 지지체, 전해질 지지체, 세라믹 지지체 구조가 가능하다. 그러나 연료극 지지체 평관형 구조를 제외하고는 다른 형태는 기술 개발의 진전이 없는 상황이다. 공기극 지지체의 경우 공기극 지지체 원통형 구조의 경우와 마찬가지로 높은 소재 비용과 낮은 성능, 높은 작동 온도

등에 의해 개발이 진행되지 않고 있으며, 전해질 지지체는 높은 저항 손실로 전지 성능이 매우 낮다. 연료극 지지체 평관형 구조는 2002년 한국에너지기술연구원과 교세라가 각각 독자적으로 개발한 것이다. 연료극 지지체 평관형은 연료극 지지체 원통형과 연료극 지지체 평판형 구조의 단점을 보완하기 위해 개발한 것이다.

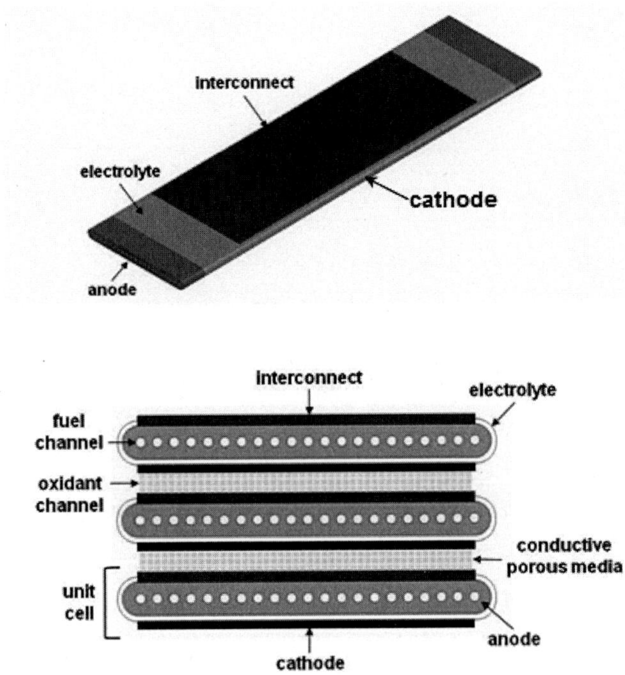

| 그림 4-11 | 연료극 지지체 평관형 SOFC

〈그림 4-11〉은 연료극 지지체 평관형 SOFC를 나타내고 있다. 연료극 지지체 평관형 구조는 지지체로 전도성이 우수한 연료극을 사용하며, 지지체의 한 면에 전해질을 코팅하고 다른 면에는 연결재를 코팅하고 최종적으로 전해질 위에 공기극을 코팅하는 순서로 진행된다. 연결재는 연료극의 전류를 집전하는 역할을 하며, 가스 혼합을 방지하기 위해 치밀하게 코팅된다. 전류의 흐름은 공기극 면의 수직 방향으로 흐르고 이어 전해질을 통해 연료극을 거쳐 연료극 위에 코팅된 연결재를 통해 이웃 전지의 공기극으로 흐른다. 전류의 흐름이 연료전지의 수직 방향이기 때문에 연료 전지의 내부저항이 작다. 단전지와 이웃 단전지 사이에 다공성 또는 가스 채널을 갖는 전도성 물질이 삽입되어 단전지 간을 전기적으로 이어주고, 공기극으로 공기를 원활히 공급하도록 한다.

〈표 4-5〉에 연료극 지지체 평관형 SOFC의 구성 요소를 나타내었다. 구성 요소의 대부분은 연료극 지지체 평판형과 비슷하며, 다만 연결재 소재가 추가된다. 제조 공정은 지지체 관은 압출 공정으로 제조하고 그 위에 코팅되는 소재들은 습식 소결공정으로 제작한다. 현재 이 구조의 SOFC는 일본 교세라에서 0.7 kW급이 가정용으로 상용화되어 있다. 우리나라에서는 몇몇 기업에서 기술 개발을 진행하고 있다.

〈표 4-5〉 연료극 지지체 평관형 고체산화물 연료전지 구성 요소의 특성

구성 요소	두께	제조 공정	기공율(%)	재료	소결온도(℃)
연료극 지지관	0.5 ~ 2 mm	압출	35	Ni/YSZ	1,400
전해질	< 10 μm	슬러리 코팅	< 5	8YSZ, $ZrO_2(Sc_2O_3)$	1,400
공기극	수십 μm	스크린 인쇄 슬러리 코팅	40	Doped $LaMnO_3$, $LaSrCoFeO_3$	1,100~1,200
연결재	수십 μm	스크린 인쇄 슬러리 코팅	< 5	Ag-Glass Doped $LaCrO_3$	800 1,400

2.5 지지체별 SOFC의 특성

SOFC는 다양한 지지체 구조로 기술이 개발되어져 왔다. 〈그림 4-12〉는 전해질지지체(electrolyte-supported), 연료극 지지체(anode-supported), 금속지지체(metal-supported), 박막형 구조 등 여러 가지 지지체의 SOFC를 보여주고 있다. 전해질 지지체는 내구성이 우수하나, 전해질의 두께가 두껍기 때문에 높은 온도에서 작동하여야 한다. 연료극 지지체는 전해질을 얇은 막으로 제조가 가능하기 때문에 작동온도가 낮으나, 열사이클 등 열충격에 대한 낮은 저항성으로 내구성 문제가 대두되고 있다. 최근에는 작동 온도를 더욱 낮추기 위해서 금속 지지체 구조가 개발되고 있는데, 금속 지지체의 경우 작동 온도가 낮고 강도가 매우 우수하나, 낮은 작동 온도로 전해질의 이온 전도도가 감소하고, 전극의 활성이 낮아 성능 개선이 요구된다. 또한 금속 지지체는 산화성 분위기에서 소결이 불가능하기 때문에 전지 구성 요소의 제조 공정을 새로이 개발하여야 한다. 그 외에 실리콘 위에 박막을 코팅하여 SOFC를 제조하는 연구가 진행되고 있으며, 모든 구성 요소의 박

막화로 작동 온도 저감이 가능하다는 이점은 있으나, 제조 공정이 복잡하고 대면적 제조가 쉽지 않은 단점을 지니고 있다.

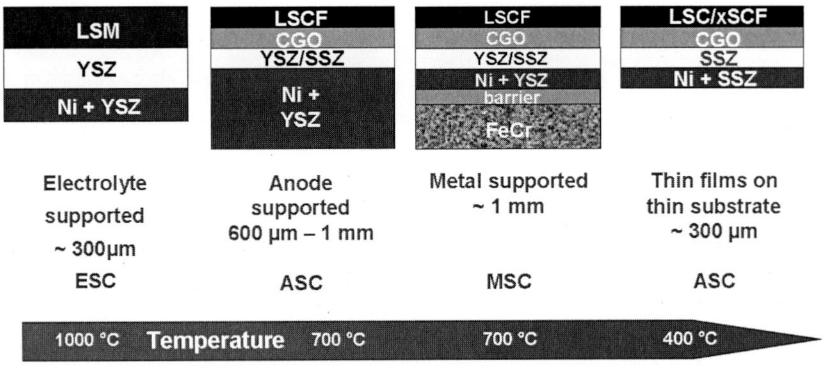

| 그림 4-12 | 지지체별 고체산화물 연료전지의 구조

이와 같이 SOFC는 여러 가지 형태의 지지체 구조가 개발되고 있으며, 현재까지 연료극 지지체, 전해질 지지체, 절연성 세라믹 지지체 기술이 상용화에 근접해 있는 상황이다. 금속 지지체의 경우에는 작동 온도를 지나치게 낮추게 되면, 연료전지 효율이 감소하게 되어 SOFC의 최대 장점인 고효율의 특성이 사라지게 된다는 사실을 유의하여야 한다.

3 고체산화물 연료전지의 구성 재료

3.1 전해질

전해질은 연료전지 반응으로 생성된 이온을 반대 전극으로 전달하는 역할을 수행한다. SOFC에 있어 가장 중요한 소재가 전해질이며, 전해질의 이온 전도도에 따라서 연료전지의 작동 온도가 결정된다. 연료전지는 반응 물질로 공급되는 기체인 산소와 수소 가운데 하나가 이온전달 매체가 되어야 한다. 세라믹 물질인 고체산화물은 산소 이온이 풍부하고 이동이 쉽기 때문에 전해질 내의 이온전달 매체는 산소이온이 된다. 〈그림 4-13〉은 여러 가지 고체산화물 전해질의 이온 전도도를 나타내고 있다. 이온 전도도가 가장 우수한 것은 비스무스계 산화물, LSGM($LaSrGaMgO_3$), GDC(Ga-doped CeO_2), Sc_2O_3-stabilized ZrO_2(ScSZ)이다. 그러나 이 가운데 ScSz를 제외하고는 환원성 분위기에서 안정성이 크게 떨어진다. 일반적으로 가장 널리 이용되는 고체산화물 전해질은 형석구조(fluorite structure)의 도핑된 지르코니아 소재이다. 저온에서 사용되고 있는 LSGM은 일본 큐슈대학의 이시하라 교수가 1994년 개발한 페로브스카이트(perovskite) 구조의 대표적인 전해질이다. LSGM은 저온에서 산소이온 전도도는 우수하나, 고온 환원성 분위기에서 Ga의 휘발과 연료극 촉매인 Ni과의 화학적인 반응으로 절연성 화합물을 형성하거나, LSGM의 단일상을 얻기가 쉽지 않다는 단점이 있다. LSGM은 $LaGaO_3$ 페로브스카이트 구조의 A 원자 위치(La^{3+})에 Sr^{2+}를, B원자 위치(Ga^{3+})에 Mg^{2+}를 동시에 도핑하여 산소공공(oxygen vacancy)을 2개 형성함으로써 산소이온 전도도를 증가시킨다.

CeO_2는 이온 전도도가 거의 없는 절연성 물질이나, Ce 원자 위치(Ce^{4+})에 Gd^{3+}, Sm^{3+}를 도핑함으로써 산소공공을 형성시켜 산소이온 전도도를 획기적으로 증가시킨다. 그러나 도핑된 CeO_2는 다가 원소인 Ce로 인해 600 ℃ 이상의 고온에서 화학적 안정성이 떨어지는 문제점을 안고 있다. 온도가 증가함에 따라 연료극의 환원성 분위기에서 CeO_2의 Ce^{4+}는 Ce^{3+}로 환원되는 양이 증가하여 n형 반도체 특성을 갖게 되어 산소이온 전도도가 감소하게 된다. 이러한 반응으로 연료전지의 개회로 전압 감소, 누설전류 증가 및 이온 전도도 감소로 인해 고온에서 연료전지 성능 및 안정성이 감소한다. 저온에서는 비교적 안정한 연료전지 성능을 나타내며, 영국의 Ceres Power사에서는 이 전해질을 사용하여 550 ℃에서 작동하는 가정용 연료전지를 개발하여 성공리에 운전하였다.

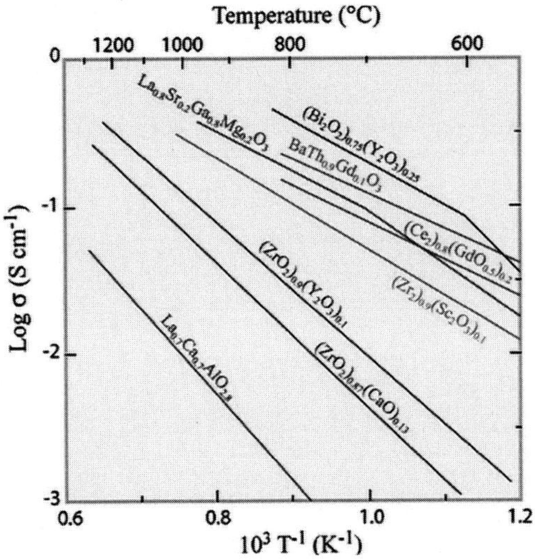

| 그림 4-13 | 여러 가지 고체산화물 전해질의 이온전도도

ScSz도 화학적 안정성이 우수하지 않으므로, 내구성을 증가시키기 위해 1 mol% CeO_2를 도핑하여 연료전지의 전해질로 사용한다. Ca 도핑 지르코니아는 이온 전도도가 낮아 전해질로 사용은 어려우나, 화학적 안정이 우수하여 지지체 소재로 사용이 가능하다.

가장 많이 사용되고 있는 전해질 소재는 8 mol% 이트리아 안정화 지르코니아(8YSZ: 8mol% Y_2O_3-stabilized ZrO_2)인데, 이온 전도도가 우수하고 화학적 안정성이 우수하기 때문이다. 현재 8YSZ는 입방정 결정구조(cubic crystal structure)의 안정화를 위해 3가 원소로 이트리아를 첨가한다. 그러나 이트리아 첨가양이 증가함에 따라 지르코니아의 기계적 강도는 감소하게 된다. 이러한 기계적 강도의 감소는 전해질의 열충격에 대한 내구성을 감소시킨다. 따라서 기계적 강도와 이온 전도도 사이에 적절한 타협이 필요하다. YSZ는 ZrO_2의 Zr^{4+}원자 위치에 Y^{3+}를 도핑함으로써 산소공공 농도를 생성시켜 산소이온 전도도를 증가시킨다. 도핑된 원소의 농도가 증가함에 따라 산소공공의 농도가 증가하나, 이온크기가 다른 도핑 원소의 증가는 결정 구조 내 격자 변형(lattice strain)을 증가시키기 때문에 도핑되는 원소는 임계 도핑량을(critical doping concentration)을 갖게 된다. 이러한 임계 도핑량은 이온의 크기와 이온 원자가에 의존하게 되며, 이온반경이 유사한 도핑 원소의 임계 도핑량이 크기 때문에 산소이온 전도도도 더 높다. 예를 들면 이온반경이 Zr^{4+}와 유사한 Sc^{3+}를 도핑하였을 경우에 산소이온의 이동 시 격자뒤틀림 에너지가 적기 때문에 임계 도핑량이 많고 이온 전도도가 증가하게 된다.

〈그림 4-14〉는 지르코니아-이트리아 상태도를 나타내고 있다. 지르코니아는 고온에서 입방정 형석구조(cubic fluorite structure)를 갖는다. 온도가 감소함에 따라 정방정형(tetragonal)구조로 천이되고 온도가 더 감소함에 따라 단사정형(monoclinic)구조로 변한다. 이러한 구조적 변화로 지르코니아는 열팽창 계수, 기계적 강도, 화학적 안정성 등 여러 가지 물리화학적 특성이 달라지게 된다. 순수한 지르코니아는 절연성 물질이나, 3가의 이트리아를 도핑함에 따라 산소공공 농도의 증가로 이온 전도도가 증가한다. 이트리아 농도의 증가는 지르코니아의 결정구조를 입방정 형석구조로 변화시킨다. 이러한 결정구조 변화로 산소이온 전도도가 증가함에 따라 지르코니아를 연료전지의 전해질로 사용할 수 있게 된다. 이트리아 첨가량을 늘리면 입방정 형석구조가 안정화되어 연료전지 전해질로 이온전도도가 우수해지나, 이트리아 가격의 증가로 전해질의 비용이 증가하게 된다. 반대로 이트리아 첨가량이 낮으면 이온전도도는 감소하나 기계적 강도가 증가하게 되며, 3 mol% 이트리아 첨가 시에 우수한 기계적 강도를 보인다.

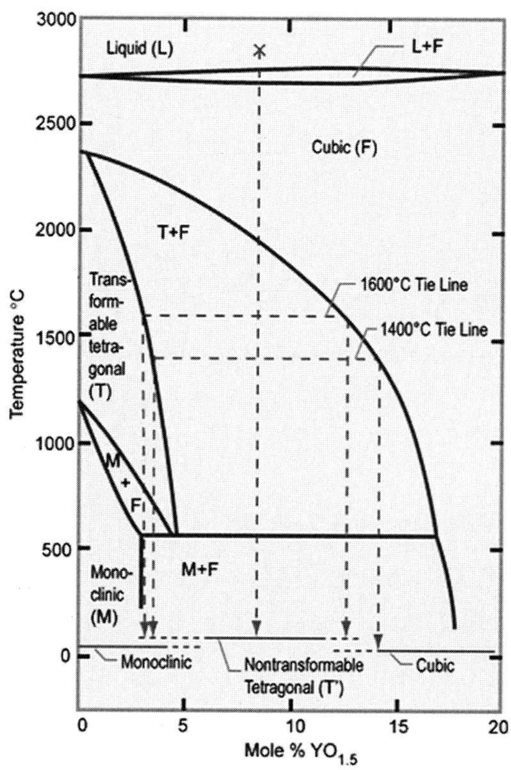

| 그림 4-14 | ZrO_2-Y_2O_3 계 상태도

지르코니아-이트리아 상태도를 보면 연료전지 작동 온도인 700 ℃ 이상에서 전해질이 입방정상으로 결정구조를 완전히 안정화하기 위해서는 이트리아 첨가량이 매우 높아야 한다. 그런데 세라믹의 특성상 온도에 따른 평형상을 얻는데 시간이 매우 많이 소요된다. 왜냐하면 금속의 경우와는 달리 세라믹은 이온결합으로 되어있어 온도에 따라 평형상을 얻기 위해서는 이온의 확산이 요구되는데, 양이온의 확산 속도가 느려 저온에서 평형상을 얻는데 수 천 시간이 걸리기도 한다. 그래서 대략 8 mol% 이트리아를 첨가할 경우에 연료전지 작동 온도에서 완전한 안정화된 입방정상의 형석구조를 얻게 되며, 이 조성일 때 이온 전도도가 거의 최고치에 도달한다. 기계적 강도면에서는 정방정형 구조가 우수하다. 따라서 전해질의 기계적 강도를 증가시키기 위해서는 이트리아 첨가량을 줄여야 한다. 연료극 지지체는 전해질 소재와 전극촉매의 혼합체로 구성되어 있으므로 이트리아 첨가량이 감소된 부분 안정화 지르코니아(partially stabilized zirconia)를 사용하기도 한다. 그러나 부분 안정화 지르코니아는 연료전지의 장기 운전 동안에 수증기와 반응하여 강도가 감소하기 때문에 기계적 강도를 증가하기 위해 알루미나 입자를 첨가하여 강도를 증가시키기도 한다. 실제 연료극 지지체 SOFC의 경우 가장 많이 사용되는 소재가 전해질과 연료극 촉매로 구성된 지지체이기 때문에 비용 저감을 위해서도 이트리아 함량이 적은 부분 안정화 지르코니아를 사용하는 것을 고려하여야한다..

SOFC로 사용되는 전해질은 작동 온도의 변화에 따라 상변화가 없어야 한다. 만약 열사이클 등 연료전지 작동 조건에 따라 상변화가 발생하면 부피 팽창 및 수축이 동반되어 균열 등 결함 발생의 원인이 되기 때문이다. 특히 전해질은 치밀한 박막으로 사용되기 때문에 결함의 발생은 전해질을 통한 반응 가스의 크로스오버(gas crossover)를 발생시켜 연료전지 수명에 치명적인 손상을 초래하게 된다.

3.2 공기극

공기극은 고온의 산화 분위기에서 화학적으로 안정하고 전해질 등 다른 소재와의 반응성이 적어야 하며, 높은 전자 전도성을 가져야 한다. 또한 열팽창 계수가 전해질과 유사하여야 하고 산소 공급을 용이하게 하기 위해서 적절한 기공을 가져야 한다.

공기극 소재로는 Pt, Pd, Ag 등 귀금속계와 페로브스카이트 구조의 $LaMnO_3$, $LaFeO_3$ 등의 소재가 사용된다. 800 ℃ 이상의 고온에서 작동하는 고온 SOFC의 경우 귀금속계 소재를 사용할 경우, 초기 성능은 우수하나, 금속의 휘발 및 입자 조대화로 성능이 급속히 감소하게 된다. 그러므로 고온에서는 사용이 어려우며, 700 ℃ 이하의 저온 작동 시에 사용이 가능하다. 또한 귀금속의 경우 가격이 비싸기 때문에 연료전지 소재로 사용하기에는 비용적 한계를 갖는다.

현재 가장 많이 사용되는 소재는 $LaSrMnO_3$(LSM)과 $LaSrCoFeO_3$(LSCF) 소재이다. LSM과 LSCF는 전자 전도성과 이온 전도성을 함께 갖는 혼합 전도체(mixed conductor)이다. LSM의 경우 LSCF에 비해 전기 전도도가 떨어지나 화학적 안정성이 우수하기 때문에 고온 작동 시에 널리 사용되고 있다. 반면에 LSCF는 전기 전도도는 우수하나, 고온에서 화학적 안정성이 낮기 때문에 800 ℃ 이하의 비교적 낮은 온도에서 사용된다..

〈그림 4-15〉는 SOFC 공기극에서의 산소 환원반응 메커니즘을 나타내고 있다. 공기극이 혼합 이온 전자 전도체(MIEC: mixed ionic and electronic conductor)일 경우 공기 중의 산소 분자는 공기극 표면에 흡착하여 산소 원자로 해리된다. 해리된 산소 원자는 두 경로로 나누어 전극 반응을 일으킨다. 첫 번째 경로는 흡착된 산소 원자가 전극 표면을 따라 확산하여 3상계면(triple phase boundary: TPB)으로 이동하는 것이다. 3상계면에서 전자를 받은 산소 원자는 산소 이온이 되어 전해질을 통해 연료극으로 이동한다. 두 번째 경로는 전극 표면에 흡착된 산소 원자가 전자를 받아 산소 이온이 되고 산소 이온은 산소이온 전도성을 가진 전극촉매로 들어가 확산 이동하여 전해질/전극 계면을 통해 연료극으로 이동한다.

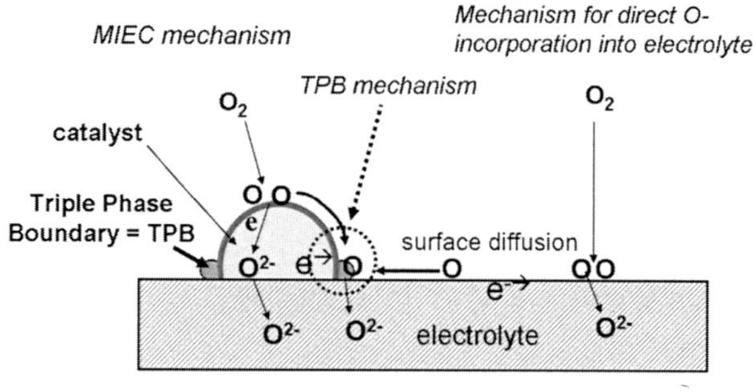

| 그림 4-15 | SOFC의 공기극에서의 산소 환원반응 경로

그러므로 공기극 성능을 좋게 하기 위해서는 전극의 전자 전도성과 이온 전도성이 우수하여야 한다. 또한 산소의 표면 확산이 용이하여야 하며, 3상계면 및 전극 표면에서 전극의 전하이동이 쉬워야 한다. 구조적으로는 반응 면적이 넓어야 하기 때문에 3상계면이 많고 전극의 비표면적이 넓은 것이 좋다. 느리지만 가능한 반응은 산소가 전해질 표면에 흡착 해리하고 전자를 받아 전극을 거치지 않고 바로 전해질로 이동해 들어가는 반응이다.

가장 널리 사용되고 있는 $LaSrMnO_3$(LSM) 소재는 높은 산소 분압에서는 화학적으로 안정하나 환원성 분위기에서는 상분해가 발생한다. LSM은 다원자가 원소인 Mn으로 인해 p형 반도체 특성을 갖고 있으며, LSM은 $LaMnO_3$의 전자 전도성을 증가시키기 위해 La^{3+} 위치에 Sr^{2+}를 도핑한 것이다. 도핑 시 전기적 중성을 유지하기 위해 페로브스카이트의 경우에는 산소공공을 형성하여야 하나, 이 경우는 에너지가 많이 소비되는 산소공공 형성으로 전기적 중성을 유지하지 않고 다원자가인 Mn이 Mn^{3+}에서 Mn^{4+}가로 전환하면서 전기적 중성을 유지하게 된다. 이로 인해 LSM내 전하 운반자(charge carrier)인 정공(hole)의 농도가 증가하게 되어 전자 전도도가 증가한다. 따라서 LSM내 도핑량이 증가하면 정공 농도의 증가로 전자 전도도가 증가하게 된다.

〈그림 4-16〉은 페로브스카이트계 공기극 소재의 열팽창 계수와 작동 온도 범위를 나타내고 있다. LSM 기반 소재들은 열팽창 계수가 낮아 전해질인 YSZ와 비슷하나, LSCF계 소재들은 열팽창 계수가 크고 화학적 안정성이 낮아 작동 온도를 낮추어야 한다. LSM계 전해질은 높은 화학적 안정성을 가지므로 YSZ 전해질에 직접 코팅하여 사용이 가능하나, LSCF계 전해질은 반응성이 높아 YSZ에 직접 코팅하여 사용할 경우, $La_2Zr_2O_7$과 같은 절연성 2차상이 계면에 형성된다. 경우에 따라서는 많은 Sr 도핑으로 $SrZrO_3$가 형성되기도 한다. 2차상 형성은 주로 소결 과정 동안에 형성되며, 연료전지를 장시간 운전할 경우에도 생성된다. 따라서 연료전지의 열화를 방지하기 위해서는 절연성 2차상 생성을 방지하여야 하며 Ga가 도핑된 CeO_2를 이용하여 공기극과 전해질 사이에 버퍼층을 형성시킴으로써 이를 방지할 수 있다.

LSM 제조시 La가 과잉으로 존재하게 되면, La_2O_3의 2차상이 형성되고 공기 중에 함유된 수분과 결합하여 쉽게 큰 분자 크기의 $La(OH)_3$를 형성하여 전극의 구조를 변화시킨다. 그래서 안정한 LSM상을 얻기 위해서는 Mn이 과잉으로 존재하도록 하여 전극을 제조하여야 한다. LSM은 연료전지 운전 중에 수분과 반응하여 $Mn(OH)_3$를 형성하여 Mn 손실을 발생시켜 공기극의 성능 열화를 일으키고, 금속 연결재로부터 휘발해 온 Cr이 3상계면에 흡착하여 반응면적 손실을 초래하기도 한다.

Formulation	Composition	CTE (ppm/°C)	Electrolyte Materials	Temperature Range (°C)
LSM15	$(La_{0.85}Sr_{0.15})MnO_3$	10	YSZ	800 to 1000
LSM20	$(La_{0.80}Sr_{0.20})MnO_3$	11	YSZ	800 to 1000
LSF20	$(La_{0.80}Sr_{0.20})FeO_3$	13	YSZ, GDC, LSGM	750 to 900
LSF40	$(La_{0.60}Sr_{0.40})FeO_3$	15	GDC	750 to 900
LSCF6428	$(La_{0.60}Sr_{0.40})(Fe_{0.80}Co_{0.20})O_3$	15	GDC	700 to 750
LSM/YSZ	30 vol% YSZ	10	YSZ	800 to 900
LSM/GDC	40 vol% GDC	12	YSZ, GDC, LSGM	750 to 900
LSF20/GDC	40 vol% GDC	13	YSZ, GDC, LSGM	700 to 900
LSF40/GDC	40 vol% GDC	14	GDC, LSGM	700 to 900
LSCF6428/GDC	30 vol% GDC	14	GDC, LSGM	650 to 750

| 그림 4-16 | SOFC의 여러 가지 공기극 소재의 특성

3.3 연료극

연료극에서는 수소 산화반응과 메탄의 내부 개질반응이 동시에 일어난다. 그래서 이러한 반응에 우수한 활성을 나타내는 금속 소재가 사용될 수 있다. 사용 가능한 금속 촉매들은 Ni, Pt, Pd, Ag 등이며, 최근에는 SOFC 작동 시 연료가스 공급의 중단으로 인해 연료극이 환원 및 산화 분위기에 노출되므로 이를 방지하기 위해 Sr 도핑 $LaTiO_3$ 등과 같은 세라믹 소재도 개발되고 있다. 공기극과 마찬가지로 연료극도 연료극 촉매와 전해질을 혼합한 복합체를 연료극으로 사용하며, 연료극 내 금속 촉매는 연료 산화반응을 촉진하고 전해질은 이온 전도체로 기능을 수행한다. 연료극의 요구조건으로는 전극활성이 우수하고, 열팽창 계수가 전해질과 유사하여야 하고, 연료가스 공급을 위해 적절한 기공을 가져야 한다. 또한 전해질 등 다른 소재와의 반응성이 적어야 하고 화학적으로 안정하여야 한다. 연료극의 성능을 증대하기 위해서는 전극의 활성도뿐만 아니라 3상계면을 증대시켜 반응면적을 극대화하는 것이 중요하다.

가장 많이 사용하는 연료극 촉매는 Ni이다. Ni은 YSZ 입자 위에 균일하게 분산되어야 촉매 비표면적을 최대로 높일 수 있다. 또한 동일한 양의 Ni을 사용할 경우 Ni 입자 크기를 작게 할수록 비표면적이 증가한다. 그러나 Ni 입자가 나노크기로 작아지게 되면 연료전지 초기 운전 시 성능은 우수하나, 운전 시간이 경과함에 따라 Ni 입자의 조대화 현상이 발생하여 성능 감소를 나타내게 된다. 따라서 연료극의 성능과 열화 속도를 고려하여 적절한 크기의 Ni 입자를 선택하거나, Ni 입자 성장을 방지할 수 있는 방안을 도출하여야 한다.

〈그림 4-17〉은 Ni 함량에 따른 두 개의 다른 기공도를 가진 연료극의 전기 전도도를 보여준다. 연료극은 금속 Ni과 전해질 소재인 YSZ가 혼합하여 서멧(cermet) 형태로 존재하며, 전기 전도도는 Ni 양에 의존하며 서멧의 전기 전도도는 2상의 혼합물에서 전기 전도도 거동을 설명하는 Percolation 이론에 따라 S자형의 모양을 보인다. 즉 Ni 함량이 증

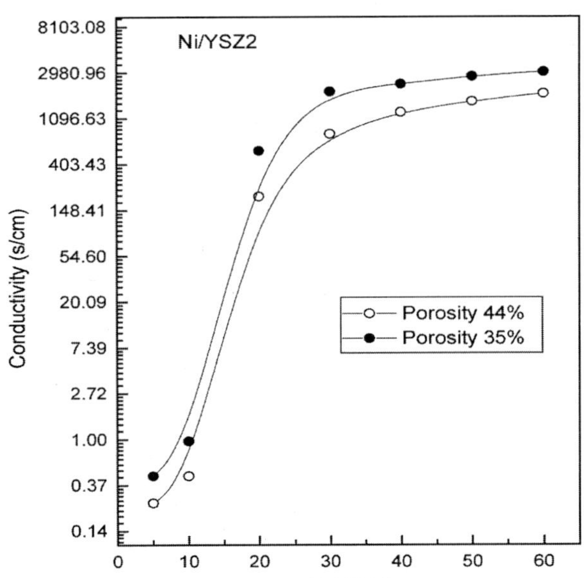

| 그림 4-17 | 1,000 ℃에서 Ni 함량에 따른 Ni/YSZ 서멧의 전기 전도도

가함에 따라 전기 전도도는 서서히 증가하다가 약 30 %를 경계로 급격한 전기 전도도 증가가 나타난다. 낮은 Ni 양에서는 Ni의 연결도가 낮기 때문에 전기 전도도는 대부분 전해질에 의존하며, 대략 30 vol.% Ni 이상에서는 Ni 입자 사이가 전기적으로 연결됨에 따라 연료극의 전기 전도도는 약 30 vol.% 이하일 때에 비해 약 1,000배 이상의 값을 나타낸다. 따라서 연료극 제조 시에는 전기 전도도가 우수한 부피비를 잘 선정하여야 한다.

일반적으로 SOFC는 Ni 부피비를 40 % 이상으로 하여 제조한다. 서멧의 전기 전도도는 지지체의 표면적 등 재료의 미세구조에 의존한다. 동일한 Ni 양을 가지면서 표면적이 더 작은 YSZ 지지체를 갖는 전극이 Ni 입자 사이의 전기적 접촉이 좋게 되며, 결과적으로 서멧의 전기 전도도는 증가하게 된다.

연료극의 열팽창 계수는 Ni과 YSZ 혼합 거동의 결과로 나타나며, 열팽창 계수는 Ni 함량이 증가함에 따라 선형적으로 증가한다. 이러한 열팽창 계수의 증가로 인해 Ni 함량을 늘리는데 한계가 있다. 전해질 지지체 연료전지의 경우는 연료극의 두께가 전해질에 비해 얇기 때문에 큰 문제가 되지 않으나, 연료극 지지체의 경우에는 연료극의 두께가 전해질에 비해 훨씬 두껍기 때문에 열팽창 계수의 제어는 매우 중요하다. 일반적으로 승온 및 강온, 열충격으로 발생하는 수축과 팽창에 대한 저항성을 갖기 위해서는 각 구성 요소간의 열팽창 계수 차이는 10^{-6} m/m · K를 넘지 않아야 한다. 따라서 연료극 지지체의 경우도 이러한 열팽창 계수 한계를 벗어나지 않는 범위까지 Ni을 첨가하여야 하고 작동 온도도 800 ℃ 이하로 제한을 두어야 한다. 아울러 연료극 지지체의 열팽창 계수를 제어하기 위해 다른 입자의 첨가, 강도 개선 등 열팽창 계수의 차이로 발생한 균열을 억제하기 위한 노력이 필요하다.

SOFC의 연료극 제조는 YSZ와 NiO 분말을 혼합하여 전극을 제조하며, 제조된 전극으로 연료를 주입하여 운전을 실시한다. 연료전지 내에 연료가 주입되면 NiO는 연료 내 수소와 반응하여, 금속 Ni로 전환되고 수증기를 발생하게 된다. 이러한 반응은 발열반응이며, 생성된 열에 의해 금속 Ni 입자가 조대화될 수 있기 때문에 NiO 환원반응 속도를 제어하여야 한다. 또한 이러한 환원반응은 연료극 내 부피 변화를 발생시키며 연료극은 더욱 많은 기공을 갖게 된다. 연료극은 운전하는 동안에 Ni 입자 성장으로 열화가 발생하므로 이를 방지하기 위한 노력이 필요하다. 연료 내에 함유된 황, 인 등이 Ni과 반응하면 화합물을 형성하여 연료극 성능을 감소시키기 때문에 주의하여야 한다. 또한 메탄의 열분해에 의한 탄소 침적 현상을 방지하기 위해서 조촉매를 첨가하는 것 등의 연구가 진행되고 있다.

3.4 연결재

연결재(Interconnect)는 분리판(seperator), 바이폴라판(bipolar plate) 등으로 부른다. 연결재는 다공성 지지체 또는 금속 분리판에 코팅되어, 단전지를 전기적으로 연결하면서 연료와 공기를 분리시키는 역할을 담당한다. 일반적으로 연결재는 세라믹 연결재와 금속 연결재로 나누어지며, 세라믹 연결재는 원통형, 평관형, 세그먼트형 SOFC 등의 다공성 지지체 상에 코팅되어 사용된다. 반면에 금속 연결재는 평판형 단전지 사이에 위치하게 되며, 금속의 산화를 방지하기 위하여 전도성의 세라믹 소재가 코팅되어 사용된다. 실제 대부분의 세라믹 연결재들이 금속 연결재 위에 코팅되는 소재로 사용이 가능하다. 연결재에 요구되는 특성은 다음과 같다.

① 화학적 안정성: 연결재는 코팅되어 사용되고 전극들과 접촉하고 있기 때문에 계면 반응 및 계면을 가로지르는 원소의 확산이 없어야 한다. 특히 금속 연결재에 코팅할 경우 금속과 코팅된 연결재 사이에 절연성 반응물이 생성될 경우에는 연료전지 성능의 손실을 초래한다. 전극 지지체 상에 코팅될 경우 계면반응이 억제되어야 하고 이온들의 상호 확산이 발생하지 말아야 한다. 연결재는 환원성 분위기와 산화성 분위기에 놓이기 때문에 화학적으로 양쪽 분위기에서 안정하여야 한다. 세라믹 연결재의 경우 대부분 산화물 형태이기 때문에 환원성 분위기에서 분해되지 않는 물질을 선택하여야 한다. 금속 연결재의 경우 산화물 분위기에서 절연성 산화피막을 형성하기 때문에 이를 방지하여야 한다.

② 전자 전도도: 연결재는 연료전지 작동 온도에서 전자 전도성을 가져야 하며, 이온 전도성은 없어야 한다. 만약 연결재에 이온 전도가 발생하게 되면 전류 누설과 연료 손실을 낳기 때문에 주의를 요한다. 일반적으로 연결재는 코팅될 경우 수십 μm 이하이기 때문에 연결재로 인한 전압손실을 방지하기 위해 면저항은 최대 100 m$\Omega \cdot$ cm^2 이하이어야 하고 전자 전도도는 1 S/㎝ 이상이어야 한다. 이 값은 SOFC 전해질로 널리

사용되는 YSZ가 800 ℃에서 2×10^{-2} S/㎝ 인 것을 고려하면, 약 50배 이상 큰 값이다.

③ 소결성: 연결재는 습식 코팅되어 사용되기 때문에 고온에서 소결하여 치밀막을 얻는다. 따라서 치밀막을 얻기 위해서는 우수한 소결성을 가져야 한다. 연결재는 연료전지 제조의 중간 단계에 코팅되기 때문에 소결온도는 적어도 전해질의 소결온도인 1,400 ℃를 넘지 말아야 하며, 가능한 한 저온 소결성을 갖는 것이 좋다.

④ 열팽창 계수: 연결재의 열팽창 계수는 SOFC 전해질의 열팽창 계수와 유사하여야 하는데, 이는 연료전지 운전 동안에 발생할 수 있는 열충격에 의한 열응력 발생을 최소화하기 위한 것이다.

⑤ 열전도도: 연료전지 운전 시에 발열반응이 일어나며, 이 열은 가능한 빠르게 외부로 배출하거나, 연료전지 스택 전체에 열이 균일하게 분포되도록 빠른 속도로 열을 전도하여야 한다. 만약 온도가 국부적으로 높을 경우 연료전지에 열응력이 발생하여 균열이 발생될 수 있다. 이러한 측면에서 볼 때 금속 연결재는 높은 열전도성을 가지기 때문에 유리하다.

⑥ 기계적 강도 및 생산성: 연결재는 적절한 기계적 강도를 가져야 한다. 특히 평판형의 경우, 고온 장시간 운전 시 크립(creep) 등으로 변형이 가능하기 때문에 고온에서의 기계적 강도가 필요하다. 또한 경제적인 측면을 고려하여 생산이 용이하여야 한다.

지금까지 고체산화물 연결재로는 $LaCrO_3$계 세라믹과 코팅된 Ferritic steel이 주로 사용되어 왔다. 페로브스카이트 구조의 $LaCrO_3$계 세라믹은 산화성 및 환원성 분위기에서 화학적으로 안정하고 도핑을 통해 전자 전도성을 갖기 때문이다. 도핑원소는 Mg, Sr, Ca 등이다. 그러나 Mg 및 Sr 도핑된 $LaCrO_3$계 세라믹은 소결온도가 1,500 ℃ 이상으로 높고 제조성이 좋지 않다는 단점을 지닌다.

Ca 도핑된 $LaCrO_3$계 세라믹은 소결온도가 낮고 전자 전도성 및 화학적 안정성이 우수하며, 독립적으로 제조 시에는 소결 후 치밀한 소결체가 얻어진다. 그러나 다공성 지지체 위해 코팅할 경우 Ca 도핑 $LaCrO_3$계는 치밀막을 얻기가 어렵다. Ca 도핑 $LaCrO_3$계의 소결 메커니즘을 보면 용융점이 낮은 Ca화합물 형성을 통해 액상 소결에 의해 치밀화가 일어나기 때문에 이러한 소결 과정에서 다공성 지지체 상에 존재하는 액상물질이 모세관 현상으로 인해 지지체로 많은 부분이 이동하기 때문에 코팅층은 치밀하게 되지 않는다.

이러한 문제를 해결하기 위해 Sr 도핑 $LaTiO_3$계 세라믹 연결재가 개발되었다. 이 소재는 환원성 분위기로 1,400 ℃에서 소결 후 치밀막이 형성되었으며, 전기 전도도는 환원성 분위기에서 우수하다. 그러나 산화성 분위기에서 전자 전도도가 감소하는 경향을 나타낸다. 따라서 산화성 분위기의 전자 전도도 개선을 위한 노력이 필요하다. 또한 저온 연결재 소재로 Ag와 유리가 혼합된 복합체 물질이 개발되었는데, 800 ℃에서 열처리 후 치밀막을 형성하였으며, 700 ℃ 이하의 저온에서 우수한 전기 전도도를 나타내었다.

세라믹 연결재가 대부분 원통형 및 평관형 구조의 SOFC에 사용되나, 금속 연결재는 평판형 SOFC에 사용된다. 금속 연결재는 전자 전도도, 기계적 특성, 열전도도가 우수하고 가공이 용이하며, 생산 가격이 저렴하다는 장점을 갖는다. 금속 연결재의 단점으로는 열팽창 계수가 크고 고온에서 내산화성이 약하다는 것이다. 그러므로 산화성 분위기에 놓이는 금속 연결재는 표면을 전도성 세라믹 소재로 코팅하여 사용한다. 이때 코팅되는 소재는 대부분 세라믹 연결재 소재이다.

고온 내구성이 우수하여 금속 연결재로 사용가능한 소재는 Fe 합금, Cr 합금, Ni 합금 등이 있다. 그 중에서 Ni 합금은 내구성이 우수하나, FCC 결정구조로 인해 열팽창 계수가 커서 연결재로 사용하기가 곤란하다. 그러므로 현재는 열팽창 계수가 비교적 작은 BCC 결정구조를 갖는 Cr 합금과 Ferritic Steel이 금속 연결재로 사용되고 있다. Cr 합금은 내산화성이 우수하기 때문에 고온에서 사용이 가능하며, 고온에서의 내산화성과 열팽창 계수를 제어하기 위해서 La_2O_3 산화물을 분산시켜 사용한다. Ferritic steel도 내산화성을 증가시키기 위해 La을 첨가하였으나, 고온 내산화성의 한계로 800 ℃ 이하의 저온에서 사용하여야 한다. 이처럼 금속 연결재의 경우 내산화성이 우수하기는 하나 표면에 형성된 산화피막의 전도도가 감소하고 산화물 피막의 성장이 일어나기 때문에 전도성 세라믹을 코팅하여 사용하고 있다.

4 고체산화물 연료전지 시스템 기술

세계의 대부분 국가는 전력 생산 설비로써 대규모 발전장치를 선호하여 왔으며, 고효율화와 함께 설비의 대용량화를 통한 중앙집중식 전기 생산 및 배분이 이루어져 왔다. 이러한 정책으로 인해 중앙 집중 방식의 발전 설비 고도화를 위한 연구개발이 이루어져 왔다. 이러한 대규모 설비를 중심으로 구성된 중앙관리 시스템은 효율적 시스템 관리라는 측면에서는 큰 장점을 가지고 있으나, 최근에 들어서는 여러 가지 심각한 문제들이 발생하여 대규모 중앙집중식 발전의 확대에 제한을 받고 있는 실정이다. 대표적인 문제점으로는 중앙집중식 대형 설비는 건설 기간 등을 고려할 때 폭발적으로 증가하는 전력 수요를 정확히 예측하여 대처하기 힘들고, 장거리 송전 등으로 인한 부가적 손실이 크며, 순간적 부하 증가 등에 대처하기 힘들다는 것 등이다.

이러한 문제점을 보여주는 예로는 최근 미국 캘리포니아 주에서 일어난 바 있는 대규모 정전사태이다. 또한 기존의 대규모 발전 설비에서 발생하는 환경오염 문제도 심각한 것으로 나타나고 있어 이에 대한 대책이 시급한 실정이다. 예를 들면 최근 발생한 일본의 후쿠시마 대지진으로 인한 원전 발전 중단 및 대규모 방사능 유출 사태는 지금까지 친환경으로 여겨온 원전이 얼마나 인간에게 심각한 문제를 야기하는지 명확하게 현실로 보여주고 있다. 또한 석탄 화력 발전에서 발생하는 SOx, NOx, 이산화탄소 등 환경오염 및 온실가스 발생 등은 사회적인 문제로 대두된 지 오래이다. 근본적으로 중앙집중식 대형 발전 및 송전 설비에 의존한 전력 시스템이 지니고 있는 이러한 문제들은 실제 인간 생활에 얼마나 심각한 문제를 일으킬 수 있는지에 대한 단적인 사례이며, 향후에는 이러한 문제들은 더욱 심각해질 것으로 예상된다.

중앙집중식 대형발전에서 발생되는 문제점들을 해결하기 위해 전력 생산 및 공급 시스템을 기존의 중앙집중식에서 분산발전형으로 변하시키고자 많은 연구가 진행되고 있다. 연료전지는 효율이 매우 높고 환경오염이 적어 친환경적이고 모듈식 생산이 가능하기 때문에 이러한 분산발전의 선두 기술로 대두되고 있다.

현재 SOFC는 미국의 Bloom Energy사의 100 kW급, 200 kW급 발전시스템이 약 70 MW 정도가 보급되어 운전되고 있으며, 발전효율은 50 % 이상을 나타내고 있다. 일본에서는 교세라를 중심으로 가정용 1 kW급이 약 8천대 이상 보급되어 운전되고 있으며, 효율은 약 45 % 정도를 보여주고 있다. 미쓰비시 히타치 파워사(MPH)에서는 250 kW급 SOFC-가스터빈 복합발전 시스템을 성공리에 개발하였다. 유럽에서도 건물용, 가정용, 휴대용 SOFC 발전시스템이 개발되고 있다.

4.1 SOFC 상용화 요구 조건

SOFC의 상용화를 위해서는 신뢰성 측면에서 다음과 같은 여러 가지 요구 조건이 필요하다.

① 장수명화 및 신뢰성 향상
- 가스기밀, 열사이클 안정성 확보
- 스택 장수명 기술: 구성 요소의 내구성, Cr 휘발 및 Sr 등의 원소 이동 방지 기술
- 시스템 내구성 확보: 블로워 등 시스템 부품 열화, 배관 열화 방지 등
- 운전 온도 저온화를 통한 열화 감소

② 저가격화 및 효율 향상
- 저가 소재 사용: 저가 세라믹 분말, 상용 금속 소재 등
- 저가 제조공정: 습식 소결공정 등
- 고출력 단전지 개발
- 저가 BOP 개발: 열교환기, 블로워, 시스템 제어 등

③ 상용화 방향
- 발전용 제품: 수명 5년 이상, 효율 50 % 이상, 가격 1,000 $/kW 이하
- 가정용 제품: 수명 5년 이상, 효율 40 % 이상, 대당 가격 5,000 $ 이하
- 보조전원 제품: 동작시간 5천 시간 이상, 효율 30 % 이상, 열사이클 100 회 이상
- 휴대용 제품: 동작시간 5천 시간 이상, 효율 20 % 이상, 열사이클 1,000~2,000 회

4.2 국내외 기술개발 현황

(1) 국내 기술 현황

SOFC 기술은 1980년도 후반부터 국책연구소와 대학 등을 중심으로 기초연구에 대한 연구가 진행된 바 있으며, 본격적인 기술 개발은 1994년 국책사업인 대체에너지 개발사업으로 시작되었다. 2002년부터는 SOFC-마이크로가스터빈 하이브리드 발전시스템 개발이 진행되었으며, 한국에너지기술연구원에서 5 kW급 가압 발전시스템을 개발하고(〈그림 4-18〉) 마이크로가스터빈과 하이브리드화하여 성공리에 운전하였다.

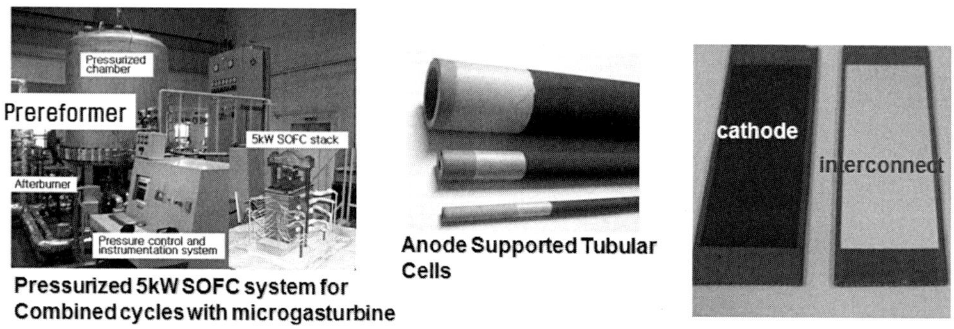

| 그림 4-18 | 한국에너지기술연구원의 SOFC 기술

2003년에는 전력연구원(KEPRI)을 주축으로 에너지기술연구원(KIER), 한국과학기술원(KIST) 등 출연연구소가 참여하여 1 kW급 및 5 kW급 평판형 SOFC 시스템 개발연구를 수행한 바 있다. 최근에는 포스코에너지에서 대면적 평판형 셀을 개발하였으며, 이를 사용하여 10 kW급 시스템을 제작 운전한 바 있다(〈그림 4-19〉). 경동 나비엔에서는 kW급 가정용 열병합 시스템을 개발하여 실증 중에 있으며, 이 시스템에 사용되는 스택은 미코에서 제작하였다(〈그림 4-20〉). 한국광유, 포스텍에서는 1 kW급 평관형 스택을 개발하여 운전한 바가 있으며, 계속적으로 스택의 내구성 향상 기술개발을 추진하고 있다. 쌍용 머티리얼 및 STX중공업에서도 kW급 평관형 스택 및 시스템 기술을 개발하여 왔다. 미코에서는 kW급 스택 외에 5 kW급 스택 기술개발을 지속적으로 추진하고 있으며, 기계연구원에서는 SOFC-가스 엔진 하이브리드 시스템에 사용될 예정이다. 삼성SDI-삼성전기-에너지기술연구원 컨소시엄에서는 5 kW급 원통형 스택을 개발하여 운전한 바가

있으며, 1 m의 대형 연료극 지지체 원통셀 기술을 확보하였으며, 에너지기술연구원에서는 5 kW급 하이브리드 시스템과 원통형, 평관형 SOFC를 개발하였다(〈그림 4-18〉).

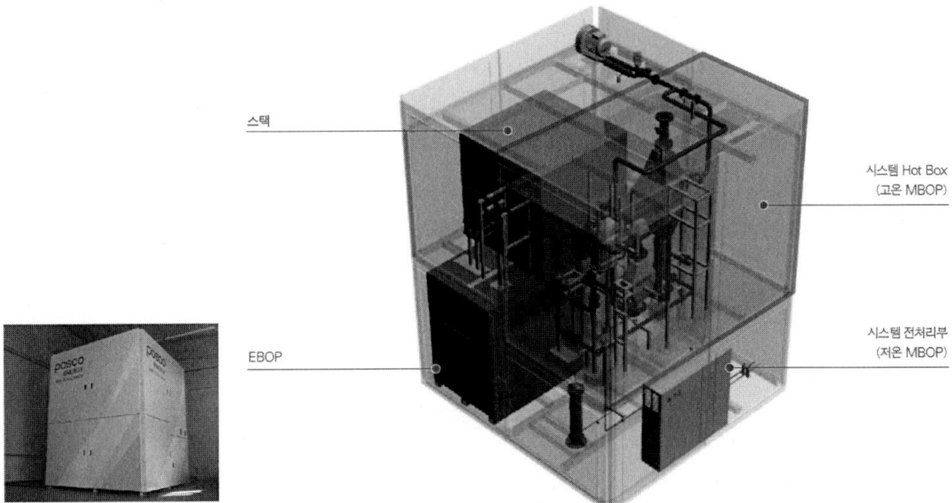

| 그림 4-19 | 포스코에너지에서 개발한 10 kW급 SOFC 시스템

| 그림 4-20 | MICo사의 kW급 SOFC 스택 및 단전지

SOFC는 저온에서 작동되는 다른 연료전지에 비해 시스템이 단순하다. 크게 분류해 보면 셀, 연결재, 스택, BOP, 시스템으로 분류되어 있다. 스택은 단전지, 연결재, 밀봉제, 매니폴드로 구성되어 있으며, BOP는 블로워, 열교환기 등의 기계적인 것과 전기제어, 전력변환 등의 전기적인 것으로 구성되어 있으며, 프리리포머(Pre-reformer)를 포함하고 있다. 시스템은 이러한 구성 요소들을 모두 종합한 것이다. 국내의 시스템 기술은 1 ~ 10 kW급으로 부족한 편이나, 소형 스택 및 셀 기술은 어느 정도 개발되어진 상황이다.

① 구성 요소 기술

현재, 국내 단전지기술은 포스코에너지가 1,000 cm^2 까지 제작한 경험을 보유하고 있고, 삼성에서는 1 m급 원통형 단전지를 개발한 경험을 갖고 있으며, 대부분 기업체에서는 100 cm^2 단전지 기술을 확보하고 있는 상황이다. 단전지 제조기술은 습식 공정으로 이루어지며 많이 확립된 상태이나, 내구성 확보, 저가 공정 및 소재 개발은 진행 중에 있는 상황이다. 원료 면에서 단전지에 가장 많이 소요되는 이트리아 안정화 지르코니아 소재는 그동안 수입에 의존하여 왔으나, 엘티씨(LTC)에서 국산화에 성공하여 양산기술 설비를 구축 완료하였다. 그러나 고가의 소재들인 연료극용 NiO, 공기극용 LSM, LSCF 등은 여전히 수입에 의존하고 있는 실정이기 때문에 저가 단전지 양산공정 기술개발과 원료의 국산화가 필요하다. 현재 실용화 규모의 대면적 단전지 제조기술과 5년 이상의 장기 특성 평가기술에 관한 연구개발이 진행될 전망이다.

SOFC는 장기 안정성과 가격 측면을 고려할 때 500 ~ 800 ℃에서 작동할 수 있는 중저온형의 개발이 필요하다. 그러나 작동 온도를 낮추면 전지의 저항 증가 및 전극 분극 증가로 셀 성능이 급속히 감소하기 때문에 ZrO_2계 전해질보다 이온 전도도가 더 높은 BiO_2계, CeO_2계, $LaGaO_3$계 전해질에 대한 연구와 YSZ를 사용하되 전해질 두께를 줄여 박막화하는 방법으로 셀의 전기 저항을 감소시키려는 연구가 진행되고 있다. 더불어 전극분극 저항을 감소시키기 위해서는 전기 전도도가 높은 연료극 및 공기극 소재기술 개발이 요구되고 있으며, 이중층 페로브스카이트 공기극 소재 등 신물질 전극 소재에 대한 연구가 활발히 진행되고 있는 상황이다.

② 스택 기술

현재 국내 스택 기술 수준은 포스코에너지에서 개발한 10 kW급 평판형 스택이 최고수준이며, 삼성SDI에서도 5 kW급 원통형 스택을 개발한 경험을 갖고 있다. 그러나, 이러한 성과는 선진국의 250 kW급에 비해 기술 격차가 많이 나고 있는 상황이다. 대형 스택 기술을 효율적으로 확보하기 위해서는 다양한 전략이 필요한데, 저온형 연료전지와 같이 대면적 단전지를 제조하여 수 백층 적층함으로써 대용량 스택을 제조할 수 있다. 그러나 이러한 대면적 단전지 개발을 통한 스택기술 확보는 세라믹 소재로 구성된 SOFC에서는 기술적인 한계를 보이고 있다. 예를 들면 저온형 연료전지는 1 m^2의 초대형 단전지를 제조하여 적층할 수 있으나, SOFC의 경우 최대 단전지 면적은 1,000 cm^2이나, 이마저도 기술적인 한계로 양산이 쉽지 않으며, 특히 이러한 대면적 단전지를 제조하여 적층할 경우, 스택 내 온도 분포가 불균일하여 내구성과 발전효율이 급속히 저하되는 단점을 갖고 있다. 이는 SOFC가 세라믹으로 이루어져 있어 열전도도가 낮기 때문에 스택 내 온도의 불균일성이 심화되기 때문에 발생하는 것이다. 이러한 요인으로 인해 현재는 SOFC의 경우 셀면적은 약 500 cm^2의 크기가 최대이다.

현재 국내의 경우 포스코에너지 이외에 kW급 스택 기술을 개발한 곳은 미코, 한국광유, 쌍용머티리얼, 에너지기술연구원, 한국과학기술원 등이다. 스택기술에서 단전지를 적층하기 위해서는 가스 밀봉 기술이 중요하며, 세라믹 밀봉제 기술들이 부분적으로 개발되어 사용되고 있는 실정이다. 그 외 스택 설계 기술, 열분포 해석, 유로 설계, 매니폴드 설계 제작, 가압 시스템 기술 및 여러 분야의 기술이 개발되어져 왔다. 또한 스택규모의 증가에 따라 kW급 스택 모듈을 연결하는 시뮬레이션 설계 기술과 스택의 정상운전에 필수적인 온도 분포 제어기술, 스택구조 개선, 구조 콤팩트화, 내구성 및 효율 개선이 국가 정책 지원 하에 진행되고 있다. 또한 대용량 분산발전 전원으로 연료전지가 상용화하기 위해서는 스택의 무거운 하중과 외부 충격에 견딜 수 있는 고강도 지지체 제작기술이 요구되며 전류 집전 효율을 증가시키기 위한 집전 및 전기적 연결 기술이 확보되어야 할 것이다.

③ BOP 기술

BOP는 크게 M-BOP와 E-BOP로 나누어 기술 개발이 이루어지고 있다.

M-BOP는 공기 블로워, 연료전처리 기술로 탈황장치, 프리리포머, 열교환기, 기동용 버너 및 연소기, 배가스 처리 및 회수기 등이 필요하다. SOFC는 고온에서 작동하기 때문에 열교환기 기술이 매우 중요하며, 스택에 장착 가능한 콤팩트한 열교환기 개발이 일부 진행되고 있다. 공기 블로워는 내구성과 저전력 기술 개발이 요구되고 있으나, 국내에서는 이것에 대한 기술 개발은 전무한 상태이다. 프리리포머 기술은 발달되어 있으나, 대부분 독립형이어서 스택 일체형 프리리포머 기술 개발이 필요하다. 기동용 버너 및 연소기 기술은 기술 개발이 추진되어 왔으나, 아직까지 확립된 상태는 아니며, 계속적인 기술 개발이 요구되는 분야이다. 배가스 회수 기술은 고온용 밸브 기술 등이 요구되며, 또한 새로운 개선된 배가스 회수 기술 개발이 필요하다.

E-BOP 기술은 대부분 저온형 연료전지 기술과 유사하기 때문에 특별히 별도의 기술 개발이 요구되는 분야는 아니나, 정격 전압 및 전류 조건에 최적화시키는 기술개발과 특히 온도 및 유량 제어, 냉각 제어 기술 등의 분야에 기술개발이 요구된다.

BOP는 고온에서 작동하는 특성에 부합하도록 부품 소재 선정에 유의를 하여야 하며, 고온용 스택의 용도에 적합하도록 설계 제작되어야 한다. 개질기 역할을 하는 프리리포머는 최소한 연료의 약 75 % 정도를 개질하여 연료극으로 공급하여야 한다. 프리리포머 설계 및 제작 시 스택과의 열교환 기술, 스택과의 일체화 기술 등 열과 효율을 고려한 프리리포머 최적화 및 장치 설계 제작 등의 기술이 연구 개발되고 있다. 아울러 열병합 기술, SOFC-가스엔진 하이브리드화 요소 기술등이 국가 지원으로 기술 개발이 추진되고 있는 상황이다.

④ 발전 시스템 기술

국내의 SOFC 발전 시스템 기술은 소형의 경우 가정용 시스템이 경동 나비엔에서 기술개발이 진행 중이며, 2015년에 실증을 추진할 예정이다. 포스코에너지에서는 10 kW급 시스템을 제작한 바 있으며, 현재 내구성이 개선된 제품을 개발 중이다. STX중공업에서는 대경권 사업으로 가정용 kW급 시스템 기술 개발을 진행하고 있다. 한국전력연구원에서는 5 kW급 열병합 발전시스템을 개발한 바가 있으며, 이러한 발전시스템은 시스템 종합 설계 및 제어 기술이 요구되며, 운전 관리 기술이 필요하다.

(2) 국외 기술 현황

미국의 Siemens사는 250 kW급 원통형 셀 스택 및 시스템을 개발하였으며, 미쓰비시-히타치 파워사(MH Power)도 250 kW급 원통형 기술을 개발하여 양산화를 추진 중에 있다(〈그림 4-21〉). 미국의 LG Fuel Cell Systems에서는 250 kW급 시스템을 개발 중에 있으며, 일본 TOTO에서는 원통형 스택으로 가정용 kW급을 개발하여 상용화를 추진 중에 있다.

일본 교세라는 소형 분야에서는 세계 최고 기술을 보유하고 있으며, 연료극 지지체 평관형 스택을 개발하여 가정용으로 공급하고 있다.

평판형 SOFC는 미국의 Bloom Energy가 100 kW급, 200 kW급 시스템을 개발하여 공급하고 있으며, 이 회사의 셀구조는 전해질 지지형 평판형 셀 구조이다(〈그림 4-22〉). Fuel Cell Energy사에서 연료극 지지체 평판형 기술을 개발 중에 있으며, 스위스의 Solid Power사, 독일의 Starcera사, 호주의 CFCL사 등에서도 연료극 지지체 평판형 기술을 개발하고 있다.

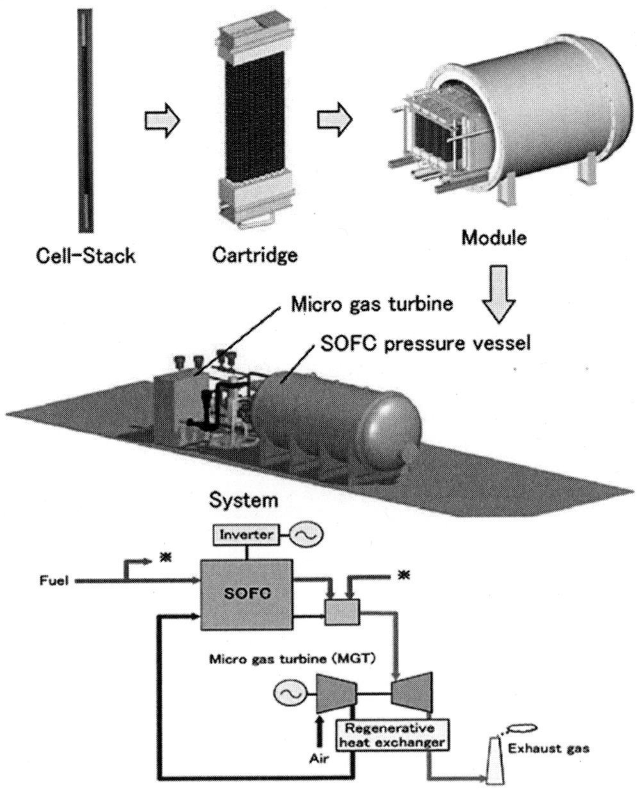

| 그림 4-21 | 일본 미쓰비시사의 200 kW급 SOFC 시스템

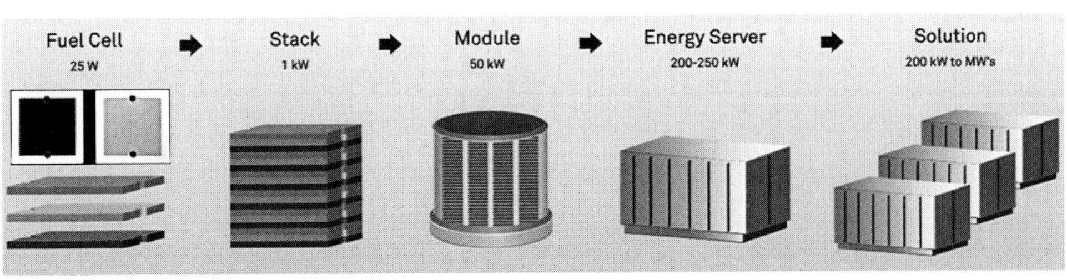

| 그림 4-22 | 미국 Bloom Energy사의 200kW급 SOFC 제작 과정

현재 SOFC의 수명은 약 2만 시간 정도이며, 실험실 규모에서는 4만 시간까지 보고되었다. 발전효율은 최대 65 % 이상을 보여주고 있으며, 내구성 향상 및 가격 저감 등을 위해 지속적으로 연구개발이 진행 중이다. 미국은 에너지성(DOE)에서 SECA 프로그램 하에서 연구개발을 지원하고 있다. 2014년도에서는 DOE에서 SECA 프로그램과 별도로 ARPA-E 프로그램으로 저온형 SOFC 개발을 위해 대규모 개발비를 투입하고 있다. SECA 프로그램은 NETL(National Energy Technology Laboratory)과 PNNL(Pacific Northwest National Laboratory)에 의해 주도적으로 진행되고 있으며, $400/kW 이하의 경제성 확보, 고출력, 장수명 기술 개발에 집중 투자하고 있다. 현재는 MW급 석탄가스화 시스템에 사용가능한 스택 개발을 진행하고 있다.

일본은 NEDO 프로그램과 민간 기업들의 독자 프로그램에 의해 기술개발이 추진되고 있으며, NEDO 프로그램 하에서 2008년 미쓰비시사의 250 kW급 원통형 하이브리드 발전 시스템 기술 개발 성공 등 대규모 분산발전용 기술 개발, TOTO사 등의 kW급 가정용 및 상업용 기술개발이 활발히 진행되고 있으며, 각 기업에서는 독자적인 기술 개발도 활발하다. 현재 일본의 주요 관심사는 내구성 확보 및 가격 저감에 초점을 맞추어 기술 개발이 진행되고 있는 상황이다.

유럽에서는 EU를 중심으로 각국에서 활발한 연구 개발이 이루어지고 있다. 독일은 kW급 스택 기술 및 시스템 기술 개발과 실증이 이루어지고 있으며, 율리히 연구소, 프라운호퍼 등에서 개발한 기술들이 스핀 오프를 통해 산업화가 활발히 진행되고 있다. 영국은 Imperial College에서 스핀 오프한 회사인 CERES 파워사가 소형 분야에서는 앞서 있고, 롤스로이스사에서 스택 기술을 개발한 바 있다. 중국에서는 각 대학 및 연구소에서 5 kW급 스택 및 시스템 기술 개발이 진행되고 있으며, 두 개의 SOFC 회사가 설립되어 단전지 및 소형 스택을 판매하고 있다. 중국은 국가 정책 사업으로 기술 개발을 지원하고 있는 상황이다.

단원정리

1. SOFC는 60 %의 높은 발전효율을 가지고 있으며, 가스터빈과 연계하여 복합발전을 할 경우에 보다 높은 발전효율의 달성이 가능하다.
2. SOFC는 셀 지지체의 기하학적인 모양에 따라 원통형, 평판형, 평관형 등 다양한 모양의 기술이 개발되고 있다.
3. SOFC는 전지 구조에 따라 전해질 지지형, 연료극 지지형, 공기극 지지형, 세라믹 지지형, 금속 지지형 등으로 분류된다.
4. SOFC는 수소뿐만 아니라 일산화탄소도 연료로 사용이 가능하며, 연료의 제한 없이 대부분의 가스 및 액체 연료를 사용할 수 있다.
5. SOFC는 700-1,000 ℃의 고온에서 작동되기 때문에 전극 반응속도가 빨라 백금과 같은 귀금속 촉매의 사용이 불필요하고 Ni 또는 Ni 산화물과 같은 저가의 촉매를 사용한다.
6. SOFC의 주요 구성 재료는 전해질, 공기극 소재, 연료극 소재, 연결재가 있다.
7. 전해질은 SOFC에서 가장 중요한 소재이며, 이의 이온 전도도에 따라서 SOFC의 작동 온도가 결정된다. 전해질로는 8 mol% YSZ가 가장 많이 사용된다.
8. 공기극 소재는 고온의 산화 분위기에서 화학적으로 안정하고 전해질 등 다른 소재와의 반응성이 적어야 하며, 높은 전자 전도성을 가져야 한다. 또한 열팽창 계수가 전해질과 유사하여야 하고 산소 공급을 용이하게 하기 위해서 적절한 기공을 가져야 한다. 현재 가장 많이 사용되는 소재는 LSM($LaSrMnO_3$)과 LSCF($LaSrCoFeO_3$)이다.
9. 연료극에서는 수소 산화반응과 메탄의 내부 개질반응이 동시에 일어나며, Ni과 같은 금속 소재를 사용할 수 있다.
10. 연결재는 단전지를 전기적으로 연결하면서 연료와 공기를 분리시키는 역할을 담당한다. 일반적으로 연결재는 세라믹 연결재와 금속 연결재로 나누어진다.
11. SOFC의 상용화를 위해서는 아래의 기술 수준이 요구된다.

    - 발전용 제품: 수명 5년 이상, 효율 50 % 이상, 가격 1,000 $/kW 이하
    - 가정용 제품: 수명 5년 이상, 효율 40 % 이상, 대당 가격 5,000 $ 이하
    - 보조전원 제품: 동작시간 5천 시간 이상, 효율 30 % 이상, 열사이클 100 회 이상
    - 휴대용 제품: 동작시간 5천 시간 이상, 효율 20 % 이상, 열사이클 1,000~2,000 회

12. SOFC를 실용화하기 위해서는 수명이 길고 성능이 우수한 전해질, 전극 소재, 단전지, 스택 기술이 필요하다.

13. 원통형 SOFC 기술은 미국의 Siemens, 미국의 LG Fuel Cell Systems, 일본의 미쓰비시-히타치 파워(MH Power) 등에서 250 kW급 시스템을 개발하고 있으며, 일본의 TOTO에서는 가정용 kW급 SOFC 시스템 상용화를 추진 중이다.

14. 일본의 교세라는 소형 SOFC 분야에서는 세계 최고 기술을 보유하고 있으며, 연료극 지지체 평관형 스택을 개발하여 가정용으로 공급하고 있다.

15. 평판형 SOFC는 미국의 Bloom Energy가 100, 200 kW급 시스템을 성공적으로 사업화하였으며, 그 외에 미국의 Fuel Cell Energy, 스위스의 Solid Power, 독일의 Starcera, 호주의 CFCL 등에서 평판형 SOFC 기술을 개발하고 있다.

16. 국내의 경우 포스코에너지에서 10 kW급 평판형 SOFC 시스템을 개발하였으며, 그 외에 미코, 한국광유, 쌍용머티리얼, 에너지기술연구원, 한국과학기술원 등에서 kW급 SOFC 스택기술을 개발하였다.

CHAPTER 5

용융탄산염 연료전지

1. 용융탄산염 연료전지의 작동원리 및 구조
2. 용융탄산염 연료전지 스택 및 시스템
3. 국내외 용융탄산염 연료전지 개발현황

1 용융탄산염 연료전지의 작동원리 및 구조

용융탄산염 연료전지(MCFC, molten carbonate fuel cell)는 고온에서 액체 상태로 용융된 탄산염을 전해질로 사용하는 연료전지이다. 간단한 구조로서 저위발열량(LHV, lower heating value) 기준으로 약 50 % 정도의 높은 에너지 전환효율을 나타낸다. 뿐만 아니라 높은 효율의 에너지 생산으로 인하여 이산화탄소의 발생량은 월등히 줄어들 수 있다. 탄산염은 490 ℃ 근방에서 용융되며, 용융탄산염 연료전지의 작동온도는 약 650 ℃이다. 수소가 아닌 천연가스와 같은 발전연료의 공급에 의한 직접 발전으로 발전효율이 높고, 환경친화성이 뛰어나다는 장점이 있다. 고온에서의 빠른 전기화학 반응은 전극재료의 사용에 있어서 귀금속인 백금을 사용하지 않고 상대적으로 저렴한 니켈 등의 금속을 사용할 수 있어 가격 경쟁력에서 유리할 뿐 아니라 연료전지의 전극에 피독 물질이 되는 일산화탄소조차도 내부 개질반응을 통하여 연료로 이용할 수 있기 때문에 석탄가스, 천연가스, 메탄올, 바이오매스 등 연료 선택의 다양성을 제공한다(예를 들면 탄화수소, 바이오매스 혹은 석탄으로부터 생성되는 합성가스, 매립지 가스 혹은 여타의 산업 부생가스). 본 장에서는 이러한 용융탄산염 연료전지의 기본적인 작동원리와 구성 그리고 이를 응용한 시스템 및 그의 응용분야에 관하여 다루고자 한다.

1.1 MCFC의 원리

MCFC는 20세기 중반부터 연구되기 시작하였고, 모든 탄소질의 연료가 산화과정에서 이산화탄소를 만들어내는 것을 고려할 때, 연료전지를 위한 용융탄산염의 선택은 상당히 합리적이라고 할 수 있다. 또 다른 장점은 높은 동작온도(600 ~ 700 ℃) 때문에 메탄을 내부적으로 개질시키는 것이 가능하다는 것이다. 또한 고온의 폐열은 열병합발전에 사용될 수 있다. 고온의 작동온도는 산소의 환원성을 상당히 높여 많은 양의 촉매나 값비싼 금속촉매가 필요하지 않게 해준다. 전해질인 용융탄산염(보통 LiK 또는 LiNa 탄산염)은 $LiAlO_2$ 매트릭스에 고정되어 있으며, 기계적인 강도를 위해 Al_2O_3 섬유에 의해 보강될 수 있다. 셀 내에서의 최적 전해질 분포를 찾아내는 것과 전극과 전해질 사이의 계면 경계를 적절하게 유지하기 위하여 매트릭스와 전극촉매층에 있는 모세관의 압력에 균형을 이루는 것이 모두 중요하다. MCFC는 다양한 종류의 연료로 동작이 가능하며 여타의 저온 연료전지와 같이 일산화탄소나 이산화탄소와 같은 오염물의 생성이 매우 적다. 발전효율은 저위발열량 기준으로 약 45 ~ 60 % 정도로서 높은 편이다. 전해질은 탄산리튬 혹은 탄산칼륨이고, 촉매는 용융탄산염(Li_2CO_3, K_2CO_3)/Ni 또는 니켈화합물이다. 용도는 MW급의 분산 발전, 열병합발전 등의 지속적으로 운전하는 대형발전소에 적합하다.

고온형 연료전지의 한쪽 전극에서의 반응은 전해질의 차이 때문에 약간 다르지만 전체 반응식은 같다. 연료극에서는 공기극에서 생성되어 전해질을 통과해 온 탄산이온(CO_3^{2-})이 수소의 산화에 이용되며, 연료극에서 생성된 이산화탄소는 다시 공기극에서 탄산이온의 생성에 이용된다. 따라서 알칼리 연료전지에서와는 다르게 MCFC에서는 이산화탄소의 발생이 전혀 문제가 되지 않으며, 오히려 이렇게 생성된 이산화탄소는 전해질로서 사용되게 된다. MCFC의 연료극은 내부개질을 위한 일부 과정을 담당할 수도 있고 탄화수소나 알코올을 이산화탄소나 물로 직접 산화시킬 수도 있다. 그 전기화학반응은 아래와 같다.

연료극 반응 1: $H_2 + CO_3^{2-} \rightarrow H_2O + CO_2 + 2e^-$

연료극 반응 2: $CO + H_2O \leftrightarrow H_2 + CO_2$

공기극 반응: $\frac{1}{2}O_2 + CO_2 + 2e^- \rightarrow CO_3^{2-}$

전체 반응: $H_2 + \frac{1}{2}O_2 + CO_{2,cathode} \rightarrow H_2O + CO_{2,anode}$

연료극에서는 수소가 전극에서 촉매작용에 의하여 수소이온과 전자가 분리된다. 전자는 전극을 통해 외부로 방출되고, 수소이온은 전해질 중에 포함된 탄산이온과 반응하여 물과 이산화탄소로 전환된다. 공기극에서는 산소가 연료극으로 외부로부터 공급된 전자와 반응하여 산소이온이 되고, 동시에 공기극 측에 공급된 이산화탄소는 전해질에 용해된 후 생성된 산소이온과 결합하여 탄산이온이 되어 전해질을 통과하여 연료극으로 이동한다. 특히 〈연료극 반응 2〉는 일반적으로 water-gas shift reaction(수성가스 전환반응)으로 불리는데 일산화탄소와 물이 반응하여 수소를 생성하는 반응이다. 〈연료극 반응 1〉이 진행됨에 따라 물이 생성되며, 공기극에는 CO_2의 공급이 필요하다. 위의 반응식에서 보듯이

〈공기극 반응〉과 〈연료극 반응 1〉에 있어서 CO_2가 필수적으로 관련되어 있는데, 이것이 MCFC의 특성이다. CO_2의 분압은 연료극과 공기극 양쪽에 모두 같을 필요는 없다. 그러므로 Nernst 식에 따른 연료전지의 기전력은 아래와 같이 표현된다.

$$E = E^o + \frac{RT}{2F} ln \frac{P_{H_2} P_{O_2}^{0.5} P_{CO_{2,cathode}}}{P_{H_2O} P_{CO_{2,anode}}}$$

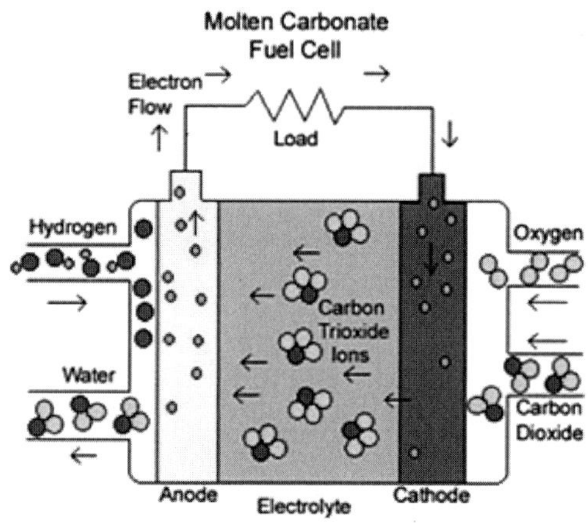

| 그림 5-1 | MCFC의 원리

1.2 MCFC에서의 연료개질

MCFC의 연료는 천연가스, 메탄올, 석탄, 바이오매스 등 거의 모든 탄화수소를 사용할 수 있으나 일반적으로 천연가스를 개질하여 개질반응(Reforming reaction)에 의하여 수소를 생산한다. 개질이란 액체나 기체 상태의 탄화수소 화합물로부터 수소를 발생시키는 것을 말하는데 개질공정은 크게 수증기 개질(SR, Steam reforming), 부분 산화(POX, Partial oxidation), 자열 개질(ATR, Autothermal reforming)의 세 가지 방식이 있다. MCFC는 주로 메탄을 이용한 수증기개질에 의하여 수소를 제조하는데 그 반응식은 다음과 같다.

수증기 개질반응: $CH_4 + H_2O \rightarrow CO_2 + CO + H_2$

수성가스 전환반응: $CO + H_2O \rightarrow CO_2 + H_2$

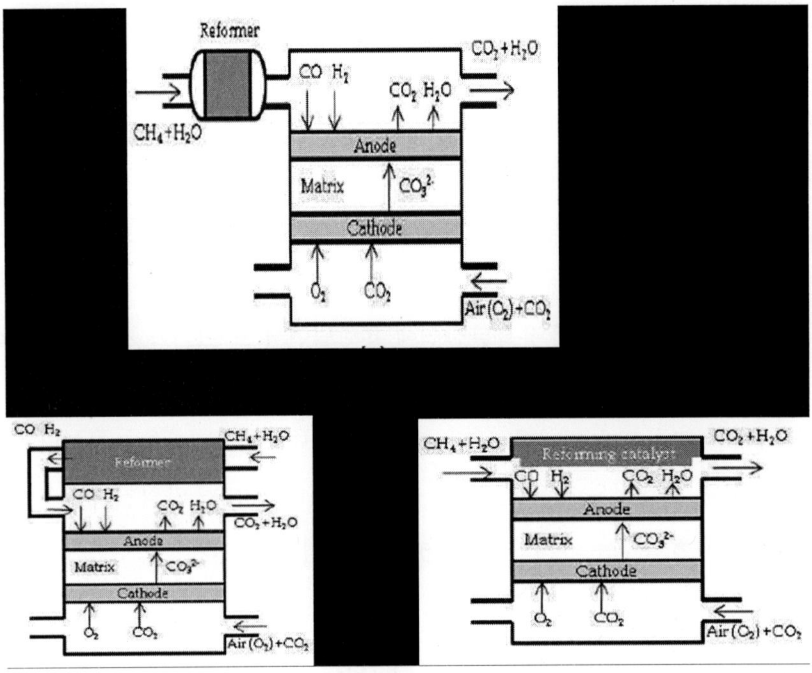

| 그림 5-2 | MCFC 개질방식 (a)외부개질, (b)간접 내부개질 (c)직접 내부개질

MCFC에서의 수증기 개질반응은 크게 연료전지 스택 외부의 개질장치에서 일어나는 외부개질(ER, External reforming)과 스택 내부에서 개질반응이 일어나는 내부개질(IR, Internal reforming)로 구분된다. 내부개질은 다시 간접 내부개질(IIR, Indirect internal reforming)과 직접 내부개질(DIR, Direct internal reforming)로 구분되며, 각 개질방법에 대한 개념도는 그림 5-2에 나타내었다.

2 용융탄산염 연료전지 스택 및 시스템

2.1 MCFC의 구성요소

MCFC의 공기극에 공급된 O_2와 CO_2는 공기극에서 전자와 만나 CO_3^{2-} 이온을 형성하여 전해질을 거쳐 연료극으로 이동한다. 이렇게 이동하는 과정에서 탄소는 전해질에 남아 다른 전해질 역할을 하게 되고 연료극에서 수소이온과 산소가 만나 물이 생성되어 배출되게 된다. MCFC의 공기극에서는 보통 연료전지의 시동 기간 중에 연료극에서 생성된 Ni 소결물 또는 이의 산화에 의해 NiO가 만들어 진다. NiO 공기극으로도 고온에서 산소를 환원시키기에 충분한 활성을 가지기 때문에 백금과 같은 귀금속 촉매를 사용할 필요는 없다. 그러나 NiO 입자들이 용융탄산염에 용해되면서 그 크기가 시간이 지남에 따라 커져서 활성표면적을 줄이게 되어 셀을 단락시키는 문제를 야기한다. 이 문제는 소량의 마그네슘 금속을 공기극과 전해질에 첨가함으로써 안정성을 높여 해결하거나 NiO의 용해를 줄이는 다른 전해질을 사용함으로써 줄일 수 있다. MCFC 단위전지 내부에서의 반응물 및 전해질의 흐름도는 아래의 〈그림 5-3〉에 표현되어 있다.

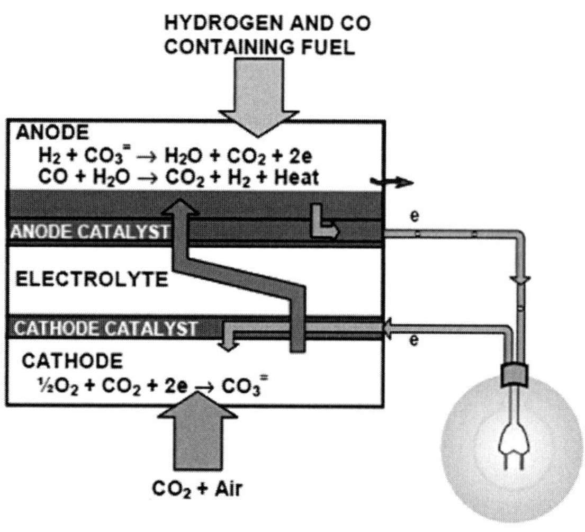

| 그림 5-3 | MCFC 단위전지에서의 반응물 및 전해질의 흐름도

연료극에는 Ni/Al이나 Ni/Cr의 합금이 전극촉매로 사용되는데 특히 도성합금(cermet)물질은 소결, 기공 성장, Ni과 같은 금속의 수축을 방지하여 표면적의 소실을 막는다. 하지만 이들 물질은 제조단가가 높으므로 제조공정에서의 비용절감이 필요하다.

공기극에는 NiO Lithiate 등이 사용되며 전해질로는 Li_2CO_3/K_2CO_3등이 사용된다. MCFC용 전해질은 알루미늄 성분의 매트릭스(matrix)에 고정된 용융탄산염인데 매트릭스로는 α-$LiAlO_2$ 혹은 γ-$LiAlO_2$와 같은 소재를 사용한다. 〈표 5-1〉에는 과거로부터 현재까지 MCFC의 각 부분에 사용되는 소재를 정리하였다.

〈표 5-1〉 MCFC의 각 부분별 소재 및 발전 역사

부분	~ 1965	~ 1975	현재
연료극	Pt, Pd, or Ni	Ni-10Cr	Ni-Cr, Ni-Al, Ni-Al-Cr 기공 크기: 3~6 μm 초기 기공도: 45~70 % 두께: 0.2~0.5 mm BET 표면적.: 0.1~1 m^2/g
공기극	Ag_2O 혹은 Lithiated NiO	Lithiated NiO	Lithiated NiO-MgO 기공 크기: 7~15 μm 초기 기공도: 70~80 % (Li/산화처리 후: 60~65 %) 두께: 0.5~1 mm BET 표면적: ~0.5 m^2/g
전해액 지지체	MgO	α-, β-, and γ-$LiAlO_2$ 혼합물 BET 표면적.: 10~20 m^2/g 두께: 1.8 mm	γ-$LiAlO_2$, α-$LiAlO_2$ BET 표면적: 0.1~12 m^2/g 두께: 0.5~1 mm
전해액 (wt%)	Li(52)/Na(48) Li(43.5)/Na(31.5)/K(25) *Paste 사용	Li(62)/K(38) *압착 가열한 Tile (두께: 1.8 mm)	Li(62)/K(38) Li(60)/Na(40) Li(52)/Na(48) *Tape cast (두께: 0.5~1 mm)

또한, 성능의 향상과 구성물질의 화학적 안정성을 위하여 대체물질이 사용되기도 한다. 예를 들어 초기에 전해질로 사용되던 Li_2CO_3/K_2CO_3 용융물에서는 전지의 구성요소들이 분해되는 것으로 알려졌고, Li_2CO_3/Na_2CO_3 용융물은 Ni의 성장을 막아 각 전극의 분해가 적다. Li_2CO_3/Na_2CO_3은 Li_2CO_3/K_2CO_3보다 내성이 강하고 부식률이 낮다. 고온형 연료전지에서 셀의 재질 선택은 그 안에서 일어나는 분해, 밀폐성능 그리고 열팽창계수 때

문에 매우 중요하다. 연료전지에 사용될 수 있는 고온용 재료로는 스테인리스 스틸 합금 등이 있으며, Ni, Co, Fe 성분의 합금 또는 Cr-Al 합금은 보통 일반적인 스테인리스 스틸보다 더 안정하다.

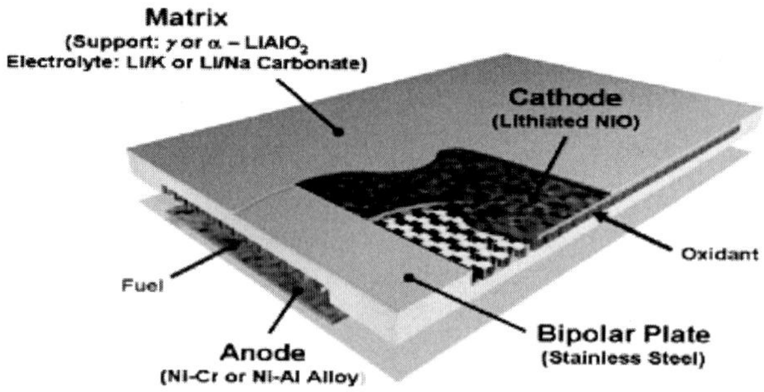

| 그림 5-4 | MCFC의 구성요소

Fe-Cr은 공기극의 환원작용에는 강하나 연료극의 산화작용에는 그렇지 못하다. 이 경우 연료극의 부식을 방지하기 위하여 Ni를 코팅하는 것이 필요하다. 스테인리스 스틸의 조성에서 Cr은 부식에 대한 내성을 증진시키는 데 가장 중요하다. 또한 공기극의 NiO lithiate의 대체물질로서 $LiNi_xCo_{1-x}O_2$ 혹은 코팅된 Ni 등이 거론되고 있기도 하다. 그 중 $LiFeO_2$, Li_2MnO_3, $LiCoO_2$ 등은 NiO보다 더 안정하다고 알려져 있지만 그 성능은 매우 낮다. 다른 가능성이 있는 방법으로는 $CaCO_3$, $SrCO_3$, $BaCO_3$ 등의 물질의 첨가를 통하여 전극의 산도를 낮추거나 Li/K등의 전해질 혼합물을 Li/Na로 대체하여 NiO 용해도, 이온전도도 그리고 화학적 활성도간의 최적점을 찾는 것이다.

MCFC의 적층 구조는 〈그림 5-5〉에 설명되어 있다. 현재 국내외에서 적용 중인 구성 요소 제조법은 슬러리를 제조하여 성형한 후 이를 소결하는 습식 제조법과 원재료를 파우더 상태로 성형한 후 소결하는 건식 제조법으로 나누어진다.

습식 제조법에서는 유기용매 대신 물을 사용하는 친환경적인 수계공정을 선호하고, 또한 전극을 만들기 위한 별도의 소결공정이 없이 스택 내부에서 바로 소결되는 in-situ 공정을 선호한다. 저비용의 구성 요소에는 in-situ 소결 연료극, in-situ 소결 전해질 함침 공기극, 수계공정을 도입한 매트릭스가 포함된다. 〈그림 5-6〉에 전반적인 공정이 설명되어 있다.

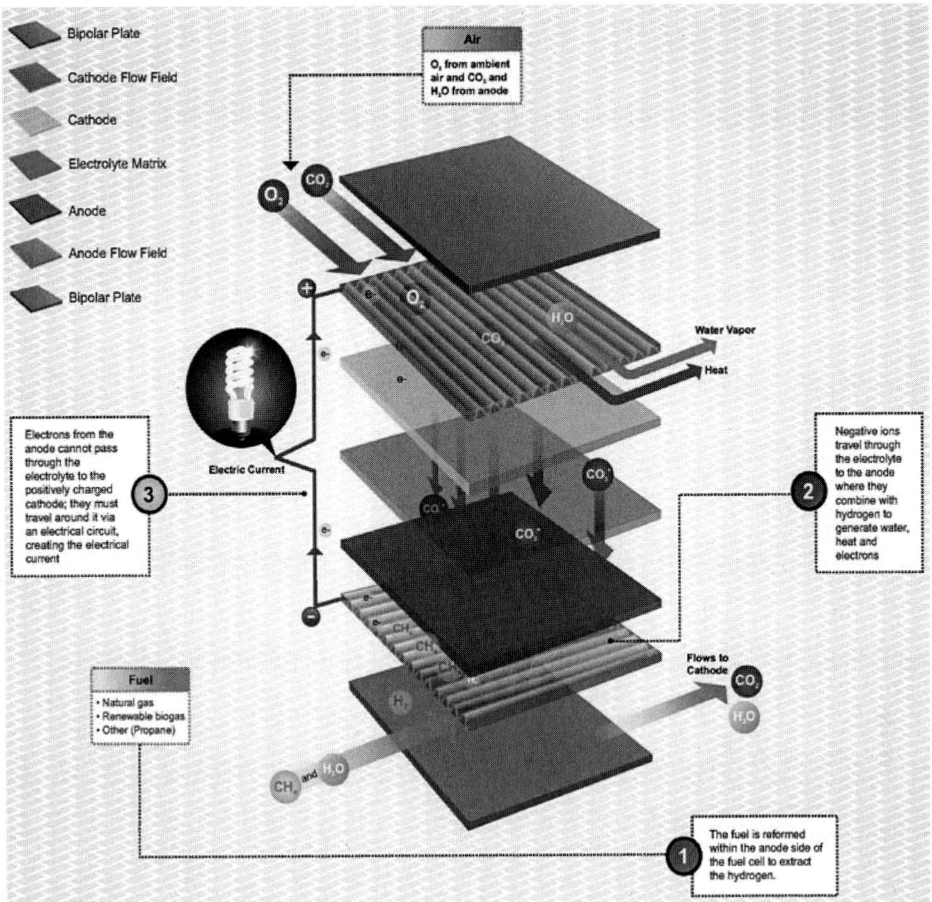

| 그림 5-5 | MCFC의 적층 구조 및 작동 원리

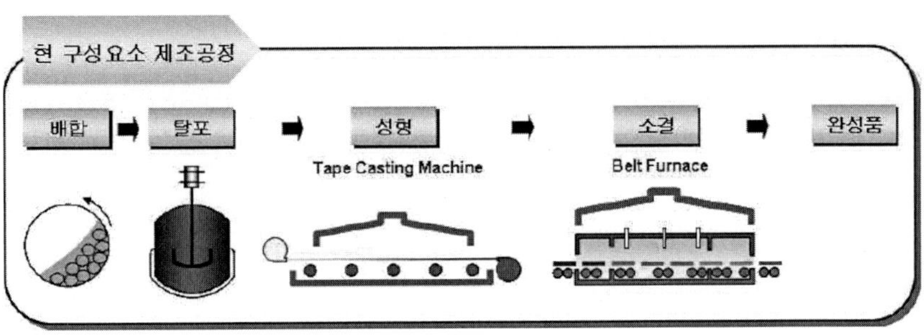

| 그림 5-6 | MCFC의 구성 요소 제조공정

2.2 MCFC의 성능에 영향을 미치는 요소

앞서 설명한 바와 같이 MCFC는 상당한 장점을 가지고 있다. 그 중 가장 큰 장점은 연료의 다변성이며, MCFC는 석탄연료, 천연가스, 바이오매스 가스화로 생산된 메탄 그리고 가스화된 폐기물 등 여러 가지의 연료를 사용할 수 있다.

다양한 연료를 사용할 수 있다는 장점이 있는 반면에 MCFC는 연료 안에 특정 화학물질이 함유되어 있을 경우 치명적인 피독이 발생한다는 문제점이 있다. 가장 널리 활용되는 연료는 천연가스인데 가스 누출을 냄새로 감지할 수 있도록 천연가스에 부취제인 황화합물을 첨가하여 공급한다. 천연가스에 포함된 황화물은 연료극으로부터 확산되어 전해질, 그리고 공기극쪽으로 퍼져 나가며, 전극촉매의 피독에 의한 전극촉매 성능 저하, 전해질 중의 탄산염의 오염에 의한 저항 증가 등을 통해 전체 셀의 성능에 심각한 악영향을 주는 것으로 알려져 있다. 또 다른 유해요소인 암모니아, 실록세인(siloxane), 할로겐화탄화수소, 염소 그리고 불소 등도 MCFC의 성능과 장기수명에 치명적인 영향을 줄 수 있다고 알려져 있다. 그 외에도 MCFC의 일반적인 특성상 연료가스는 연료극에서 산화반응에 사용된 후 일부가 공기극으로 재순환되기 때문에 공기극에 존재할 수 있는 질소산화물(NO_X) 역시 심각하게 고려해야 할 대상이라고 할 수 있다.

현재까지 앞서 설명한 불순물의 영향은 여러 가지의 연구를 통하여 정량화되었으나 기본적인 최소허용량은 아직까지 명확하게 확립되지 않고 있다. 아래의 〈표 5-2〉에는 각 불순물에 관한 대강의 최소허용치가 나타내어 있다.

MCFC의 성능과 장기수명의 저하를 유발하는 또 다른 중요한 문제점은 공기극 전극의 전해질 중으로의 해리라고 할 수 있다. 산화극의 해리 이외에도 공기극의 구성물질인 NiO는 공기극에서 CO_2 와 반응하여 아래와 같은 화학반응을 일으킨다:

$$NiO + CO_2 \rightarrow Ni^{2+} + CO_3^{2-}$$

전해질 중의 CO_2와 반응하여 생성된 니켈이온(Ni^{2+})은 전해질 매트릭스를 거쳐 연료극으로 이동하여 연료로서 유입되는 수소 그리고 전해질인 탄산염과 아래와 같이 반응한다. 그 결과로 연료극 쪽에 Ni 금속이 침적되게 된다.

$$Ni^{2+} + H_2 + CO_3^{2-} \rightarrow Ni + H_2O + CO_2$$

〈표 5-2〉 MCFC의 불순물 종류 및 허용치

불순물		허용치
H_2S		0.1 ~ 5 ppm
질소화합물	NH_3 NO_X	1 ppm 20 ppm
HCl		0.1 ~ 1 ppm
알칼리금속		1 ~ 10 ppm
미세먼지		100 ppm

이와 같은 반응들에 의해 금속형태의 Ni이 성장하게 되며, 이는 셀 내에서의 전기적 단락을 유발하여 성능의 심각한 저하를 야기할 수 있다. 아래의 〈그림 5-7〉은 MCFC의 성능저하에 관하여 설명하고 있다. MCFC를 설치한 후 초기에는 성능이 점진적으로 일정한 기울기로 감소하는데 이는 전해질의 손실로 인한 전기적 저항의 증가와 전극의 분극으로 인한 손실로 인한 저항 성분의 증가에 기인하는 것이다. 일정 시간이 경과한 후에는 빠른 속도로 성능이 감소하는데, 이는 앞서 설명한 공기극의 NiO의 해리에 기인한 연료극에서의 Ni의 성장에 의한 셀 내에서의 전기적 단락과 초기부터의 전해질의 점진적인 손실로 인한 기밀성의 저하 두 가지가 주원인이 되어 이런 성능의 급격한 감소가 진행된다고 할 수 있다.

MCFC의 성능저하의 원인은 크게 세 가지로 분류할 수 있는데, 기술적인 요인에 의한 '본질적인' 문제, 적용 원인 그리고 사고로 나눌 수 있다. 첫 번째인 기술적 요인에 의한 '본질적인' 문제는 기본적인 성능저하의 요인으로서 〈그림 5-7〉에서 설명된 점진적 성능저하(gradual degradation)라고 할 수 있다. 이에 관한 설명은 아래의 〈그림 5-8〉에 정리되어 있으며, 그 원인들을 간단히 정리해 보면 형상(morphology)과 친수성도의 변화, 물질의 상과 화학적 결합의 변화, 구성 소재 간의 상호 확산(interdiffusion), 부식, 열역학적 스트레스 등으로 정의할 수 있다.

그리고 두 번째인 적용 원인은 작동 방식이나 조건에 의한 것으로 열 사이클, 부하 변동, 산화-환원반응 사이클 그리고 전극촉매의 피독 등에 의한 성능의 저하를 이야기 한다.

마지막 원인인 사고에는 주변기기(BOP) 고장으로 인한 문제, 연료 및 공기의 부족, 제어 실패 그리고 연료공급의 실패 등이 원인이라고 할 수 있다. 적용 원인과 사고 등은 앞선 〈그림 5-7〉에서 설명된 급격한 성능저하(rapid degradation)에 해당된다고 할 수 있다.

MCFC의 수명을 연장하기 위한 방법 중 하나는 전해질에 CO_2의 공급을 통하여 전해질의 손실분을 보충해 주는 방식이다. 이는 Ni의 확장을 막을 뿐 아니라 장기적으로 기밀성을 유지시켜 주기 때문에 여러 가지의 장점을 가질 수 있다. 화력발전 시스템과 연계하여 화력발전소의 굴뚝에서 발생하는 CO_2를 포집하여 MCFC의 전해질로 공급하는 시스템을 개발하여 시험가동을 준비 중에 있다. 그 개념은 아래의 〈그림 5-8〉에 설명되어 있다.

MCFC는 SOFC와 함께 고온형 연료전지에 속한다. 하지만 고온에서도 고체 상태인 SOFC와는 달리 MCFC는 490 ℃ 이상의 온도에서는 액상으로 존재하기 때문에 SOFC에 비하여 밀봉문제가 그리 크지는 않다.

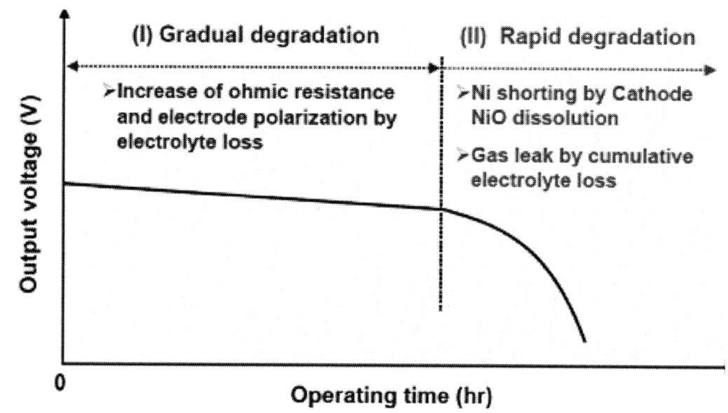

| 그림 5-7 | MCFC의 성능저하 형태

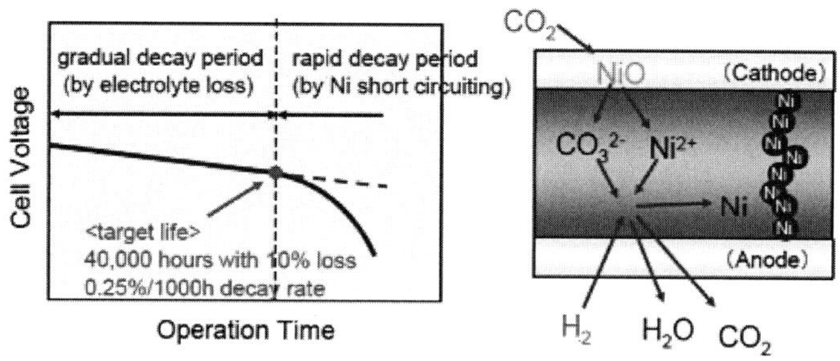

| 그림 5-8 | MCFC의 수명증가를 위한 CO_2 주입과 그 개념도

2.3 MCFC의 단위셀과 스택의 적층구조

(1) 내부 매니폴드형 및 외부 매니폴드형 스택

외부 혹은 내부 매니폴드 형태는 스택 내의 각각의 셀에 가스를 공급해주는 형태에 따라 결정된다. 〈그림 5-9〉와 〈그림 5-10〉에 그 형태가 나와 있다.

〈그림 5-9〉는 전형적인 외부 매니폴드를 가진 스택의 형태로서 AFCo(Ansaldo Fuel Cells SpA, 이탈리아)사의 스택인데 이 경우는 연료가스와 산화가스가 외부의 매니폴드에 우선 저장되고 난 후 각각의 셀로 공급이 되는 형태이다. 〈그림 5-10〉 상의 스택의 외부의 한 면에 부착되어 관을 통해 공급된 가스를 각각의 셀로 공급해 주게 된다. 이런 방식은 일반적으로 단위셀이 직각으로 겹쳐지는 직교류(cross-flow) 형태의 연료 공급 구조를 가지는 경우에 많이 사용된다.

한편 내부 매니폴드 형태는 국내의 한국전력에서 사용하고 있는 스택 구조이다. 앞서 설명한 외부 매니폴드 형태의 스택과는 달리 외부로부터 공급된 가스는 스택의 내부의 어느 지점에 모이게 되고, 그 후 각 셀로 가스를 공급하게 된다. 이 경우에는 각각의 단위셀의 하우징이 스택의 내부에 존재하게 된다. 이 방식의 장점은 스택 내부 설계의 간단한 변형만으로도 가스의 흐름을 자유자재로 변환시킬 수 있는 자유도가 높기 때문에 여러 가지 타입의 연료 및 산화가스의 흐름의 유형에 대응할 수 있다는 장점이 있다. 하지만 단점으로서는 스택의 제작 이후에 발견된 오류에 관해서는 스택을 다시 제작해야 한다는 단점이 있다.

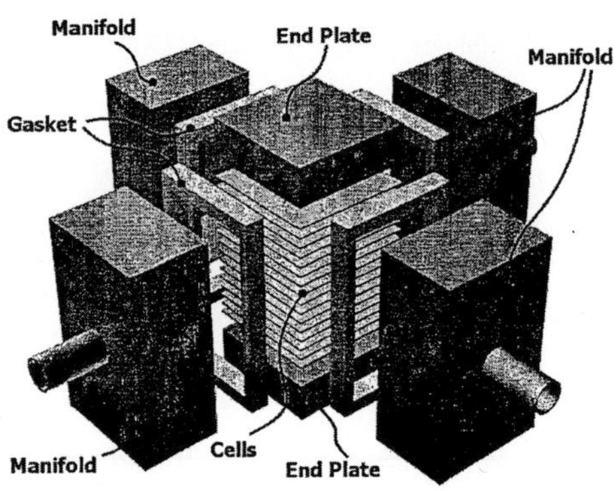

| 그림 5-9 | 외부 매니폴드형 스택(AFCo사)

| 그림 5-10 | 내부 매니폴드형 스택(한국전력)

(2) 내부개질과 외부개질 방식

MCFC는 여러 가지의 연료를 사용할 수 있지만 연료전지 발전을 위해 최종적으로는 수소를 사용하게 된다. 따라서 사용한 연료의 개질이 필요하게 되며, 그 방식은 스택 내부에서 연료의 개질이 가능한 내부 개질방식과 별도의 외부 개질장치가 필요한 외부 개질방식으로 나뉜다.

천연가스, 프로판, 가솔린 등과 같은 탄화수소 연료를 사용한다면 수소를 포함하고 있는 가스 혼합물로의 개질반응이 필요하다. 앞에서 설명했듯이 일반적으로 사용되는 개질방식은 수증기 개질, 부분 산화, 자열 개질의 세 가지가 있다.

열역학적으로 위의 개질반응들 중 어느 반응이 효율이 높은지에 관하여 추정해 볼 수 있다. 에너지 보존의 법칙인 열역학 1법칙에 의하면 (반응이 흡열반응이어서 외부에서 열을 공급해서 열적 손실을 보전해 준다면) 개질된 가스는 처리되지 않은 연료보다 높은 에너지를 가질 것이다. MCFC는 고온에서 작동되기 때문에 개질에 필요한 열은 연료전지에서 재순환된다. 즉 더 이상의 열의 공급이 필요하지 않게 된다. 즉, 흡열반응이 강할수록 개질되어진 가스는 높은 에너지를 함유하고 이는 연료전지 시스템의 효율을 증가시키게 된다. 만약 연료전지 시스템이 낮은 온도에서 작동하거나 외부에서 개질되어 시스템으로 공급되게 된다면, 개질된 가스의 높은 에너지 함량을 보전하기 위하여 외부의 개질기에서 연소시켜 주어야 할 연료의 공급으로 인하여 전체 시스템 효율이 낮아지게 된다. 대신 부분 산화나 자열 개질의 경우에는 발열반응을 포함하고 있으므로, 수증기 개질에 비하여 상대적으로 낮은 효율을 가지게 된다.

앞서 설명한 이유로 MCFC의 작동에 따른 연료전지에서의 발생하는 열에너지를 이용하여 개질반응에의 열 공급을 해 줌으로써 보다 높은 시스템 효율을 기대할 수 있기 때문에 MCFC의 개질반응으로 수증기 개질이 선호되고 있다. 만일 스택의 연료극에서 개질반응이 일어나는 경우(내부개질 시스템)에는 연료전지와 개질기간의 열의 이동이 매우 용이하며, 이 경우에는 수소와 CO의 전기화학적 산화에 의한 발생열이 직접적으로 개질반응에 이용되게 된다. 하지만 내부 개질반응이 완전히 이루어 지지 않는다면 연료전지에 매우 큰 부담으로 작용할 것이다. 그러므로 선개질 반응기(pre-reformer)를 연료전지 앞단에 부착하여 사용한다.

내부 개질형 반응은 앞의 그림 〈그림 5-2〉에 설명한 것과 같이 직접 내부 개질반응(DIR)과 간접 내부 개질반응(IIR)의 두 가지 방식이 있다.

직접 내부 개질반응의 경우, 메탄은 스택 내부로 수분과 함께 공급되어 수소로 전환되는데 연료극 전극촉매에서 수소의 산화반응과 메탄의 개질이 동시에 이루어지는 시스템이다. 수소가 산화되는 과정에서 발생하는 열로 메탄이 수소로 개질되는데 필요한 열을 공급한다. 직접 내부 개질방식은 보다 빠르고 간단하게 개질 반응이 일어난다. 만일 메탄을 연료로 사용한다면 아래의 반응식이 순차적으로 일어나게 된다:

$$CH_4 + H_2O \rightarrow CO + 3H_2$$
$$CO + H_2O \leftrightarrow CO_2 + H_2$$
$$H_2 + \frac{1}{2}O_2 \rightarrow H_2O$$

물의 소비와 생성 그리고 수소의 생성과 소비가 순차적으로 일어나게 되고, 그 과정에서 CO와 물의 반응에 의해서도 CO_2의 생성과 더불어 수소를 생산하게 된다.

한편 간접 내부 개질반응의 경우 개질부가 연료극의 옆에 부착되어 이곳에서 개질반응이 일어나고 개질반응을 거쳐 생성된 수소는 바로 연료극에 공급되어 수소의 산화반응이 일어난다. 이는 내부 개질형 시스템과 외부 개질형 시스템의 중간 형태라고 할 수 있다. 간접 내부 개질방식은 직접 내부 개질방식과 비교하여 연료극의 과열현상(hot spot)을 방지할 수 있으며 높은 수소의 압력으로 인해 높은 개회로 전압(OCV)을 얻을 수 있다.

(3) 가압형 스택과 상압형 스택

가압을 하게 되면 반응물의 활동도가 높아져서 스택의 전압이 높아지게 되고, 결과적으로 연료전지의 성능이 증가하게 된다. 뿐만 아니라 가압조건 하에서는 고온의 폐가스를 이용할 수 있는 가스 터빈 발전과의 직접적인 결합이 가능하다. 이는 시스템의 단순화를 꾀할 수 있으므로 시스템의 가격 저감에도 기여할 수 있다. 반면에 가압형 시스템은 몇 가지의 단점도 있다. 우선, 스택의 장착을 위한 가압 용기가 필요한데 이는 시스템의 설계를 복잡하게 만들고 나아가 운전의 어려움을 야기할 수도 있다. 특히 MCFC의 경우 시스템에서의 문제 발생을 막기 위하여 연료전지 내부의 가스와 주변(용기 내부) 간의 압력 차이를 최소화해야 한다. 두 번째로, MCFC의 특성상 CO_2의 분압은 공기극의 용융과 직접적으로 비례된다. 마지막으로, 압력이 증가한다면 연료극 내부의 CO_2가 역으로 CO로 변환되는 과정이 더 지배적이 된다. 이는 내부 개질반응이 가압 운전이 아닌 상압 운전으로 제한되는 이유이기도 하다.

(4) BOP와 시스템 설계

BOP라 함은 모든 연료전지 시스템에 있어서 전기를 직접적으로 발생시키는 스택을 제외한 나머지 모든 부속을 BOP(Balance of plant)라고 부른다. BOP는 기계적 장치인 M-BOP와 전기적 장치인 E-BOP로 구분이 된다. M-BOP는 연료전지 시스템을 운전하기 위한 촉매연소기, 탈황기, 선개질기, 배열 회수장치, 연료 전처리기 등으로 구성된 주변기기 시스템을 의미하고, E-BOP는 전기 시스템, 전력변환장치(PCS, Power conditioning system)와 계통연계 기술을 의미한다.

시스템 엔지니어링 기술은 MCFC를 이용한 발전시스템의 최적 설계/제작과 더불어 MCFC 발전시스템과 기존 발전플랜트간의 결합을 위해 M-BOP의 최적화된 설계를 기반으로 한 연계기술을 의미한다.

MCFC 스택 혹은 시스템의 설계에 있어서 여러 종류의 다른 방식이 적용될 수 있으며, 각각의 방식의 설계의 선택에 있어 장단점의 파악이 확실히 파악되어야 할 것이다. 또한 각각의 방식의 결합간의 트레이드오프 분석을 통해 적절한 방식을 선택하여야 할 것이다. 예를 들어 어떤 방식의 장점은 다른 방식의 단점이 될 수 있기 때문에 이의 최적점을 찾아 나가는 것이 중요한 작업이라고 할 수 있다. MCFC의 설계에 있어서 가장 중요하게 고려해야 할 사항은 개질방식으로 내부 개질일지 외부 개질일지를 선택해야 하고, 스택 운전에 있어 가압형인지 상압형인지 운전압력을 결정하고, 마지막으로 스택 설계에 있어 내부 매니폴드일지 외부 매니폴드일지 등의 결정을 경제적, 기술적 차원에서 면밀히 검토하고 결정해야 한다.

(5) 플랜트연계형 MCFC 시스템

플랜트 제어기술이라 함은 용융탄산염 연료전지발전시스템의 운전을 위한 BOP의 운전 로직과 계측 제어 기술, 그리고 연계된 플랜트와의 결합을 최적화하여 상호 연동이 가능토록 하는 제어시스템 기술을 총칭한다.

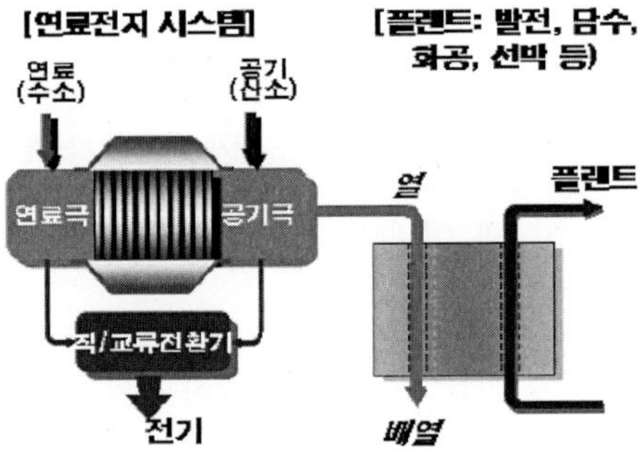

| 그림 5-11 | 플랜트연계 MCFC 시스템 개념도

위의 〈그림 5-11〉에는 그 기본적인 개념이 설명되어 있는데, 연료전지 시스템에서 발생하는 전기 이외의 부산물인 배열을 다른 플랜트, 예를 들면, 발전, 담수, 화학공장, 선박 등에 이용하여 여타의 플랜트와 같이 설치하여 MCFC 시스템과 해당 플랜트 간의 상호 도움을 주는 시스템을 의미한다.

또한, MCFC를 이산화탄소 분리장치로서 사용하는 것도 가능하다. 알고 있는 바와 같이 MCFC는 공기극에서의 반응을 위해 산소와 이산화탄소를 모두 필요로 한다. 즉, 공기극에서 산소와 이산화탄소는 전기화학적 반응을 일으켜 CO_3^{2-} 이온을 생성하는데 이는 MCFC의 운전에 필수적이다. 공기극에 공급된 CO_2는 CO_3^{2-} 이온의 형태로 연속적으로 공기극에서 전해질을 거쳐 연료극으로 이동하게 된다. 이 과정을 이용하면 일반 화력발전소에서 발생하는 CO_2를 포집하여 MCFC의 공기극에 주입하면 그 자체로서 공기극 반응을 일으키게 함과 동시에 연료극에서 농축된 이산화탄소를 얻는 것이 가능한데, AFCo 사가 이러한 공정을 개발 중에 있다.

국내에서는 두산중공업에서 이러한 공정을 도입하여 공기극에 필요한 CO_2를 안정적으로 공급받는 동시에 대표적인 온실가스인 CO_2 포집이라는 두 가지 기능을 동시에 달성하고자 하는 연구를 수행한 바 있다. 아래의 〈그림 5-12〉에 그 개념이 나타내져 있다.

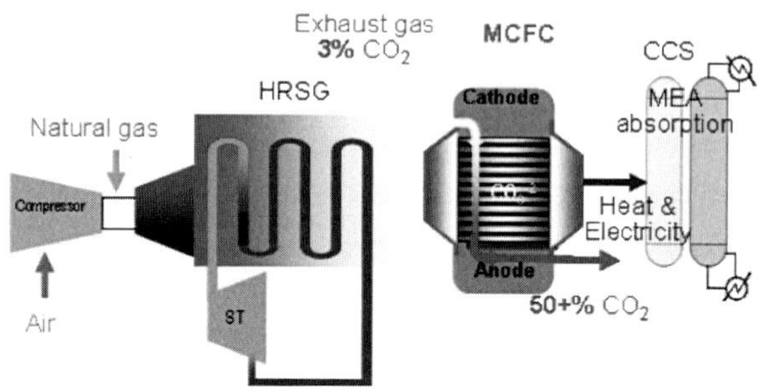

그림 5-12 화력발전소 연계 MCFC 시스템

그 외에, MCFC를 담수화 시스템과 연계할 수 있는데 MCFC의 운전 중에 발생하는 배열을 담수화 시스템과 연계하여 담수화 시스템에서 필요로 하는 열을 공급하여 줌으로써 담수화 시스템과 MCFC 간의 연계가 가능하다. 이러한 구성의 예를 아래의 〈그림 5-13〉에 보였다.

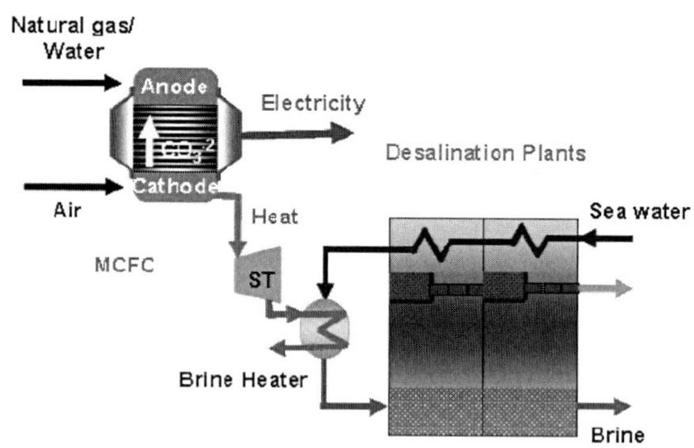

그림 5-13 담수플랜트 연계형 MCFC 시스템

3 국내외 용융탄산염 연료전지 개발현황

3.1 국외 현황

현재 MCFC의 상용화를 목적으로 본격적으로 연구개발에 참여하고 있는 나라는 1996년 2 MW급 실증 플랜트를 건설하여 운전한 바 있는 미국을 선두로 하여 범국가적인 사업으로 추진하고 있는 일본, 이 두 나라와의 격차를 줄이기 위하여 EU 및 정부 프로그램으로 추진하고 있는 네덜란드, 독일 및 이탈리아를 중심으로 한 유럽 7~8개국, 그리고 포스코에너지를 주축으로 사업화를 진행하고 있는 한국이며, 이외에 중국, 인도, 브라질 등이 소규모 개발을 진행 중에 있다. 이중에서 kW급 이상 규모 스택의 독자 제작 능력을 가진 나라는 미국, 일본, 네덜란드, 이탈리아, 한국의 5개국에 불과하다.

각국은 그 동안 개발된 기초기술을 바탕으로 100 kW급 초기 모델 개발을 완료하고 분산형 또는 소형 열병합 발전에 적합한 250 kW 또는 300 kW급의 모듈 개발에 치중하고 있다. 연구개발의 체제는 정부 및 발전 회사에서 제공한 연구비를 중심으로 개발주체, 생산주체 및 최종 사용자들로 구성된 컨소시엄 형태로 추진되는 것이 일반적이다.

3.2 미국의 MCFC 개발현황

1976년 DOE(미국방성, Department of Energy) 주도로 여러 회사가 참여하여 MCFC 시스템의 개발을 시작한 이래 1979년에 스택 개발에 착수하였고 1986년에 IFC (International Fuel Cells, 현 UTC fuel cell의 전신)가 25 kW급 스택을 개발하여 운전 시험에 성공하였다. 또한 미국공영전력연합(American Public Power Association, APPA)이 Energy Research Corporation(ERC)이 개발한 100 kW급 스택의 파일럿 플랜트를 전력회사인 PG & E(Pacific Gas & Electric Company)에 설치하여 운전 시험을 수행하여 MCFC 발전시스템의 최초 실증시험을 완료하였다.

또한 EPRI(Electric Power Research Institute)와 Gas Research Institute도 DOE와 함께 연구비 지급 및 프로그램 운영 등으로 MCFC 개발계획을 지원한 결과물로서, 1996년 초반기부터 ERC에서 개발한 내부 개질형 2 MW급의 전시용 플랜트가 산타클라라(Santa

Clara)에서 운전되었으며, 외부 개질형을 개발한 M-C Power사에서는 1997년도에 샌디애고(San Diego)의 미라마르(Miramar) 해군기지에서 250 kW급 스택 운전실험을 완료하였다.

이와 같은 일련의 개발을 통하여 미국 DOE는 그 동안 MCFC 개발의 두 축을 담당하였던 ERC(현재의 Fuel Cell Energy, FCE)와 M-C Power의 기술개발 수준을 정밀히 평가하여 향후 상용화를 위한 시범 사업지원은 FCE로 일원화하기로 결정하였다. 이후 FCE는 지금까지 MCFC 발전시스템의 상용화를 목표로 사업을 진행하고 있다. 〈그림 5-14〉에는 FCE사의 300 kW급 발전용 MCFC 시스템의 사진이다.

| 그림 5-15 | FCE사의 300 kW급 발전용 MCFC 시스템

3.3 일본의 MCFC 개발현황

일본은 신에너지 개발기구(NEDO) 주도로 1981년에 시작된 Moonlight Project의 일부로 MCFC 요소기술 개발을 시작하여 1986년 10 kW급 스택을 개발하였고 1994년에는 내부 개질형 및 외부 개질형 100 kW급 연료전지 스택을 아가키(Agaki) 시험소에서 운전 평가하였다. 그 성과를 바탕으로 New Sunshine Project에서는 외부 개질형 시스템의 개발 사업으로 카와고에(Kawagoe)에 1 MW급 MCFC 플랜트를 건설하였으며, 내부 개질형 개발 사업으로는 200 kW급 발전시스템 건설을 추진하여 1999년 말부터 운전을 실시하여 각각 약 5,000시간의 발전실적을 기록하였다. 이 운전기간 동안에 개질기 운전 및 가압 운전에 따르는 문제점을 파악하여 개선된 설계 개념을 도출하였다.

2000년부터 시작된 MCFC 개발 사업으로 300 kW급 모듈 개발 및 소형 가스터빈과 연계된 700 kW급 고성능 모듈 플랜트 개발을 추진하였다. 2000년도의 NEDO 예산은 약 2,000만 달러에 이르고 있다. 또한, 2005년 일본 아이치(Aichi) Expo에 300 kW급 시스템 2기를 설치하여 운전에 성공했고, 또한 석탄가스를 활용한 6 MW급의 시범 플랜트 건설을 계획하여 시뮬레이션 연구를 진행하였다. 현재는 MCFC 시스템이 상용화 단계에 있다고 판단하여 대부분의 정부 프로그램은 종료 되었으며 MCFC의 상용화는 사기업인 IHI (Ishikawajima-Harima Heavy Industry)사가 독자적으로 진행하고 있다. 일본의 궁극적인 MCFC 개발 목표는 석탄가스화와 연계된 IG-MCFC 개념의 대형 발전 플랜트이나, 단기적인 목표로 열병합형 모듈 개발을 새로운 목표로 설정하여 추진하고 있다. 외부 개질형 시스템 개발은 IHI에서 집중하고 있으며, 내부 개질형 시스템은 Mitsubishi Electric에서 AIR-IR MCFC란 이름의 독자 모델을 개발하고 있으며, 각 개발사의 스택 평가 및 초고압 운전기술 개발은 CRIEPI에서 담당하고 있다.

IHI의 MCFC 기술개발은 NEDO의 강력한 지원 하에 진행되고 있다. IHI는 10 kW급의 MCFC 스택의 기술개발 및 실증사업을 1984년 성공적으로 완수하였으며, 1987년에 시작하여 1992년에 마무리된 과제를 통하여 100 kW급 MCFC의 개발에 성공하였다. 이 기술개발의 성공을 토대로 카와고에에 설치된 일본 최초의 1 MW급 시스템은 5,000시간의 운전을 성공하였고 누적발전량 2,103 MWh를 달성하였다.

| 그림 5-15 | Chubu Electric Power사의 MCFC 시스템(좌), Toyota사의 MGT-MCFC 시스템(우)

중/단기적인 목적은 7 MW급 MCFC/GT 하이브리드 시스템(MCFC와 가스 터빈이 결합된 발전 시스템)의 운영에 있으며, 궁극적인 목적은 대형 화력발전 시스템을 MCFC를 베이스로 하는 시스템으로 대체하는 것이다. 연료의 다변성은 일본 내 실증 프로그램의 핵심요소이다. 2005년 아이치 Expo에서는 천연가스와 폐기물을 이용하여 생산한 가스를 연료로 사용하는 300 kW급 MCFC-GT 하이브리드 시스템과 250 kW급 MCFC 시스템이 설치되어 운영되었다. 〈그림 5-15〉에는 Chubu Electric Power사의 폐기물의 혐기성발효를 통하여 생성된 연료가스를 사용하는 MCFC 시스템 그리고 폐목재와 폐플라스틱을 이용해서 생성되는 가스를 이용한 도요타자동차의 MCFC 발전시스템을 나타내었다. 이 두 MCFC 시스템은 네 대의 200 kW급 PAFC 시스템과 50 kW급의 SOFC 시스템 그리고 태양광 패널과 함께 실증 네트워크에 연결하여 전시되었다. 〈그림 5-16〉에는 엑스포 기간 동안 발전원별로 특정일의 전력요구량을 만족시키는 전력기여도가 기록되어 있다.

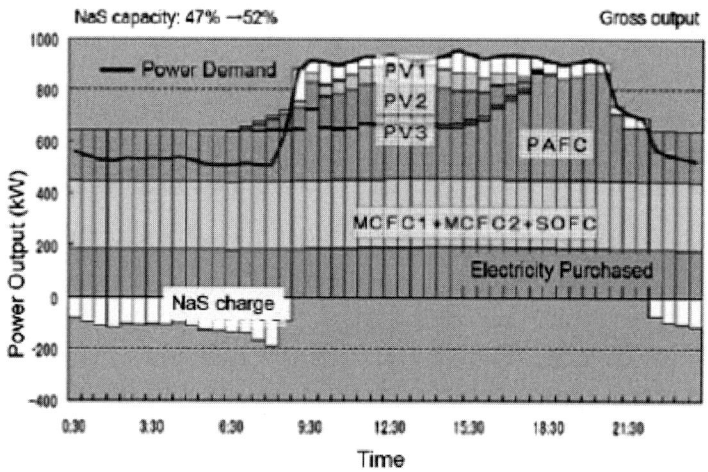

| 그림 5-16 | 엑스포 기간 동안 특정일의 전력요구량을 만족시키는 전력기여도

3.4 유럽의 MCFC 개발현황

네덜란드의 ECN(The Energy research Centre of the Netherlands)에서는 기존의 연료전지 구성요소의 문제점을 해결할 수 있는 새로운 연료전지 구성요소로 구성되는 SMART 시스템이라 불리는 차세대 내부 개질형 시스템 개발을 위해 주로 전산모사 연구를 1997

년부터 수행하고 있다.

또한 이탈리아의 Ansaldo Fuel Cell (AFCo)에서는 스페인 등과 함께 유럽연합 과제인 Molecare 프로젝트의 하나로 1998년까지 100 kW급 시스템 개발을 성공리에 마친 후, 2003년 500 kW급 "Series 2TW" 시스템을 완성하여 2004년부터 현재까지 운행 중에 있다. 이 새로운 과제를 위해 이탈리아의 Ansaldo, ENEA(Italian National Agency for New Technologies, Energy and Sustainable Economic Development), FN(Fabbricazioni Nucleari) 등과 스페인의 전력회사, 프랑스의 전력회사 등이 컨소시엄을 구성하였다. 개발 예산으로 유럽연합에서 3년간 약 230만 달러 그리고 이탈리아 및 스페인 정부에서 각각 연간 5백만 달러 및 3백만 달러를 지원하기로 결정하였고, 여기에 민간 지원분까지 합치면 연간 약 1,000만 달러는 상회할 것으로 예상된다. 이외에도 바이오가스를 활용하는 300 kW급 MCFC 시스템 개발도 유럽연합과 계약을 체결하였으며, 이탈리아의 MCFC 개발 노력은 최근 급증하고 있다.

이와 같은 개발사업의 원활한 추진을 위하여 이탈리아의 FN은 현재 연간 수백 kW급의 생산 능력을 향후 3년 안에 연 50 MW급으로 늘리는 작업을 추진하고 있다.

이 외에도 독일의 MTU Onsite Power에서는 300 kW 규모의 내부 개질형 모듈을, Bitish Gas에서는 내부개질용 촉매 개발 사업을 심도 있게 진행하고 있다.

(1) 이탈리아 Ansaldo Fuel Cells(AFCo)

Ansaldo Fuel Cells(AFCo)은 Ansaldo Ricerche가 20년 간 해 오던 일을 수행하기 위하여 2001년에 설립하였다. 본사는 이탈리아의 제노바(Genova)에 위치하고 있다. 2004년 사기업인 EnerTAD(현재 ERG소유)와 FINCANTIERI사가 소주주로서 참여하여 신재생에너지와 해양산업에 집중하게 되었다.

AFCo의 주된 업무는 0.1 ~ 30 MW급의 중형 MCFC 시스템의 개발, 생산 그리고 상용화에 있다. AFCo는 지난 20년간의 투자와 연구개발의 성과를 자사의 시장진입 모델인 "Series 2TW"로서 완성하였다. Series 2TW는 TWINSTACK 으로 불리우는 독특한 기술을 사용하였는데 이 시스템은 스택과 Modular Integrated Reformer(MIR)를 조합하였다. AFCo사의 다른 100 kW ~ MW 급의 제품들은 "Series 1ST" 를 장착하였다.

AFCo사의 연구개발은 제노아에서 수행되며, 스택과 여러 가지의 스택 부품은 테르니에서 생산되고 있다. 초기의 생산량은 연간 3 MW 수준이었다. AFCo사의 실증 프로그램은 현장에서의 피드백을 바탕으로 장수명성의 증가, 가격 저감, 생산 공정의 단순화 그리고 신뢰성의 향상을 목표로 수행되었다. 아래 〈그림 5-17〉에는 이탈리아의 밀란에 설치되어 있는 AFCo사의 가스터빈과의 하이브리드 모델인 MCFC-GT을 나타내었다.

| 그림 5-17 | AFCo사의 Hybrid MCFC-GT

(2) 독일 CFC Solutions

CFC Solutions, GmbH는 독일 Munich 근처의 Ottobrunn에 위치한 Tognum Group에 속한 기업이다. 주된 사업영역은 연료전지 기반의 환경친화적인 분산형 전력공급 시스템이다. 이 회사는 미국의 FCE에서 제공한 스택을 사용하여 HotModule 시스템을 개발하였다. 2002년부터 HotModule의 상용화를 위하여 MTU CFC Solutions라는 벤처기업을 설립하고 HotModule을 시범운전하다가 2008년부터는 회사명을 MTU Onsite Power로 바꾸었다. MTU Onsite Power는 저탄소 열병합발전을 주된 목표로 하여 바이오매스 혹은 천연가스 등을 사용한 시스템의 개발을 전략적으로 진행하여 왔다. 현재는 기업명을 CFC Solutions로 바꾸었다.

"HotModule"은 250 kW급의 전력과 170 kW급의 열을 생산하는 시스템이다. 전기효율은 대략 50 % 정도이며, 스택의 운전온도는 약 600 ~ 650 ℃이다. 제품의 이름인 "HotModule"은 여기에 착안하여 모든 고온형 부품들을 한 시스템 내부의 하나의 용기에 담았다. 이 HotModule 시스템의 가장 큰 특징은 스택을 포함하여 모든 부품이 같은 수평면 상에 위치하여 운전된다는 것이다. 이는 연료를 스택보다 조금 낮은 곳에서 공급하여 스택 자체의 무게로 인하여 자동적으로 밀봉이 되게 할 수 있다는 장점이 있다. HotModule은 천연가스, 바이오가스, 폐수 발생가스 그리고 여타의 합성가스뿐 아니라 메탄올을 직접적으로 연료로 사용할 수 있어 연료의 종류에 관하여 매우 유연한 시스템이라고 할 수 있다.

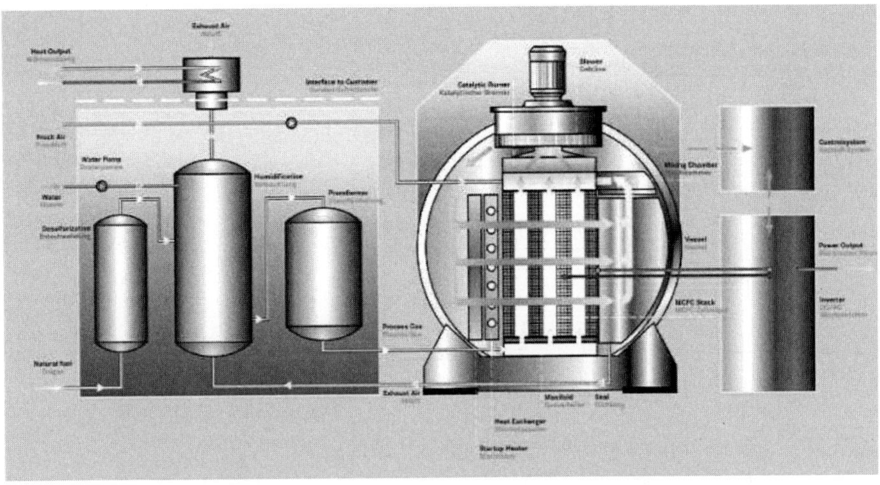

| 그림 5-18 | CFC solution사의 HotModule 개념도

첫 번째로 설치되어 운영된 HotModule 시스템은 천연가스를 연료로 이용하는 시스템이었다. 이후에 HotModule 시스템은 천연가스 이외에도 메탄올, 폐수 발생가스 그리고 바이오가스 등의 사용에도 매우 안정적인 성능을 보여 주었다. 이 시스템은 또한 연료를 갑자기 변화시켜도 (예를 들어 천연가스 운전 중 메탄올로 연료를 바꾸는 경우 혹은 그 반대로 바꾸는 경우) 성능을 안정적으로 유지하는 다중연료 시스템이기도 했다. 아래의 〈그림 5-18〉에 독일 CFC Solutions사의 HotModule 시스템의 개념이 설명되어 있다.

2008년까지 CFC Solutions은 20기 이상의 HotModule 시스템을 유럽에 설치하고 운영 중에 있다. 응용분야는 산업현장, 병원, 바이오가스 플랜트, 난방지역과 컴퓨터센터 그리고 이동통신의 현장 등의 분야에 적용되어 운영 중에 있다. 이 MCFC 발전시스템들은 현재까지 누적으로 300,000시간(약 35년)의 운전시간을 보유하고 있다. 병원에 설치되어 있는 HotModule은 한 개의 스택으로 30,000시간 동안 안정적으로 작동하였다.

CFC Solutions는 현재 자사의 제품의 영역을 확장하고 있다. 원래의 HotModule 디자인을 변화시켜 규격화된 부품의 사용으로 용량의 확장을 꾀하고 있다. HM300의 경우 스택의 셀 수를 바꾸는 모듈을 장착함으로써 용량을 250에서 500 kW까지 자유자재로 변환시킬 수 있다. Tognum 그룹의 자매사인 MDE Dezentrale Energiesysteme GmbH사에서 생산하는 정치형 열병합 내연기관엔진 발전시스템과 HotModule을 결합하여 시너지 효과를 추진하고 있다. MDE의 400 kW급의 제품은 바이오가스, 천연가스, 매립지가스, 하구가스 등의 연료 가스의 다변화에 최적화 되어 있다. 이런 하이브리드 시스템들은 내연기관엔진 열병합 발전시스템이 피크 부하를 맞추고, HotModule은 기저 부하를 충족시키게 설계되었다. 이러한 제품들을 이용하여 CFC Solutions는 열병합 발전뿐 아니라 냉방까지 책임지는 정치형 저소음 발전시스템의 제작 보급을 위한 프로그램을 추진하고 있다. 전기효율 50 %, 연료 이용률 90 % 그리고 배출가스 제로는 이제 거의 모든 응용분야에 필수적이 되었다. 400 ℃ 이상의 고온운전은 스팀의 제조 그리고 혹은 냉각에 매우 유용한 장점이라고 할 수 있다.

| 그림 5-19 | CFC solution사의 HotModule 시스템

병원 혹은 지역난방에 있어서 HotModule은 기존의 상업용 열병합발전에 비하여 중요한 장점이 있다. 연료전지는 터빈과 같은 움직이는 부속이 필요하지 않기 때문에 시스템의 정숙성을 보장하고 진동도 발생하지 않는다. 이는 값비싼 소음재의 사용이 필요하지 않게 된다. HotModule의 연료 다변성과 단독 운전성으로 인하여 극히 세밀한 산업 공정과 IT산업용 컴퓨터서버 등에의 응용에 적합하다. HotModule에서 생산되는 전기는 매우 품질이 높고 끊김이 없으며 계통연계와 독립전원이 가능하다. 이뿐 아니라 이 시스템은 컴퓨터의 냉각에 필요한 열에너지를 연속적으로 공급하기도 한다. 연료전지-엔진의 하이브리드 시스템은 HotModule의 연료 다변성 때문에 연료가스 공급이 불안정할 경우에

도 에너지 요구량의 변화에 신속하게 대응할 수 있다는 장점이 있다. HotModule의 또 다른 장점은 선박에의 이용도 가능하다는 것이다. 이는 선박에 천연가스 동력을 가능하게 하여 환경친화적 선박의 구현이 가능하게 된다.

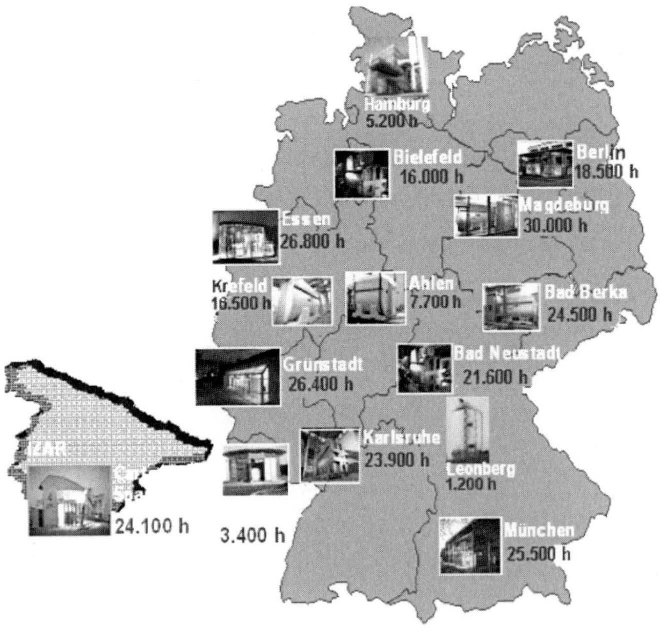

| 그림 5-20 | 독일 CFC Solutions사의 HotModule의 유럽 내 설치 현황

3.5 국내 MCFC 개발현황

국내에서는 정부의 프로젝트형 사업의 중점추진 과제로 MCFC 발전시스템 개발 사업이 한국전력을 주관으로 하여 진행된 바 있다. 최종목표는 석탄 가스를 이용하는 MCFC 복합시스템의 국산화 달성이며, 3단계로 진행되었다. 1단계 사업은 국내 보유 기술인 단위전지 제작 기술을 근간으로 하여 1992년부터 1996년까지 4년간 2 kW급 MCFC 스택을 제작 운전함으로써 스택 구성의 기반 기술 확립, 2단계 사업은 1997년부터 2002년까지 6년간 100 kW급 MCFC 실증용 발전시스템 개발을 달성하였으나, 3단계의 목표인 대용량 MCFC 시스템 상용화까지는 이르지 못하였다.

국내의 MCFC 산업화 동향을 보면 2007년부터 미국의 FCE사와 기술제휴를 맺은 포스코에너지가 발전용 MCFC 시스템을 상업화하였으며, 현재 대부분의 부품의 국산화가 완료되었다. 포항에 MCFC 시스템 생산공장을 준공한 것을 시작으로, 최근에는 BOP와 스택 공장에 이어 셀 제조 공장까지 구축하여 연료전지 제작의 전 공정을 국내에서 수행할 수 있게 되었다. 포스코에너지는 2014년까지 누적 100 MW 이상의 MCFC 발전시스템을 보급하였다. 포스코에너지 이외에 두산중공업에서 수년간 MCFC 연구개발을 추진하였으나, 2013년에 사업에서 철수하였으며, 국내에서는 유일하게 포스코에너지가 세계적 수준의 MCFC 기술을 보유하고 있다.

대규모 발전 사업으로는 한수원, 삼천리, 포스코에너지가 공동 출자하여 경기그린에너지(주)를 설립하였으며, 2013년도에 세계 최대의 MCFC 발전소를 경기도 화성시의 발안 산업단지에 준공하였다. 이 발전소는 2.8 MW급의 MCFC 발전시스템 21기가 설치되어 있으며, 총 발전량은 58.8 MW에 달한다. 향후에는 대구와 부산 등의 여러 곳에 대규모 연료전지 발전단지가 설치될 것으로 예상된다.

3.6 발전용 MCFC의 적용

(1) 분산 발전용

미국에서는 1992년 전력 도매시장에 경쟁을 도입하고 대규모 전력 수요자들에게 전력공급자를 직접 선택할 수 있게 하는 내용의 에너지 정책법이 의회에서 통과된 후 각 주 별로 전력시장의 구조개편이 시작되었다. 에너지정책법의 통과와 전력시장의 규제완화 조치들을 토대로 90년대 중반부터는 전기판매회사와 소비자가 전력시장을 통해 전기를 거래하는 방식으로 구조가 바뀌게 되었다. 이와 같은 변화가 가장 빨리 실현된 곳은 캘리포니아이다. 캘리포니아에서는 1998년 3월, 전력거래소를 개장함으로써 시장논리에 따른 전력공급이 시작 되었고, 한동안 큰 문제없이 운영이 되어왔다. 그러나 2000년 초반부터 민간 전력회사들의 전력공급량이 요동을 치더니, 4월부터는 공급예비율이 적정치보다 밑돌기 시작하였다. 결과적으로 2000년에만 27번의 비상제한송전이 이루어졌으며, 전기도매가격은 1999년도에 비하여 약 4배 정도가 올랐고 주정부의 소매요금 동결에 따라 2001년 3월 전력거래소는 폐쇄되었다. 그런데 만약 캘리포니아에 지역별로 소규모 발전설비를 갖고서 전기를 공급하는 기업이 존재하였거나, 대형건물 및 가정에서 자가로 전기를 발전시킬 수 있는 시스템이 존재하였다면 아마도 전기 도매가격은 자가발전 비용보다 낮은 수준에서 결정되고, 대규모 정전사태는 발생하지도 않았을 것이다. 어쩌면, 미국정부에서 궁극적으로 추구하였던 소비자에 의하여 움직이는 전력시장이 형성될 수 있었을지도 모를 일이다.

분산 발전이란 기존의 대규모 중앙집중형 발전과는 달리 소규모로 수요지 주위에 분산 배치하는 발전방식을 의미하는데 중앙집중형 발전은 대단위 화력, 수력 혹은 원자력발전소에서 생산된 전기를 전국에 깔려 있는 송배전망을 통하여 일반 가정이나 건물에 공급하는 방식인 반면, 분산 발전은 대형 공장이나 건물에 전기 발전설비를 갖추고 필요한 전력을 스스로 공급하는 방식이라 이해할 수 있다. 중앙집중형 발전과 분산 발전의 개념은 아래의 〈그림 5-21〉에 설명되어 있다.

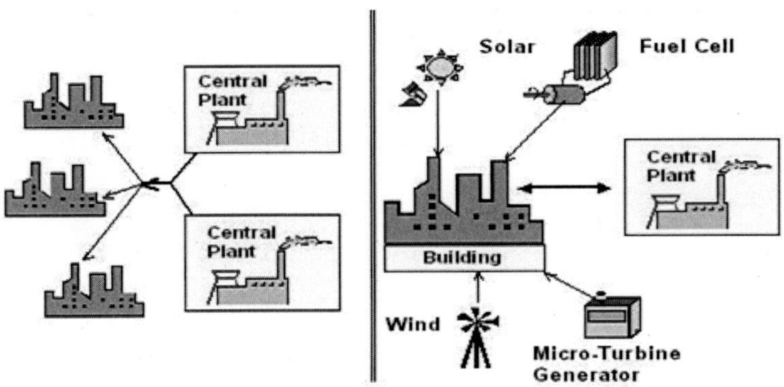

| 그림 5-21 | 중앙집중형 발전(좌)과 분산 발전(우)

분산 발전이 최근 이슈가 되고 있는 이유는 중앙집중형 발전방식에 비하여 몇 가지 장점을 갖고 있기 때문이다. 첫째로 분산 발전은 수요지 근처에 위치함으로써 생산된 전기를 수요지로의 공급에 필요한 송배전 인프라 건축, 운영비용이 대폭 절감된다. 특히, 생산된 전기를 수요지로 전달하는 과정에서의 무효전력(교류로 전력을 전송할 경우 전력망은 소비되는 전력 외에 어느 정도의 전력을 항상 갖고 있어야 하는데, 이러한 전력을 무효전력 이라 함)으로 인한 에너지손실을 대폭 감소시킬 수 있다. 분산 발전이 갖는 두 번째 장점은 대단위 발전소 건립에 대한 부담감을 감소시킬 수 있다는 것이다. 우리나라와 같이 국토의 면적이 좁은 나라에서는 발전소 부지와 송전선을 건설하는데 많은 어려움이 있다. 예를 들어, 중앙집중형 발전 중 효율이 높다고 하는 원자력발전소의 건축은 발

전소 후보지역의 선정에 어려움을 겪을 수 있으며, 수력발전소는 환경보호단체의 견제를 받을 수 있어 발전소 건설에 많은 어려움을 겪게 된다. 또한, 발전소의 건설이 확정된다 하더라도 토지보상금과 같은 경제적 손실의 발생은 중앙집중형 발전소의 건설에 걸림돌이 되고 있다. 하지만, 분산 발전의 경우 발전소의 규모가 작아서 중앙집중형에 비하여 부담감이 작다고 할 수 있다. 분산 발전이 갖는 세 번째 장점은 전력계통의 신뢰성을 높일 수 있다는 것이다. 중앙집중형 발전은 분산 발전에 비하여 광역 송배전망을 가지게 되는데, 같은 송배전망 안에서 전체 수요와 공급이 1초라도 맞춰지지 않으면 계통망 전체가 붕괴되는 광역 정전사태가 발생을 하게 된다. 물론 분산 발전에서도 전력수요와 공급의 불일치로 인한 계통망 붕괴현상이 발생할 수 있지만, 분산 발전의 경우는 극한 상황에서도 해당지역의 계통망만 붕괴되기 때문에 광역 정전사태는 면할 수 있다.

앞에서 살펴본 것과 같은 장점을 갖고 있는 분산 발전이지만 아직까지 실용화되기에는 몇 가지 문제가 있다. 첫 번째 문제는 분산 발전을 위한 초기 투자비용의 부담과 운영에 대한 부담이 지나치게 크다는 것이다. 중앙집중형 발전서비스를 이용할 경우 소비자가 전기를 사용하기 위하여 투자되는 비용은 거의 없지만, 분산 발전을 이용하고자 할 경우에는 소비자가 직접 발전시설에 대한 투자 및 운영에 필요한 비용을 지출하기 때문에 많은 부담을 갖게 되는 것이다. 하지만 이와 같은 문제점에 대해서 일본에서 시행하는 온사이트(on-site) 발전서비스 등이 좋은 해결책의 예라고 할 수 있다. 일본에서는 분산 발전의 실용화에 따라 사용자의 위험부담을 안고 발전서비스를 대행해주는 기업들이 나타나게 되었는데, 이를 on-site 발전서비스 기업이라 부른다. On-site 발전서비스는 수요자들이 소유하고 있는 부지에 발전설비를 설치하며, 리스백 또는 렌탈 형식으로 발전설비를 제공하고, 체계화된 관리시스템으로 발전소 운영을 지원한다. 특히, 화력을 기반으로 발전하는 경우에는 발전에 필요한 연료비를 장기선물 헷지 등을 이용함으로써 수요자의 발전연료비 부담을 경감시켜주고 있다. 또한, 잉여전력에 대해서는 전력유통 사업자에게 공급함으로써 전력생산자로서의 수입을 보장하고 있다. 일본의 사례를 토대로 판단할 때, 국내에서 분산 발전을 활성화시키기 위해서는 일본에서와 같은 'on-site 발전서비스 산업'을 정책적으로 육성할 필요가 있을 것이다. 실제로 미국의 마케팅리서치회사 BCC Research가 발행한 보고서에 따르면 분산 발전 시장은 지난 20년간 연평균 14 % 정도로 성장했다.

분산 발전의 실용화에 있어 두 번째 문제는 기술적으로 극복해야 할 문제가 아직 많이 있다는 것이다. 현재까지의 분산 발전은 대부분 화력발전 방식(디젤엔진, 가스엔진, 가스터빈, 마이크로 가스터빈 방식 등)이 주종인데, 이는 화석에너지의 부족과 탄소저감 문제 때문에 반드시 극복되어야만 하는 부분이다. 또한, 장기적으로 분산 발전이 경쟁력을 갖기 위해서는 발전연료 비용을 최소화할 수 있어야 한다는 차원에서 신재생에너지 기반의 발전설비의 개발이 필요하다. 다행히 분산 발전방식은 중앙집중형 발전방식에 비하여 대용량 전기에너지의 생산에 대한 부담이 적기 때문에 신재생에너지원을 활용하는데 유리하지만, 아직까지 신재생에너지기술이 화력발전에 비하여 경제성이 떨어지기 때문에 화력발전을 대체할 정도로 에너지 효율을 높여야 하는 기술적인 과제를 갖고 있다.

만약, 위에서 제시된 문제들이 해결되어 분산 발전이 활성화 된다면, 국가적으로 기대할 수 있는 효과도 엄청날 것이다. 첫째는 새로운 산업이 등장함에 따라 고용창출 효과가 나타날 것이다. 분산 발전을 위해서는 지역별로 발전소가 운영되기 때문에 특정 지역에 편중된 고용창출 보다는 지역별 소비전력에 비례하는 고용창출이 일어나게 될 것이다. 또한, 신재생에너지 기반의 분산 발전이 보급될 경우에는 신재생에너지 관련 분야에서의 고급개발 인력들에 대한 고용창출이 일어날 수 있다. 두 번째 기대효과로는 분산 발전 수출국으로의 도약을 기대할 수 있다. 분산 발전은 소규모의 발전-송전-배전시스템이 함축되어 있는 단위시스템으로서 그 기술의 수출에 있어서 중앙집중형에 비하여 해외진출이 용이하다. 마지막으로 중앙집중형 전력회사(한국전력) 중심의 전력산업에 건전한 경쟁을 유도하는 기폭제가 될 수 있을 것이다. 분산 발전 서비스기업이 활성화될 경우 최종소비자들은 전력상품에 대한 선택권을 갖게 될 것이다. 기존의 중앙집중형 전력회사 입장에서 이러한 대체제의 등장은 사업전략 변화의 견인차가 될 수 있으며, 분산 발전과의 경쟁을 위하여 원가절감을 위한 기술을 개발하거나 분산 발전 시장에 진입함으로써 소비자들에게 값싸고 질 좋은 서비스를 제공하게 될 것으로 전망된다.

(2) 선박용

선박용 연료전지는 수송용의 범주이긴 하지만 그 규모와 시스템의 구성상 발전용 연료전지와 가깝고, PEMFC만을 사용하는 자동차용 연료전지 시스템과는 달리 MCFC 혹은 SOFC 등의 기술을 더 많이 사용하기 때문에 기술적, 상업적으로는 발전용 연료전지와 같은 범주에 속한다고 볼 수 있다.

선박용 연료전지의 경우는 2016년까지 질소산화물(NOx)에 대하여 현재 기준대비 80 % 수준으로 감축을 의무화하는 MARPOL Annex VI의 발효로 친환경 선박용 엔진수요가 급증하였다. 전 세계 운송수단의 환경오염물질 배출 중 선박에서 발생 하는 환경오염물질은 질소산화물 32 % 그리고 디젤분진이 43 %를 차지한다. MARPOL Annex VI의 협약국 현황은 아래의 〈그림 5-22〉에 나타나 있다. 특히 근해 저속운항 시에 환경오염물질의 배출이 평상시의 세 배 이상에 달하여 이는 육상의 대기오염의 주요인으로 대두되고 있다. 이미 북해, 발틱해는 위의 기준 조건을 만족하는 선박에 대해서만 운항이 가능하게 하는 인증제도를 운영 중에 있으며, 미국의 LA항은 이미 적용하여 정박 선박에 전기를 공급해주고 있다. 일본의 경우, 저공해 항만을 만들기 위하여 이와 같은 제도를 단계적으로 추진 중에 있다.

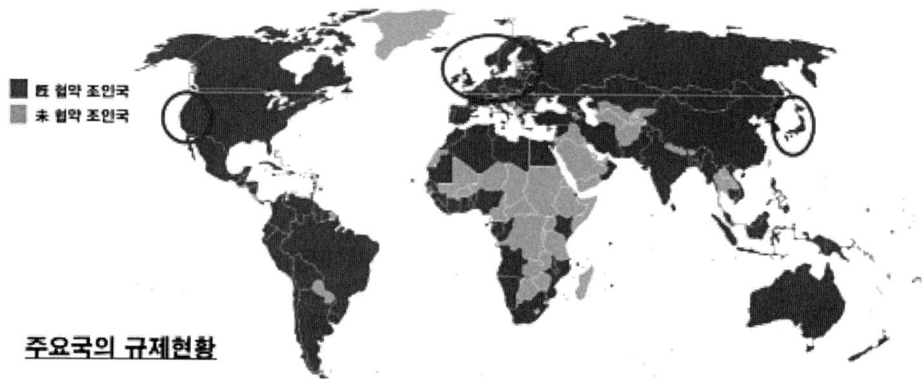

| 그림 5-22 | MARPOL Annex Ⅵ 협약 조인국 현황

미국과 유럽은 군사적 목적에서 연료전지 선박에 관심이 높으며, 독일은 특수선인 잠수함용 연료전지에 높은 기술력을 가지고 있다.

2002년부터 유럽연합은 선박 배기가스로 인한 대기오염을 줄이고자 연료전지 선박의 건조를 논의해 왔다. 유럽의 독일-노르웨이 컨소시엄은 시험용 MCFC 선박을 2008년 발표했다. 선박용 보조동력원으로서 메탄올을 사용하는 연료전지 선박도 현재 테스트 중에 있다. 일본 · 중국도 선박을 염두에 둔 연료전지를 연구하고 있다. 국내에서도 GS Caltex에서 잠수함용 연료전지 시스템을 개발하여 적용한 바 있으며, 평화오일씰에서는 50

kW급 PEMFC를 적용한 유람선을 건조한 바 있다.

독일 함부르크에는 연료전지 자동차용 수소충전시설을 기반으로 2006년 11월부터는 연료전지 선박계획(Zero Emission Ships; ZEM ships)을 출범시켰고, 이 계획은 성공하여 최초의 연료전지 여객선을 건조하여 지금은 시험 운항 중이다. 연료전지 선박의 운항을 위해 도심의 좁은 내륙수로를 택한 것은, 육지의 수소관련 기존 시설을 이용하고 운항 중 고장이 나더라도 대처가 쉽기 때문이다. 또한 연료전지 선박의 매우 낮은 소음은 도심운항에 적절하다. 연료전지는 선박용으로 특수하게 제작된 시스템의 이용이 아니고 기존의 연료전지 버스에서 사용되던 모델을 차용하여 선박에 적용하였다. 연료전지는 50 kW급을 두 개 설치하여 운항 중 하나가 고장이 나더라도 다른 하나로 대처할 수 있도록 하였다. 연료전지의 배열은 겨울철에 객실난방에 사용된다. 50 kW 연료전지는 40개의 셀로 이루어진 스택 6개로 구성된다. 총열효율은 40 ~ 50 %로서 일반 디젤엔진의 효율인 30 % 내외보다 우수하다. 아래의 〈표 5-3〉에 세계 각국의 선박용 연료전지 개발 프로그램 현황을 설명하였다.

〈표 5-3〉 세계 각국의 선박용 연료전지 개발 프로그램

프로젝트명	추진 국가	연료전지 용량 (kW)	연료전지 유형
Fuel Cell Boat	네덜란드	60 ~ 70	PEMFC
Methapu, Wartsila	핀란드	20/50	SOFC
MC WAP, CETENA	이탈리아	500	MCFC
Felicitas, IVI	독일	< 200	PEMFC/MCFC
E4Ships		100 ~ 500	PEMFC/MCFC
Zemships		100	PEMFC
U. S. Navy Ship Service	미국	625 / 2.5 MW	PEMFC/MCFC
FellowShip, DNV	노르웨이	20/330	MCFC

연료전지 선박은 차세대 수소경제에 적합하다고 할 수 있다. 그 장단점은, 연료전지의 장단점과 비슷할 것이지만 선박의 특성상 아래와 같은 장점을 가지게 될 것이다.

① 열효율이 높아, 선박 연료비를 줄인다.

연료전지 선박의 장점은 연료전지 자동차와 비슷하게 열효율이 높기 때문에 배의 운항 시 연료비용의 저감이 가능하다. 대형 벌크선, 유조선, 컨테이너선 등은 막대한 연료를 사용하므로, 선박동력 시스템의 높은 열효율은 운송에 있어서 큰 비용절감이 가능하다.

② 환경 친화적이다.

대형 선박은 연료소비량이 많아서 배기가스가 많다. 디젤선박은 CO_2 뿐만 아니라 NOx, SOx 그리고 다량의 매연을 배출한다. 그러나 연료전지 선박은 오염물질이 거의 없거나 대폭 줄어든다. 또한 연료전지 선박은 전기모터로 움직이기 때문에, 대형 디젤엔진이 가지는 소음과 진동이 없다. 이런 점 때문에 연료전지 선박은 고급승객의 요구에 맞출 수 있어 크루즈 등의 호화여객선에 적용이 가능하다.

③ 온난화 방지에 기여하고, 예상되는 환경규제에 적응할 수 있다.

연료전지의 사용으로 이산화탄소 배출을 줄이면, 온난화 방지에 기여할 수 있다. 현재 이산화탄소와 타 배기가스에 대한 규제는 세계적으로 강화되고 있다. 자동차와 달리 선박은 공해상을 항해하므로 선박의 배기가스는 별로 주목을 받지 않았으나, 이제는 이에 대한 환경규제가 역시 점차 강화되고 있다. 연료전지 선박은 이러한 규제에서 자유로울 수 있을 것이다.

④ 대형 선박의 경우 보조 발전기가 필요 없고, 선박 설계도 좀 더 유연하다.

대형 선박의 경우에는 보조발전기가 필요 없고, 선박설계도 좀 더 단순화될 수 있다. 기존의 대형 선박은 발전만을 위한 보조디젤엔진을 설치한다. 그러나 전기를 자체적으로 생산하는 연료전지 선박에는 이런 추가 장치가 필요 없기 때문에 그 만큼의 비용절감이 가능하다. 동일한 출력이 필요할 경우, 두 개의 디젤엔진 보다는 하나의 대형엔진이 제작비나 연료 소비량에서 보다 효율적이라고 할 수 있다. 연료전지 선박은 모터를 사용하며, 꼭 하나의 모터가 여러 개의 모터보다 월등히 나은 것은 아니다. 특수선박의 경우 배의 앞이나 옆에도 모터를 설치하여 회전 등의 운항에서 유연성을 증대시킬 수 있다. 그리고 디젤엔진은 설치나 교체가 어렵지만 연료전지 선박은 모터를 제외하면, 동력부품이 모듈로 구성되어, 교체가 상대적으로 쉬울 것이다. 또한 프로펠러를 회전시키는 추진축의 길이가 줄어 각종 장치 및 장비 등이 최소화될 수 있고, 기관실 용적 또한 감소되고, 이로 인하여 선박의 무게가 줄게 되어 선내 공간 활용도를 높일 수 있어 에너지 낭비를 줄일 수 있다.

단원정리

1. MCFC는 600 ℃ 이상의 고온에서 용융된 탄산염을 전해질로 사용하여 전기를 생산하는 고온형 연료전지 발전장치이다. 모든 탄소질의 연료가 산화과정에서 이산화탄소를 만들어내는 것을 고려할 때, 연료전지 전해질로 용융탄산염의 선택은 상당히 합리적이다. 또한 고온의 폐열은 열병합발전에 사용될 수 있다. 고온의 작동온도는 산의 환원반응의 활성을 상당히 높여 많은 양의 촉매나 값비싼 금속촉매가 필요하지 않게 해준다.

2. 연료극에서는 공기극에서 생성되어 전해질을 통과해온 탄산 이온이 수소의 산화에 이용되며, 생성된 이산화탄소는 다시 공기극으로 순환되어 이용된다. 따라서 알칼리성 연료전지와는 달리 MCFC에서는 이산화탄소의 발생이 전혀 문제가 되지 않는다. MCFC의 연료극은 내부 개질을 위한 일부 과정을 담당할 수도 있고 탄화수소나 알코올을 이산화탄소나 물로 직접 산화시킬 수도 있다. 그 전기화학반응은 다음과 같다.

$$H_2 + CO_3^{2-} \rightarrow H_2O + CO_2 + 2e^- \qquad \text{(연료극 1)}$$

$$CO + H_2O \leftrightarrow H_2 + CO_2 \qquad \text{(연료극 2)}$$

$$\frac{1}{2}O_2 + CO_2 + 2e^- \leftrightarrow CO_3^{2-} \qquad \text{(공기극)}$$

3. MCFC에서 CO_2의 분압은 연료극과 공기극 양쪽에 모두 같을 필요는 없다. 그러므로 Nernst 식은 아래와 같다.

$$E = E^o + \frac{RT}{2F} ln \frac{P_{H_2} P_{O_2}^{0.5} P_{CO_{2,cathode}}}{P_{H_2O} P_{CO_{2,anode}}}$$

(E: 전압(V), E^o: 이론전압, T: 온도, P: 압력)

4. MCFC의 성능과 장기수명성 저하의 주된 원인은 공기극 전극의 해리이다. 또한 공기극 전극의 해리 이외에도 공기극을 구성하는 물질인 NiO는 공기극에서 CO_2와 반응하여 Ni^{2+}를 생성하는데 이는 매트릭스를 거쳐 연료극으로 이동하여 연료로서 유입되는 수소, 그리고 전해질인 탄산 이온과 반응한다. 이와 같은 반응들은 금속 형태의 Ni이 성장하여 cell 내에서의 전기적 단락을 유발하여 성능의 심각한 저하를 야기할 수 있다.

$$Ni^{2+} + H_2 + CO_3^{2-} \rightarrow Ni + H_2O + CO_2$$

5. MCFC 스택은 매니폴드의 형태에 따라 내부 매니폴드형과 외부 매니폴드형으로 나누어진다.

6. MCFC 시스템에 천연가스, 프로판, 가솔린 등과 같은 종래의 탄화수소로 대표되는 에너지원을 사용하려면 연료를 개질하여 수소를 발생시켜야 한다. 이를 위한 개질반응으로는 수증기 개질(Steam reforming, STR), 부분 산화(Partial oxidation, POX) 그리고 자열 개질(Autothermal reforming, ATR)로 나눌 수 있다.

7. MCFC 시스템은 개질반응이 일어나는 방식에 따라서 내부 개질형과 외부 개질형으로 구별된다. 내부 개질방식은 다시 직접 개질방식(Direct internal reforming, DIR)과 간접 개질방식(Indirect internal refromning, IIR)으로 구분된다.

8. MCFC는 연료 안에 특정 화학물질이 함유 되어 있을 경우 치명적인 피독이 발생한다. 가장 널리 활용되는 연료는 천연가스인데 가스 누출 등의 안전사고를 예방하기 위하여 첨가하고 있는 부취제인 황화합물은 연료극에서 시작하여 전해질, 그리고 공기극으로 전체 셀에 심각한 성능 저하를 유발한다.

9. MCFC는 대규모 발전용에 적합하며, 주로 분산 발전 또는 연료전지 선박에 적용이 되고 있다.

참고 문헌

I. 연료전지 개론

1. http://www.scienceall.com/볼타전지voltaic-cell/
2. http://cyber.kepco.co.kr/kepco/KO/H/htmlView/KOHAHP00111.do, 한국전기공사 홈페이지.
3. http://www.fuelcelltoday.com
4. http://americanhistory.si.edu/fuelcells/
5. http://en.wikipedia.org/wiki/Fuel_cell
6. http://www.afcenergy.com/technology/history_of_alkaline_fuel_cells.aspx
7. http://energy.gov/eere/fuelcells/types-fuel-cells

II. 연료전지 이론

1. 물리학의 기초, A. Giambattista, B. M. Richardson, R. C. Richardson, 물리학교재편찬위원회 역, 북스힐, 2010.
2. 기본 물리화학, W. J. Moore, 박형석 역, 탐구당, 1994.
3. 고분자 연료전지 공학, F. Barbir, 조영일, 남기석 공역, 북스힐, 2007.
4. 연료전지 개론, R. O'Hayre, S. -W. Cha, W. Colella, F. B. Prinz, 차석원 역, 한티미디어, 2008.
5. Fuel Cell Handbook, 7th Ed., EG&G Technical Services, Inc., DOE, 2014. 11.
6. "Catalysis for Low Temperature Fuel Cells, PART I: The Cathode Challenges", T. R. Ralph and M. P. Hogarth, Platinum Metals Review, Vol. 46(1), pp 3-14, 2002.

Ⅲ. 고분자 전해질 연료전지

1. L. Carrette, K. A. Friedrich and U. Stimming, "Fuel Cells-Fundamentals and Applications", Fuel Cells, 1(1), 5, 2001
2. F. Barbir, "PEM Fuel Cells - Theory and Practice-", Elsevier, 2005.
3. N. M. Markovic T. J. Schmidt, V. Stamenkovic and P. N. Ross, "Oxygen Reduction Reaction on Pt and Pt Bimetallic Surfaces: A Selective Review", Fuel Cells, 1(2), 105, 2001.
4. T. Tada, "High Dispersion Catalysts Including Novel Carbon Supports", Handbook of Fuel Cells, Vol. 3, 481, 2003.

Ⅳ. 고체산화물 연료전지

1. http://www.bluegen.info.
2. High Temperature SoIid Oxide Fuel Cells: Fundamentals, Design and Applications, eds. Subhash C Singhal and Kevin Kendall, Elsevier 2002, chapter 2.
3. Fuel Cell: Their Electrochemistry, Bockris.
4. SIEMENS, Spring 2009, Fuel Cell Seminar & Exhibition.
5. http://sofc.kier.re.kr
6. 송락현, 마이크로 SOFC 기술, NEWS & INFORMATION FOR CHEMICAL ENGINEERS, Vol. 21, No. 4, 2003.
7. http://www.iam.kit.edu/wet/mitarbeiter_sofc.php.
8. http://www.bloomenergy.com.
9. Mitsubishi Heavy Industries Technical Review Vol. 50 No. 3, September 2013.
10. Beom-Kyeong Park, Jong-Won Lee, Seung-Bok Lee, Tak-Hyoung Lim, Seok-Joo Park, Rak-Hyun Song, Won Bin Im, Dong-Ryul Shin, International Journal of Hydrogen Energy 37 (2012) 4319-4327.

11. Julich Researche Center, IEA SOFC Annual Meeting Montreal, Canada May 2011.

12. http://www.doitpoms.ac.uk/tlplib/fuel-cells/sofc_electrolyte.php, 원저자: High-temperature Solid Oxide Fuel Cells: Fundamentals, Design and Applications by S.C. Singhal and K. Kendall (Eds.), Publisher: Elsevier Science, 2004.

13. T. Ishihara, H. Matsuda and Y. Takata, J. Am. Chem. Soc., 116, 3801, 1994.

14. http://www.cerespower.com.

15. http://www.doitpoms.ac.uk/tlplib/fuel-cells/sofc_electrolyte.php, original data source: H. G. Scott. Phase relationships in the zirconia-yttria system. J. Mater. Sci., Vol. 10(9), pp. 1527–1535 (1975).

16. Monika Backhaus-Ricoult, Solid State Sciences 10 (2008) 670-688.

17. http://www.nextechmaterials.com

18. Swadesh K. Pratihar, A. Das Sharma, H.S. Maiti, Materials Chemistry and Physics 96 (2006) 388–395.

19. Quang Minh Nguyen, Takehiko Takahashi., Science and Technology of Ceramic Fuel Cells, ELsevier.

20. S.-H. Pi, S.-B. Lee, R.-H. Song, J.-W. Lee, T.-H. Lim, S.-J. Park, D.-R.Shin, C.-O. Park, Fuel Cells, DOI: 10.1002/fuce.201200150.

21. Per Kofstad, "High Temperature Oxidation of Chromium and Chromia-Form -ing Alloys" in Proc. 2nd European Solid Oxide Fuel Cell Forum, edited by Bernt Thorstensen, vol2, pp.479-490, 1996.

22. http://www.thyssenkrupp.com.

23. http://www.poscoenergy.com, 포스코에너지 연료전지 브로슈어, 2013.

24. http://www.micopower.com

V. 용융탄산염 연료전지

1. Fuel Cell Handbook(Seventh Edition), EG&G Technical Services, Inc., U.S. Department of Energy
2. 2008년 신재생에너지 전략기술개발사업 기술기획사업 기획보고서 (플랜트 연계형 MW급 내부개질형 MCFC 시스템 국산화 개발)
3. CRIEPI Research Reports 2005
4. The Global Market for Distributed Energy Generation, BCC Research, 2011.

저작물 게재(이용) 현황

I. 연료전지 개론

1. 〈그림 1-1〉 마찰에 의한 정전기,
   http://c.ask.nate.com/imgs/qrsi.php/6306019/8381118/0/1/A/1%E3%84%B4.JPG
2. 〈그림 1-2〉 구름으로부터 땅으로 전하가 이동하는 번개
   http://hcis.kma.go.kr/HCIS2009/sub03/sub03_05_02_a.php
3. 〈그림 1-3〉 볼타전지의 구조
   http://www.scienceall.com/볼타전지voltaic-cell/
4. 〈그림 1-4〉 박물관에 전시된 볼타전지
   http://en.wikipedia.org/wiki/File:VoltaBattery.JPG
5. 〈그림 1-5〉 패러데이가 고안한 최초의 발전기
   https://sites.google.com/site/electronicstechology/baljeongiwonli2
6. 〈그림 1-6〉 지멘스가 발명한 실용적인 발전기
   http://cyber.kepco.co.kr/kepco/PR/F/htmlView/PRFAHP00205.do?menuCd=FN06 05030105
7. 〈그림 1-7〉 그로브 경의 가스전지
   http://commons.wikimedia.org/wiki/File:1839_William_Grove_Fuel_Cell.jpg
8. 〈그림 1-8〉 William R. Grove 경
   http://en.wikipedia.org/wiki/William_Robert_Grove
9. 〈그림 1-9〉 알칼리 연료전지를 이용한 트랙터
   http://www.hydrogencarsnow.com/blog2/index.php/fuel-cells/allis-chalmers-far m-tractor-was-first-fuel-cell-vehicle/
10. 〈그림 1-10〉 Chlor-alkali 공정에서의 나피온막의 역할
    http://www.lanl.gov/orgs/mpa/mpa11/chlor.htm

11. 〈그림 1-11〉 제미니 우주선에 탑재된 고분자전해질 연료전지
http://www.lr.tudelft.nl/en/organisation/departments/space-engineering/space-systems-engineering/expertise-areas/spacecraft-engineering/design-and-analysis/subsystems/electric-power/fuel-cells/

12. 〈그림 1-12〉 경기도 화성 발안단지에 있는 60 MW급 MCFC 발전소
http://www.gasnews.com/news/articleView.html?idxno=63761

13. 〈그림 1-13〉 미국 캘리포니아 이베이 본사에 설치된 Bloom box(블룸에너지의 SOFC 시스템)
http://www.gizmag.com/bloom-energy-server-fuel-cell-launched/14328/

14. 〈그림 1-14〉 현대자동차의 투싼 ix 수소 연료전지 자동차
http://pr.hyundai.com/#/pages/rnd/FuelCell.aspx

15. 〈그림 1-15〉 일본의 에네팜 가정용 연료전지 발전시스템
http://www.irmatech.com/default_uk.asp?mode=actu

16. 〈그림 Ⅰ-17〉 연료전지의 작동 원리
http://www.helmholtz-berlin.de/forschung/oe/ee/solare-brennstoffe/arbeitsgebiete/photo-elektrochemie/sauerstoffreduktion/polymerelektrolytmembran-brennstoffzellen_en.html

17. 〈그림 Ⅰ-18〉 PEMFC의 작동 원리
http://energy.gov/eere/fuelcells/types-fuel-cells

18. 〈그림 Ⅰ-19〉 DMFC의 작동 원리
http://energy.gov/eere/fuelcells/types-fuel-cells

19. 〈그림 Ⅰ-20〉 PAFC의 작동 원리
http://energy.gov/eere/fuelcells/types-fuel-cells

20. 〈그림 Ⅰ-21〉 MCFC의 작동 원리
http://energy.gov/eere/fuelcells/types-fuel-cells

21. 〈그림 Ⅰ-22〉 SOFC의 작동 원리
http://energy.gov/eere/fuelcells/types-fuel-cells

22. 〈그림 Ⅰ-23〉 AFC의 작동 원리
http://energy.gov/eere/fuelcells/types-fuel-cells

23. 〈그림 Ⅰ-25〉 DMFC를 적용한 연료전지 제품들: 좌로부터 이동형 전원, 오토바이, 지게차
http://www.efoy-comfort.com/
http://fuelcellsworks.com/news/2009/08/11/direct-methanol-fuel-cell-developer-oorja-protonics-reduces-refueling-time-for-material-handling-vehicles-to-less-than-a-minute/

24. 〈그림 Ⅰ-28〉 가정용 연료전지 발전시스템의 적용 예
http://www.ecoroko.com/632

25. 〈그림 Ⅰ-29〉 ENE · FARM 홍보사진
http://www.daiichi-home.com/setsubi/enefarm.html

26. 〈그림 Ⅰ-31〉 연료전지 자동차의 구조
http://www.gasnews.com/news/articleView.html?idxno=41884

27. 〈그림 Ⅰ-31〉 연료전지 자동차의 구조
http://www.gasnews.com/news/articleView.html?idxno=41884

28. 〈그림 Ⅰ-32〉 투싼 연료전지 자동차
http://www.hyundai.co.kr/MediaCenter/News/Press-Releases/tucson-hydro-power-sale-in-korea.hub#none

29. 〈그림 Ⅰ-33〉 양산한 투싼 연료전지 자동차
http://m.inews24.com/view.php?g_serial=728998&g_menu=022200

30. 〈그림 Ⅰ-34〉 토요타의 미라이 연료전지 승용차
http://www.dailytech.com/Toyotas+Mirai+Hydrogen+Fuel+Cell+Vehicle+Priced+from+57500+in+the+US/article36906.htm

Ⅱ. 연료전지 이론

1. 〈그림 2-2〉 외부에서 가한 일에 의한 풍선의 부피 변화
http://goodballoon.com/web/product/medium/jesusl0ve_4586.jpg

2. 〈표 2-2〉 온도에 따른 H_2 (g), O_2 (g), H_2O (g), H_2O (l)의 엔탈피, 엔트로피, 깁스 자유에너지

연료전지 개론, R. O'Hayre, S. -W. Cha, W. Colella, F. B. Prinz, 차석원 역, 한티미디어, 2008

3. 〈표 2-3〉 여러 가지 전극 반응의 표준 환원 전위
연료전지 개론, R. O'Hayre, S. -W. Cha, W. Colella, F. B. Prinz, 차석원 역, 한티미디어, 2008

4. 〈표 2-4〉 온도에 따른 H_2 (g), O_2 (g), H_2O (l)의 엔탈피, 엔트로피, 깁스 자유에너지
연료전지 개론, R. O'Hayre, S. -W. Cha, W. Colella, F. B. Prinz, 차석원 역, 한티미디어, 2008

Ⅲ. 고분자 전해질 연료전지

1. 〈그림 3-1〉 PEMFC 스택 내의 한 개 셀의 구조
http://www.pro.energy.dtu.dk/Research/Fuel-cells

2. 〈그림 3-2〉 PEMFC 스택의 구성
http://proj.ncku.edu.tw/research/articles/e/20100820/1.html

3. 〈그림 3-3〉 PEMFC 실물 스택의 모식도
http://www.bloggang.com/viewdiary.php?id=wing41&month=07-2007&date=12&group=1&gblog=2http://ieukltd.com/technology.html

4. 〈그림 3-4〉 PEMFC의 동작 원리
http://www.intechopen.com/source/ht/39398/media/image15.png

5. 〈그림 3-5〉 막전극접합체의 구조
http://www.osakagas.co.jp/en/rd/fuelcell/pefc/pefc/formation.html

6. 〈그림 3-6〉 다양한 PFSA 고분자의 구조
http://pubs.rsc.org/services/images/RSCpubs.ePlatform.Service.FreeContent.ImageService.svc/ImageService/Articleimage/2012/SM/c2sm26561c/c2sm26561c-f1.gif

7. 〈그림 3-7〉 나피온의 구조 모식도
http://www.amenews.kr/atc/view.asp?P_Index=11495

8. 〈그림 3-8〉 상대습도에 따른 나피온의 수분 흡수량
http://jes.ecsdl.org/content/157/10/B1486/F3.large.jpg

9. 〈그림 3-9〉 나피온의 수분 흡수량에 따른 이온 전도도
L. Carrette, K. A. Friedrich and U. Stimming, "Fuel Cells-Fundamentals and Applications", Fuel Cells, 1(1), 5, 2001

10. 〈표 3-1〉 나피온 전해질막 (1100 EW)의 기계적 특성
F. Barbir, "PEM Fuel Cells - Theory and Practice-", Elsevier, 2005.

11. 〈그림 3-10〉 백금입자크기에 따른 반응 유효표면적, 단위표면적당 반응활성, 단위무게당 반응활성의 변화
N. M. Markovic T. J. Schmidt, V. Stamenkovic and P. N. Ross, "Oxygen Reduction Reaction on Pt and Pt Bimetallic Surfaces: A Selective Review", Fuel Cells, 1(2), 105, 2001.

12. 〈그림 3-11〉 백금입자가 담지된 전극촉매의 TEM 및 HR-TEM 사진
N. M. Markovic T. J. Schmidt, V. Stamenkovic and P. N. Ross, "Oxygen Reduction Reaction on Pt and Pt Bimetallic Surfaces: A Selective Review", Fuel Cells, 1(2), 105, 2001.

13. 〈그림 3-12〉 백금결정면에 따른 산소환원반응의 활성순서
N. M. Markovic T. J. Schmidt, V. Stamenkovic and P. N. Ross, "Oxygen Reduction Reaction on Pt and Pt Bimetallic Surfaces: A Selective Review", Fuel Cells, 1(2), 105, 2001.

14. 〈그림 3-13〉 백금 입자의 원자배열 및 표면에 노출된 결정면
N. M. Markovic T. J. Schmidt, V. Stamenkovic and P. N. Ross, "Oxygen Reduction Reaction on Pt and Pt Bimetallic Surfaces: A Selective Review", Fuel Cells, 1(2), 105, 2001.

15. 〈그림 3-14〉 PEMFC 운전시간에 따른 백금촉매의 소결 현상
T. Tada, "High Dispersion Catalysts Including Novel Carbon Supports", Handbook of Fuel Cells, Vol. 3, 481, 2003.

16. 〈그림 3-15〉 운전시간의 경과에 따른 공기극 전극촉매층의 두께 감소
Z. Qi, "Fuel Cell Durability for Stationary Applications: From Single Cells to Systems", Fuel Cells Durability Symp., Dec. 8-9, 2005, Washington.

17. 〈그림 3-16〉 연료전지의 시동 및 정지 시의 탄소 부식 메커니즘
Z. Qi, "Fuel Cell Durability for Stationary Applications: From Single Cells to Systems", Fuel Cells Durability Symp., Dec. 8-9, 2005, Washington.

18. 〈그림 3-17〉 전극촉매의 TEM 사진
T. R. Ralph and M. P. Hogarth, "Catalysis for Low Temperature Fuel Cells", Platinum Metals Rev., 2002, 46(3), 117-135

19. 〈그림 3-18〉 막전극접합체의 구성도
http://bioage.typepad.com/photos/uncategorized/3m7layer.png

20. 〈그림 3-19〉 공기극 전극촉매층을 확대한 구조 및 삼상계면의 모식도
L. Carrette, K. A. Friedrich and U. Stimming, "Fuel Cells-Fundamentals and Applications", Fuel Cells, 1(1), 5, 2001

21. 〈그림 3-20〉 전극촉매층의 이오노머 함량이 연료전지 성능에 미치는 영향
. F. Uribe, T. Zawodzinski, J. Velerio, G. Bender, F. Garzon, A. Saab, T. Rockward, P. Adcock, J. Xie, and W. Smith, "Fuel Cell Electrode Optimization for Operation on Reformate and Air", Proceedings of 2002 Fuel Cells Lab R&D Meeting, DOE Fuel Cells for Transportation Program, 2002.

22. 〈그림 3-23〉 카본직물, 카본펠트, 카본페이퍼의 현미경 사진
http://fuelcelltoday.com/news-archive/2013/march/comparing-carbon-paper-to-cloth-in-gas-diffusion-layers
http://mevprblog.tistory.com/721

23. 〈그림 3-24〉 일반적인 기체확산층의 구조
http://www.jinwooeng.com/energy/

24. 〈그림 3-25〉 GDL의 발수처리 여부에 따른 연료전지 성능
M. F. Mathias, J. Roth, J. Fleming, and W. Lehnert, "Diffusion Media Materials and Characterization", Handbook of Fuel Cells, Fundamentals, Technology and Applications, John Wiley & Sons, New York, p.517, 2003.

25. 〈그림 3-27〉 롤 형태 기체확산층
http://www.sglgroup.com/

26. 〈그림 3-28〉 시트 형태의 기체확산층
http://fuelcellsetc.com/store/GDLCT

27. 〈그림 3-30〉 JNTG사의 기체확산층 품질 관리 항목
http://www.thejnt.com/index/jntg/s3/s3_01.php

28. 〈그림 3-31〉 7-channel serpentine 분리판
http://pubs.rsc.org/en/content/articlelanding/2006/jm/b611883f#!divAbstract

29. 〈그림 3-32〉 다양한 유로 형태: (a)parallel, (b)interdigitated, (c) serpentine
http://booksite.elsevier.com/brochures/ecps/PDFs/BipolarPlates.pdf

30. 〈그림 3-33〉 (a) 1-channel serpentine, (b) 3-channel serpentine
X.-D. Wang, X.-X. Zhang, T. Liu, Y.-Y. Duan, W.-M. Yan and D.-J. Lee, "Channel Geometry Effect for Proton Exchange Membrane Fuel Cell With Serpentine Flow Field Using a Three-Dimensional Two-Phase Model", J. Fuel Cell Sci. Technol 7(5), 051019, 2010

31. 〈그림 3-34〉 가스켓 설치 모습
http://www.homepages.ucl.ac.uk/~ucecoya/pemfc.html

32. 〈그림 3-35〉 분리판 일체형 개스킷
http://162.74.99.105/Automotive_Systems/Products/Disruptive%20Tech/Fuel%20Cells/Stack/components.aspx

33. 〈그림 3-36〉 수랭식 PEMFC 스택
http://www.alvatek.co.uk/fuel-cell-research/fuel-cells/pragma-pro-rd-fuel-cell-stacks.aspx

Ⅳ. 고체산화물 연료전지

1. 〈그림 4-4〉 Siemens사의 공기극 지지체 원통형 SOFC
SIEMENS, Spring 2009, Fuel Cell Seminar & Exhibition

2. 〈그림 4-5〉 Siemens사의 공기극 지지체 원통형 SOFC 스택
SIEMENS, Spring 2009, Fuel Cell Seminar & Exhibition

3. 〈그림 4-6〉 한국에너지기술연구원에서 개발한 연료극 지지체 원통형 SOFC
sofc.kier.re.kr

4. 〈그림 4-8〉 급속기동형 연료극 지지체 마이크로 원통형 SOFC 개략도
sofc.kier.re.kr

5. 〈그림 4-9〉 평판형 고체 산화물 연료전지
http://www.iam.kit.edu/wet/mitarbeiter_sofc.php.

6. 〈그림 4-10〉 원통형 구조의 세그먼트형 SOFC
Mitsubishi Heavy Industries Technical Review Vol. 50 No. 3, September 2013.

7. 〈그림 4-11〉 연료극 지지체 평관형 SOFC
Beom-Kyeong Park, Jong-Won Lee, Seung-Bok Lee, Tak-Hyoung Lim, Seok-Joo Park, Rak-Hyun Song, Won Bin Im, Dong-Ryul Shin, International Journal of Hydrogen Energy 37 (2012) 4319-4327.

8. 〈그림 4-12〉 지지체별 고체산화물 연료전지의 구조
Julich Researche Center, IEA SOFC Annual Meeting Montréal, Canada May 2011.

9. 〈그림 4-13〉 여러 가지 고체산화물 전해질의 이온전도도
http://www.doitpoms.ac.uk/tlplib/fuel-cells/sofc_electrolyte.php, 원저자: High-temperature Solid Oxide Fuel Cells: Fundamentals, Design and Applications by S.C. Singhal and K. Kendall (Eds.), Publisher: Elsevier Science, 2004.

10. 〈그림 4-14〉 ZrO_2-Y_2O_3 계 상태도
http://www.doitpoms.ac.uk/tlplib/fuel-cells/sofc_electrolyte.php, original data source: H. G. Scott. Phase relationships in the zirconia-yttria system. J. Mater. Sci., Vol. 10(9), pp. 1527–1535 (1975).

11. 〈그림 4-15〉 SOFC의 공기극에서의 산소 환원반응 경로
Monika Backhaus-Ricoult, Solid State Sciences 10 (2008) 670-688.

12. 〈그림 4-16〉 SOFC의 여러 가지 공기극 소재의 특성
http://www.nextechmaterials.com

13. 〈그림 4-17〉 1,000 ℃에서 Ni 함량에 따른 Ni/YSZ 서멧의 전기 전도도
Swadesh K. Pratihar, A. Das Sharma, H.S. Maiti, Materials Chemistry and Physics 96 (2006) 388–395.

14. 〈그림 4-18〉 한국에너지기술연구원의 SOFC 기술
sofc.kier.re.kr

15. 〈그림 4-19〉 포스코에너지에서 개발한 10 kW급 SOFC 시스템
www.poscoenergy.com, 포스코에너지 연료전지 브로슈어, 2013.

16. 〈그림 4-20〉 MICo사의 kW급 SOFC 스택 및 단전지
http://www.micopower.com

17. 〈그림 4-21〉 일본 미쓰비시사의 200 kW급 SOFC 시스템
Mitsubishi Heavy Industries Technical Review Vol. 50 No. 3, September 2013.

18. 〈그림 4-22〉 미국 Bloom Energy사의 200 kW급 SOFC 제작 과정
www.bloomenergy.com.

V. 용융탄산염 연료전지

1. 〈그림 5-1〉 MCFC의 원리
http://www.esru.strath.ac.uk/EandE/Web_sites/02-03/hydrogen_economy/molten%20C%20fuel%20cell.JPG

2. 〈그림 5-2〉 MCFC 개질방식 (a)외부개질, (b)간접 내부개질 (c)직접 내부개질
www.intechopen.com

3. 〈그림 5-3〉 MCFC 단위전지에서의 반응물 및 전해질의 흐름도
Fuel Cell Handbook(Seventh Edition), EG&G Technical Services, Inc., U.S. Department of Energy

4. 〈표 5-1〉 MCFC의 각 부분별 소재 및 발전 역사
Fuel Cell Handbook(Seventh Edition), EG&G Technical Services, Inc., U.S. Department of Energy

5. 〈그림 5-4〉 MCFC의 구성요소
FCE, Fuel cell Expo 2005

6. 〈그림 5-5〉 MCFC의 적층 구조 및 작동 원리
http://www.fuelcellenergy.com/assets/DFC-schematic-no-logo-hi-.jpg

7. 〈그림 5-6〉 MCFC의 구성 요소 제조공정
2008년 신재생에너지 전략기술개발사업 기술기획사업 기획보고서 (플랜트 연계형 MW급 내부개질형 MCFC 시스템 국산화 개발)

8. 〈표 5-2〉 MCFC의 불순물 종류 및 허용치
Fuel Cell Seminar 2009

9. 〈그림 5-7〉 MCFC의 성능저하 형태
Fuel Cell Seminar 2009

10. 〈그림 5-8〉 MCFC의 수명증가를 위한 CO_2 주입과 그 개념도
Fuel Cell Seminar 2009

11. 〈그림 5-9〉 외부 매니폴드형 스택(AFCo사)
http://patentimages.storage.googleapis.com/EP1665444B1/imgf0001.png

12. 〈그림 5-10〉 내부 매니폴드형 스택(한국전력)
http://racer.kemco.or.kr/pic/energy5_1_4_5.jpg

13. 〈그림 5-11〉 플랜트연계 MCFC 시스템 개념도
2008년 신재생에너지 전략기술개발사업 기술기획사업 기획보고서 (플랜트 연계형 MW급 내부개질형 MCFC 시스템 국산화 개발)

14. 〈그림 5-12〉 화력발전소 연계 MCFC 시스템
2008년 신재생에너지 전략기술개발사업 기술기획사업 기획보고서 (플랜트 연계형 MW급 내부개질형 MCFC 시스템 국산화 개발)

15. 〈그림 5-13〉 담수플랜트 연계형 MCFC 시스템
2008년 신재생에너지 전략기술개발사업 기술기획사업 기획보고서 (플랜트 연계형 MW급 내부개질형 MCFC 시스템 국산화 개발)

16. 〈그림 5-14〉 FCE사의 300 kW급 발전용 MCFC 시스템
http://www.lcenergy.com.au/energy_mcfc.aspx

17. 〈그림 5-15〉 Chubu Electric Power사의 MCFC 시스템(좌), Toyota사의 MGT-MCFC 시스템(우)
CRIEPI Research Reports 2005

18. 〈그림 5-16〉 엑스포 기간 동안 특정일의 전력요구량을 만족시키는 전력기여도
CRIEPI Research Reports 2005

19. 〈그림 5-17〉 AFCo사의 Hybrid MCFC-GT
AFCo homepage

20. 〈그림 5-18〉 CFC solution사의 HotModule 개념도
http://www.die-energieeffizienten.de/files/images/KWK%20mit%20Brennstoffzelle/BZ%20zoom%20MTU.jpg

21. 〈그림 5-19〉 CFC solution사의 HotModule 시스템
http://www.udo-leuschner.de/energie-chronik/110112g1.gif

22. 〈그림 5-20〉 독일 CFC Solutions사의 HotModule의 유럽 내 설치 현황
CFC Solutions homepage (2007)

23. 〈그림 5-21〉 중앙집중형 발전(좌)과 분산 발전(우)
http://economyplus.chosun.com/query/upload/53/0903_146_01.gif

24. 〈그림 5-22〉 MARPOL Annex VI 협약 조인국 현황
https://cdn.shopify.com/s/files/1/0090/5072/files/800px-MARPOL_73-78_signatories_large.png?11838